Jann Strybny

Ohne Panik Strömungsmechanik!

Studieren ohne Panik

Keine Panik vor Mechanik!
von Oliver Romberg und Nikolaus Hinrichs

Ohne Panik Strömungsmechanik!
von Jann Strybny

Keine Panik vor Thermodynamik!
von Dirk Labuhn

vieweg

Jann Strybny

Ohne Panik Strömungsmechanik!

Ein Lernbuch zur Prüfungsvorbereitung, zum Auffrischen und Nachschlagen mit Cartoons von Oliver Romberg

3., aktualisierte Auflage

vieweg

Bibliografische Information Der Deutschen Nationalbibliothek
Die Deutsche Nationalbibliothek verzeichnet diese Publikation in der Deutschen Nationalbibliografie; detaillierte bibliografische Daten sind im Internet über <http://dnb.d-nb.de> abrufbar.

Prof. Dr. Jann Strybny
jann.strybny@fh-nuernberg.de

Dr. Oliver Romberg
oliver.romberg@nord-com.net

1. Auflage Januar 2003
2., überarbeitete und erweiterte Auflage April 2005
3., aktualisierte Auflage Mai 2007

Lektorat: Ulrike Schmickler-Hirzebruch | Susanne Jahnel

Der Vieweg Verlag ist ein Unternehmen von Springer Science+Business Media.
www.vieweg.de

Umschlaggestaltung: Ulrike Weigel, www.CorporateDesignGroup.de
Druck und buchbinderische Verarbeitung: Wilhelm & Adam, Heusenstamm

Printed in Germany

ISBN 978-3-8348-0302-3

Vorwort

Das Buch, für das du dich gerade entschieden hast, ist ganz bewusst kein „richtiges" Lehrbuch, aber eben auch nicht nur eine Aufgaben- oder reine Formelsammlung. Wie wäre es mit Lernbuch? Meistens ist es doch so: seit Monaten kennt man den Prüfungstermin und doch ist die Zeit vor der Klausur schon wieder mal viel zu knapp. Und es wartet nicht nur die Strömungsmechanik Klausur, sondern auch drei weitere Prüfungen rollen auf einen zu. In den empfohlenen Skripten und Lehrbüchern ergießt sich die aus wissenschaftlicher Sicht vollständige Theorie auf vielen hundert Seiten, aber muss man das vor einer Grundstudiums-Klausur wirklich alles gelesen, geschweige denn behalten und verstanden haben? Also lieber gleich an die Aufgaben ran. Ein Buch mit „über 300 Aufgaben und Lösungen" klingt überzeugend und ist schnell gekauft. Doch Vorsicht, kaum zu Hause stellt sich dann leider raus, dass „mit Lösungen" bedeutet „mit Endergebnissen". Wenn man Glück hat, kann man die Lösungswege extra kaufen. Noch mal 30 Schleifen auf die Ladentheke. Aber auch bei den Lösungswegen scheiden sich die Geister: Ist es nun schon ein Lösungsweg, wenn bei einer aufwendigen Rechnung die drei wichtigsten Zwischenschritte angegeben sind? Welche Formeln der abgedruckten Lösungswege sollte ich mir nun unbedingt merken?

In einem Vorspann wird der zur Lösung der Aufgaben jeweils notwendige, minimale theoretische Hintergrund komprimiert dargestellt. In den Lösungswegen werden auch alternative Vorgehensweisen erläutert. Den Ausgangspunkt aller Berechnungen stellt die Formelsammlung auf den Seiten 9 bis 12 dar. Wenn eine Formel der Formelsammlung erstmals im Text auftritt, ist diese grau unterlegt. Hab' ich für die Bearbeitung eines Themas zu lang gebraucht und jetzt für den Rest zu wenig Zeit? Der Übungstimer regelt eure Vorbereitung und bietet Assistenten vielfach erprobte 90-Minuten-Konzepte. „Ohne Panik Strömungsmechanik!" hat nicht 300 Aufgaben und auch nicht 500, sondern nur schlappe 58, aber dafür mit hoffentlich allem, was dazu gehört. Und mal ehrlich, mehr schafft man doch sowieso nicht.

So und jetzt geht noch ganz besonderer Dank an meinen langjährigen Chef Prof. Dr.-Ing. Dr. h.c. Werner Zielke, den Leiter des Instituts für Strömungsmechanik an der Universität Hannover, für die Unterstützung dieses Buchprojektes. Sein über Jahrzehnte gewachsener Aufgabenfundus bildete den Ausgangspunkt für die Entstehung dieses neuen Konzepts zur Prüfungsvorbereitung. Viele hilfreiche Anregungen zur Optimierung dieses Buches kamen von Prof. Mark Markofsky, Ph.D. habil. und Dipl.-Ing. Rainer Ratke. Meine Hiwis Dipl.-Ing. Marc Hinz und Dipl.-Ing. Dirk Schulz kennen einige Abbildungen bestimmt schon auswendig ... . Quasi unter dem Motto "von Assis für Studis" ebnet Frau Dipl.-Math. Ulrike Schmickler-Hirzebruch vom Vieweg-Verlag auch unkonventionellen Buchprojekten mit enormer Begeisterung den Weg.

Für die sehr ausführliche Überprüfung des Manuskripts unmittelbar vor Drucklegung danke ich ganz herzlich meinem Kollegen Dr.-Ing. Dipl.-Math. René Kaiser.

Karlsruhe, Oktober 2002 Jann Strybny

Vorwort zur 2. Auflage

Sorry, sorry, sorry, dass die 2. Auflage erst jetzt verfügbar ist. Der so zügige Ausverkauf der 1. Auflage hat mich dann doch ein wenig überrannt aber natürlich auch sehr gefreut. Herzlich bedanken möchte ich mich an dieser Stelle für die eingegangenen Briefe und Emails mit Korrekturvorschlägen und Anregungen zur Erweiterung. Sie sind Voraussetzung für ein lebendiges Buch, bergen aber leider auch eine gewisse Gefahr in sich: das Buch wird länger.

Die Studienzeit der klassischen Studiengänge an Universitäten und Fachhochschulen wird hingegen verkürzt und gleichzeitig wird der Druck durch das Einführen von Studiengebühren erhöht. Es werden neue Studienformen (zum Beispiel an Berufsakademien) etabliert, welche die Studierenden in gerade mal 18 Monaten theoretischer Ausbildung zu einem FH-äquivalenten Abschluss führen. Die Zahl der Fächer steigt, nicht zuletzt durch den bedeutenden Bereich der Informatik, der in alle natur- und ingenieurwissenschaftlichen Fächer hineinschwingt. Und in jedem einzelnen Fach findet in einer Zeit, in der jährlich mehrere zehntausend wissenschaftliche Aufsätze entstehen, eine Explosion des Wissens statt. Die Lehrenden beschäftigen sich seit 20 bis 40 Jahren täglich mit ihrem Fach - oder präziser mit einer mehr oder weniger kleinen Nische ihres Fachs. Die Lernenden haben "netto" gerade mal 20 bis 40 Tage Zeit, sich zu Beginn ihres Studiums mit den Anfängen der Strömungsmechanik vertraut zu machen - und genau das ist der Grund, warum Themenvorschläge wie Turbulenzmodelle, Gasdynamik, Wellentheorien, ... den Weg auch in diese 2. Auflage nicht gefunden haben.

Behutsam erweitert wurde "Ohne Panik Strömungsmechanik!" um einen Abschnitt zur Bemessung von Pumpen und erste Grundlagen zum Verständnis des Fliegens. Bleibt zu hoffen, dass auch diese 2. Auflage möglichst vielen Studentinnen und Studenten den Einstieg in das Fach Strömungsmechanik erleichtert.

Karlsruhe, Februar 2005 Jann Strybny

Vorwort zur 3. Auflage

Die 3. Auflage von OPS, wie es inzwischen immer wieder genannt wird, erscheint in Zeiten der verbindlichen Einführung von Bachelor- und Masterstudiengängen. Gerade gestern durfte ich mal wieder in der Zeitung lesen, dass unsere lieben Politiker "... mehr Tempo von Deutschlands Studierenden fordern ...". Bleibt zu hoffen, dass OPS ein klein wenig verdauungsfördernd wirkt – bei all dem Herunterschlingen grundlegenden Wissens.

Nürnberg, April 2007 Jann Strybny

Inhaltsverzeichnis

Thema		Seite
	Die Bedienungsanleitung	1
	Timer, Zeichen, Formeln	6
1	Hydrostatik	13
2	Erhaltungssätze	49
3	Rohrströmungen	85
4	Gerinneströmungen	117
5	Räumliche Ansätze	161
6	Strömungskräfte	183
7	Poröse Medien, Grundwasser	207
8	Potentialtheorie	225
9	Ähnlichkeitstheorie	243
	Literatur	257

Die Bedienungsanleitung

- **Thema, Stichworte**

Das Buch ist in neun Themen aufgeteilt, die zum typischen Repertoire im Hydromechanik-Grundstudium gehören. Auf der Titelseite jedes Themas findet ihr die zentralen Stichworte, die erklärt werden und deren Anwendung geübt wird. Wenn ihr dann irgendwann mit dem Kapitel durch seid, solltet ihr alle (!) Stichworte irgendwie einordnen können.

- **Wozuseite**

Die Situation erlebt eigentlich jeder Studi auf kurz oder lang: Du sitzt da, fasst dich an den Kopf und fragst dich „Kann mir mal jemand sagen WOZU ich das später brauch´ ???“ Damit ihr das gleich am Anfang erfahrt und nicht noch knappe Nächte vor der Prüfung fürs Umsonstlernen vergeigt, fängt jedes Thema mit der Wozuseite an. Ein Foto ist immer gut und dann ein paar Sätze, wozu man den Inhalt des Themas eigentlich gebrauchen kann. Wer nach dem Lesen dieser Wozuseite merkt, dass er das eigentlich gar nicht lernen will oder muss, spart Zeit und kann zu einem nächsten Thema übergehen. Auf der Wozuseite stehen übrigens immer ein paar Zahlenwerte aus dem Alltag, damit ihr später besser einschätzen könnt, ob Eure Rechenergebnisse überhaupt richtig sein können.

- **Grundlagen**

Dann gehts auch schon richtig los mit dem Kapitel „Grundlagen“. Im gesamten Buch gibt es keine strenge Trennung von Theorie und der Anwendung in Form von Übungsaufgaben. Natürlich wird am Anfang die Minimaltheorie erläutert, um überhaupt loslegen zu können. Sobald ihr aber eine denkbar einfache Aufgabe zum betreffenden Thema ausprobieren könnt, wird das auch gleich an Ort und Stelle getan. Ergänzende Theorie wird dann schrittweise nachgeliefert. In der Regel beschränken sich die Erläuterungen zu den Formeln auf einige Zeilen, wenn aber zur zielsicheren Anwendung mehr theoretischer Background erforderlich ist, können das auch schon mal zwei, drei Seiten Herleitung werden, mehr aber garantiert nicht.

- **Bezeichnungen**

Tragen Größen oder Formeln in der Fachwelt mehrere Namen oder Kürzel, wird im Text auf viele verschiedene Möglichkeiten hingewiesen: z.B. Atmosphärischer Druck = Luftdruck oder Abstandsgeschwindigkeit = tatsächliche Geschwindigkeit = mittlere Porengeschwindigkeit oder Massenerhaltung = „Konti“. Dann hapert es in mündlichen Prüfungen oder in der Klausur nicht schon an der Kommunikation.

- **Ausführlichkeit der Lösungswege**

$$F_x = \text{Druck im Flächenschwerpunkt} \cdot \text{projizierte Fläche}$$

$$F_x = \qquad p_S \qquad \cdot \qquad A_{proj}$$

$$F_x = \qquad \frac{1}{2} \cdot \rho \cdot g \cdot h \qquad \cdot \qquad h \cdot b$$

$$= \qquad \frac{1}{2} \cdot 10 \cdot 10 \cdot 12 \qquad \cdot \qquad 12 \cdot 1 \quad \text{kN}$$

$$= \underline{\underline{720\,\text{kN}}}$$

Die Lösungswege sind sehr ausführlich und fast jede Zeile wird kommentiert. Dem ein oder anderen von euch sind die Schritte vermutlich schon wieder zu detailliert. Sie sind aber im jahrelangen Einsatz in Gruppenübungen so entstanden. Die Sprechstunden haben immer wieder gezeigt, dass es eben doch viele Studis gibt, denen diese vielen kleinen Schritte helfen. Wenn du nicht alle Lösungsschritte brauchst, um die Aufgabe zu verstehen, ist das ein gutes Zeichen, es ist scheinbar noch nicht ganz hoffnungslos. Da, wo man einzelne Aufgabenteile immer wieder nach dem gleichen Prinzip lösen kann, wird eine kochrezept-ähnliche Reihenfolge der Rechnungen vorgeschlagen, weil man so viel Zeit in Klausuren sparen kann. Dass diese „Rezepte" wirklich funktionieren, wird dann vorgeführt, indem verschiedene Aufgaben einfach tabellarisch Zeile für Zeile gegenübergestellt sind.

- **Unkonventioneller Formelsatz**

$$\left[\overbrace{\left(v_x + \frac{\partial v_x}{\partial x} dx \right)}^{\text{Ausstrom}} - \overbrace{v_x}^{\text{Einstrom}} \right] dy\, dz \qquad dt \quad = \quad 0$$

Der Formelsatz ist sehr stark gegliedert und weitläufig dargestellt (Papierverschwendung), damit von Zeile zu Zeile die umgeformten Terme gleich ins Auge fallen. Zur besseren Übersicht ist die Bedeutung einzelner Terme manchmal auch durch Unter- oder Überklammerung direkt am Term gekennzeichnet.

!?

Typische Studi-Fragen, die beim Bearbeiten der Aufgaben immer wieder auftraten, werden unter den mit einem großen ? gekennzeichneten Stellen direkt aufgegriffen und unter den mit einem großen ! gekennzeichneten Stellen erklärt. Wichtige Anmerkungen zu Flüchtigkeitsfehlern etc. sind ebenfalls mit einem großen ! markiert.

Eigentlich sind ja falsche Lösungen in Büchern verpönt. Hier wird aber selbst davor nicht zurückgeschreckt. Falsche Gedankenansätze von Studis werden manchmal radikal aufgegriffen und so falsch wie sie sind komplett vorgerechnet, um euch zu zeigen, was dann passiert. Dann sieht man nämlich viel besser ein, dass das tatsächlich so nicht sein darf. Die entsprechenden Stellen sind natürlich dick markiert – mit einem Totenkopf.

- **Die kleine Formelsammlung**

$$h_{vs} = \lambda \cdot \frac{L}{d_{hy}} \cdot \frac{v^2}{2g}$$

Und noch eine Frage stellt sich vor jeder Klausur: „ohne Unterlagen“ oder „Kofferklausur“? Beides ist in Ingenieurstudiengängen irgendwie krank. Bei der „Kofferklausur“ hat die Prüfungsvorbereitung dann oft so etwas von Antiquitätenhändler oder Briefmarkensammler. Zentnerweise vergilbte Mitschriften der Fachschaft werden akribisch archiviert, markiert und zur Klausur geschleppt. Während der Klausur macht einen das Geraschel dann ganz wahnsinnig. Und beim Startschuss gehts dann los. Schnell nachschauen, welche Aufgabe der letzten dreißig Jahre der gestellten Aufgabe möglichst ähnlich ist, andere Zahlen rein und ab aufs Papier. Das Gegenteil „ohne Unterlagen“ gibt´s natürlich auch und ist genau so nervend. Programmierbare Taschenrechner, die nicht so aussehen, weil sie ja eigentlich verboten sind. Vollgeschriebene Spickzettel, Tische oder Unterarme. In Hannover machen wir es so: Eine knappe, aber ausreichende Formelsammlung ist das einzige Hilfsmittel in Prüfungen, keine Rucksäcke voller Bücher, keine vollgeschriebenen Arme (ist bei angeblich erwachsenen Studierenden ja wohl auch peinlich), aber eben auch kein Auswendiglernen vor der Prüfung. Alle wesentlichen Formeln, die man eigentlich auswendig können müsste, sind auch in diesem Buch in einer kleinen Formelsammlung auf zwei Doppelseiten im grau markierten Bereich zusammengefasst. Dort findest du die nötigen Gleichungen, Beiwerte und Funktionen mit denen du alle Aufgabentypen des Buches lösen kannst. Alles andere kannst du dir ohne Auswendiglernen durch ein bis zwei Zeilen Umformen bereitstellen. Wenn eine Gleichung der Formelsammlung erstmals im Text auftaucht, ist sie mit einem grauen Kasten markiert.

- **Übungstimer**

Insgeheim hat dieses Buch neben den neun Themen noch eine andere Aufteilung, die du aber beim normalen Hinschauen nicht sofort erkennen kannst. du findest sie in der Tabelle auf Seite 6. Eins der wohl größten Probleme vor jeder Prüfung ist, dass man viel zu viel Material zum Lernen in einer natürlich immer viel zu kurzen Zeit hat. Auch wenn dieses Buch hier nur die wichtigsten Grundlagen kurz und knapp anspricht, kann es immer noch viel zu viel sein. Du musst halt nur spät genug anfangen. Und wenn Montag die Mechanik-Prüfung ansteht und gleich Dienstag schon um 10 Uhr die blöde Hausübung für Mathematik abgegeben sein muss, bleiben halt Dienstag, Mittwoch und Donnerstag für die Strömungsmechanik Prüfung am Freitag. Also lieber ein paar Wochen früher anfangen. Zu früh bringt auch nichts, denn einen Monat vorher kann man keinen Studenten aus der Reserve locken und zum Lernen motivieren, aber so drei Wochen vorher fällt vielen dann schon ein, dass da irgendwann noch etwas ansteht. Und 21 Tage sind ein ganz guter Zeitrahmen, um dieses Buch ohne übermäßigen Druck durchzuarbeiten. Jeden Tag ein bisschen, dann bleibt auch genügend Zeit, um sich zumindest in der Anfangsphase noch auf das ein oder andere weitere Fach vorzubereiten. Zum Selbststudium oder parallel zur Vorlesung nimm dir also immer mal der Reihe nach einen Termin aus der Tabelle vor und arbeite Theorie und Aufgaben auf den genannten Seiten durch. Bei größerem Interesse leih dir einen dicken Wälzer in der Unibibliothek aus. Dann kannst du den roten Faden, den dir dieses Buch vermitteln soll, je nach Zeit, Lust und Laune ausbauen. Die Zahl der Aufgaben, die in der Spalte ganz rechts angegeben ist, schwankt stark. Es liegt am Schwierigkeitsgrad der Aufgaben. Im Schnitt sind pro Termin so drei Aufgaben angesetzt, es können aber auch mal fünf oder auch nur eine einzige sein. Wenn du zum Beispiel bei Aufgabe 41 ab Seite 175 nachschlägst, wird dir sofort auffallen, warum es nach einer Aufgabe dann auch schon reicht. Die Minutenangaben sollten dich nicht aus der Ruhe bringen. Du kannst dir ruhig ´ne Stunde oder mehr für eine Aufgabe Zeit lassen.

Gegen Ende eines Themas, wenn schon etwas Training da ist, solltest du aber zur Selbstkontrolle darauf achten, dass du beim Lösen langsam in die Nähe der angegebenen Zeiten kommst.

- **Minutenskala (für Assistenten und Tutoren)**

Die Minutenskala ist für Assistentenkollegen oder Fortgeschrittene unter euch, die als Tutor arbeiten oder Übungen in Kleingruppen betreuen. Wenn wir von 90 Minuten Übung ausgehen, sind die ersten 30 Minuten angesetzt, um die zum Lösen der Aufgaben erforderliche Minimaltheorie, die auf den angegebenen Seiten jeweils vor den Aufgaben steht, zusammengefasst an die Tafel zu bringen. In den darauffolgenden 60 Minuten werden dann Aufgaben gerechnet. Die angegebenen Minuten sind so bemessen, dass die Zeit etwa ausreicht, um die Aufgabenstellung anzuschreiben, die Studis selbst probieren zu lassen oder die Lösung mit den Studis im Dialog an der Tafel zu lösen, und dann für die Teilnehmer noch genügend Zeit verbleibt, um das Tafelbild abzuschreiben. Solche Zeitangaben können natürlich nur Anhaltspunkte sein. Das vorzeitige Abbrechen von Aufgaben und Weiterführen an anderen Terminen ist wenig sinnvoll und beim Einhalten dieser Abfolge nicht erforderlich.

- **Beipackzettel, Nebenwirkungen, Kleingedrucktes**

Auch wenn das jetzt sehr lustig klingt, aber in Amerika wird ja auch davor gewarnt, Hunde in Mikrowellen zu trocknen oder dass heißer Kaffee eben wirklich heiß ist.

!

Hier sei noch mal ausdrücklich betont, dass alle Angaben in diesem Buch ohne Gewähr erfolgen und in teilweise vereinfachter Form ausschließlich Übungszecken dienen. Für die eigenen Arbeiten und Bemessungsaufgaben sind natürlich immer die aktuell gültigen und vollständigen Gesetze, Vorschriften, Richtlinien und Tabellenwerke hinzuzuziehen.

Übungstimer

Termin	Thema	Seiten	Aufgaben-Nr. (≈ Bearbeitungszeit im Seminar)				
1	Hydrostatik	13 – 25	**1** (10 Min.)	**2** (30 Min.)	**3** (20 Min.)		
2	Hydrostatik	26 – 36	**4** (20 Min.)	**5** (20 Min.)	**7** (20 Min.)		
3	bewegte Behälter	37 – 47	**8** (30 Min.)	**9** (30 Min.)			
4	Erhaltungssätze	49 – 64	**10** (20 Min.)	**11** (20 Min.)	**12** (20 Min.)		
5	Erhaltungssätze	65 – 74	**13** (20 Min.)	**14** (20 Min.)	**15** (20 Min.)		
6	Erhaltungssätze	75 – 84	**16** (20 Min.)	**17** (20 Min.)	**18** (20 Min.)		
7	Rohrströmungen	85 – 92	**19** (20 Min.)	**20** (20 Min.)	**21** (20 Min.)		
8	Rohrströmungen	93 – 115	**23** (20 Min.)	**24** (20 Min.)	**25** (20 Min.)		
9	Gerinneströmungen	117 – 127	**26** (20 Min.)	**27** (20 Min.)	**28** (20 Min.)		
10	Gerinneströmungen	128 – 141	**29** (12 Min.)	**30** (12 Min.)	**31** (12 Min.)	**32** (12 Min.)	**33** (12 Min.)
11	Gerinneströmungen	142 – 149	**34** (20 Min.)	**35** (20 Min.)	**36** (20 Min.)		
12	Gerinneströmungen	150 – 159	**37** (30 Min.)	**38** (30 Min.)			
13	Räumliche Ansätze	161 – 171	**39** (30 Min.)	**40** (30 Min.)			
14	Räumliche Ansätze	172 – 182	**41** (60 Min.)				
15	Strömungskräfte	183 – 194	**42** (20 Min.)	**43** (20 Min.)	**44** (20 Min.)		
16	Strömungskräfte	195 – 206	**46** (30 Min.)	**47** (15 Min.)	**48** (15 Min.)		
17	Grundwasser	207 – 216	**49** (20 Min.)	**50** (20 Min.)	**51** (20 Min.)		
18	Grundwasser	217 – 224	**52** (60 Min.)				
19	Potentialtheorie	225 – 232	**53** (30 Min.)	**54** (30 Min.)			
20	Potentialtheorie	233 – 242	**55** (60 Min.)				
21	Ähnlichkeitstheorie	243 – 255	**56** (20 Min.)	**57** (20 Min.)	**58** (20 Min.)		

Formelzeichen

Zeichen	Einheit	Bedeutung und Seitenzahl des ersten Auftretens	
A	[m²]	Querschnittsfläche	18
b	[m]	Breite, Oberflächenbreite (in Gerinnen)	20
c	[m/s]	Wellenfortschrittsgeschwindigkeit	130
c_A, c_W, c_M	[-]	Beiwerte zur Berechnung der Strömungskräfte	188
d_{hy}	[m]	hydraulischer Durchmesser	88
E	[m]	spezifische Energiehöhe in Gerinnen	119
$\dot{E}$	[W]	Energiestrom	52
E_{gr}	[m]	Spezifische Energiehöhe unter Grenzbedingungen	128
Eu	[-]	Euler – Zahl	246
f	[N/Kg]	Vektor der Massenkräfte	37
F_G, F_A	[N]	Gewichtskraft, Auftriebs – bzw. Quertriebskraft	19
Fr	[-]	Froude – Zahl	130
F_w	[N]	Widerstandskraft	185
g	[m/s²]	Erdbeschleunigung	15
h, H	[m]	Wassertiefe	15
h_{gr}	[m]	Wassertiefe unter Grenzbedingungen	128
h_s	[m]	Schwerpunktlage	26
$h_ü$	[m]	Überfallhöhe	142
h_{vges}, h_v	[m]	Verlusthöhe	67
h_{ve}	[m]	Verlusthöhe resultierend aus Einzelverlusten	70
h_{vs}	[m]	Verlusthöhe resultierend aus streckenabhängigen Verlusten	87
$\dot{I}$	[N]	Impulsstrom	52
I_ξ, $I_{\eta\xi}$	[m⁴]	Flächenträgheitsmoment	27
I_E	[-]	Energieliniengefälle	88
I_{so}	[-]	Sohlgefälle	122
I_W	[-]	Wasserspiegelgefälle	122
k	[mm]	Rauhigkeitsbeiwert nach Darcy-Weisbach	89
k_f	[m/s]	Durchlässigkeits-Beiwert	210
k_{St}	[m^{1/3}/s]	Rauhigkeitsbeiwert nach Manning – Strickler	121
M	[Nm]	Moment	33
M_N	[Nm]	Nickmoment	186
$\dot{m}$	[kg/s]	Massenstrom	52
n_e	[-]	effektive Porosität	214
p	[Pa]	Druck	15
P	[W]	Leistung einer Pumpe oder eines Generators	66
p_s	[Pa]	Druck im Flächenschwerpunkt	20
Q	[m³/s]	Durchfluss, Volumenstrom	52
q	[m²/s]	Abfluss pro Breitenmeter	120
q	[N/m²]	Staudruck	188
Re	[-]	Reynolds - Zahl	89
r_{hy}	[m]	hydraulischer Radius	87
s	[m]	Strecke	32
S	[N]	Stützkraft	60
v	[m/s]	Strömungsgeschwindigkeit	52
V	[m³]	Volumen	20
v_a	[m/s]	Abstandsgeschwindigkeit = tatsächliche Geschwindigkeit	214
v_f	[m/s]	Filtergeschwindigkeit	211
v_{gr}	[m/s]	Fließgeschwindigkeit unter Grenzbedingungen	128
v_∞	[m/s]	Anströmgeschwindigkeit im ungestörten Bereich	185
z	[m]	geodätische Höhe	66
ν	[m²/s]	kinematische Zähigkeit	89
τ	[N/m²]	Schubspannung	102
ρ	[kg/m³]	Fluiddichte	15
α	[-]	vom Geschwindigkeitsprofil abhängiger Beiwert der Bernoulli-Gl.	67
μ	[-]	Abflussbeiwert	142
Γ	[m²/s]	Zirkulation	234
ω	[1/s]	Kreisfrequenz	44
β	[-]	vom Geschwindigkeitsprofil abhängiger Beiwert in der Impuls-Gl.	62
λ	[-]	Reibungsbeiwert nach Colebrook-White (im Moody-Diagramm)	89
λ	[-]	Maßstab	245
Φ	[m³/s]	Potentialfunktion	216
ψ	[m²/s]	Stromfunktion	216
η	[kg/m·s]	Dynamische Zähigkeit	9
ς	[-]	Einzelverlustbeiwert	70

KING MARY

Kleine Formelsammlung

Bitte rechnet näherungsweise mit folgenden Werten:

Normaldruck : $p_{atmos} = 100\,000$ Pa
Erdbeschleunigung: $g = 10$ m/s²

Stoffwerte (20°C, Normaldruck):

Wasser	$\nu_W = 1{,}0 \cdot 10^{-6}$ m²/s	$\rho_W = 1000{,}0$ kg/m³
Luft	$\nu_L = 14{,}9 \cdot 10^{-6}$ m²/s	$\rho_L = 1{,}2$ kg/m³
Erdöl (Baku)	$\nu_Ö = 2{,}6 \cdot 10^{-6}$ m²/s	$\rho_Ö = 824{,}0$ kg/m³

$$\nu = \frac{\eta}{\rho} \qquad \tau = \eta \cdot \frac{\partial v}{\partial s}$$

Hydrostatik:

Druck und Druckkräfte:

$$p = p_0 + \rho \cdot g \cdot h$$
$$F_H = F_x = p_S \cdot A_{proj}$$
$$F_V = F_z = \rho \cdot g \cdot V$$

Druckmittelpunkt:

$$y_D = \frac{I_\xi}{y_S \cdot A} + y_S$$
$$x_D = \frac{I_{\eta\xi}}{y_S \cdot A} + x_S$$

Bewegte Behälter:

$$p_B = p_A + \rho \int_A^B \vec{f}\, d\vec{s}$$
$$f_r = \omega^2 \cdot r$$

Erhaltungssätze:

Massenerhaltung:

$$Q_{ein} = Q_{aus}$$
$$A_{ein} \cdot v_{ein} = A_{aus} \cdot v_{aus}$$

Impulserhaltung und Stützkraftkonzept:

$$|\vec{S}| = p_ü \cdot A + \beta \cdot \rho \cdot A \cdot v^2, \text{wobei } v = \overline{v}$$
$$\vec{S}_{ein} + \vec{S}_{aus} + \vec{G} + \vec{F}_A = 0$$

Energieerhaltung:

$$z_1 + \frac{p_1}{\rho \cdot g} + \alpha \frac{v_1^2}{2 \cdot g} + \frac{P_P}{g \cdot \dot{m}} = z_2 + \frac{p_2}{\rho \cdot g} + \alpha \frac{v_2^2}{2 \cdot g} + h_{vges}$$

Spezifische Energiehöhe:

$$E = h + \frac{v^2}{2 \cdot g}$$

Örtlich konzentrierte Verluste:

$$h_{ve} = \zeta \cdot \frac{v^2}{2g}$$

Einige Beispiele für den **Verlustbeiwert ζ** [-] örtlich konzentrierter Verluste (weitere siehe Tabellenwerke)			
Einlauf scharfkantig	0,50	**Rohrkrümmer 15 °**	0,03
		30 °	0,06
Einlauf leicht ausgerundet	0,25	**45 °**	0,08
		60 °	0,09
Auslauf	1,00	**75 °**	0,11
		90 °	0,12

Streckenabhängige Verluste:

Darcy-Weisbach:

$$h_{vs} = \lambda \cdot \frac{L}{d_{hy}} \cdot \frac{v^2}{2g}$$

$$d_{hy} = \frac{4 \cdot A}{U_{ben}}$$

Manning-Strickler:

$$v = k_{St} \cdot r_{hy}^{2/3} \cdot I_E^{1/2}$$

$$r_{hy} = \frac{A}{U_{ben}}$$

$$\tau_0 = \frac{\rho \cdot g}{L} \cdot \frac{A}{U_{ben}} \cdot h_{vs}$$

$$I_E = \frac{h_{vs}}{L}$$

	Werkstoff	Zustand	k-Wert [mm]	k_{St}-Wert [$m^{1/3} \cdot s^{-1}$]
Rohr	Stahl	glatt	0,01 – 0,20	
		angerostet	0,40	
		stark verkrustet	3,00	
	Gusseisen	glatt	0,12 – 1,00	
		angerostet	1,00 – 1,50	
		stark verkrustet	1,50 – 3,00	
	Beton	geschliffen, verputzt	0,01 – 0,16	
		alte Einzelrohre	1,00 – 3,00	
		schalungsrauh	10,00	
Gerinne	Natur	Kies	75,00	40,00
		Geröll	bis 400,00	30,00
		rauhe Felswände	bis 1500,00	25,00 – 28,00
		Gebirgsbäche	bis 3000,00	19,00 – 22,00
	Beton	glatt	0,80	80,00
		rauh	20,00	50,00
	Klinker		1,50 – 1,80	70,00 – 80,00
	Holz		0,60	90,00

Berechnung des Reibungsbeiwertes λ:

laminar (Re < 2330): $\lambda = \frac{64}{Re}$

turbulent (Re > 2330): $\frac{1}{\sqrt{\lambda}} = -2 \log \left(\frac{2.51}{Re\sqrt{\lambda}} + \frac{k}{3.71\, D} \right)$

Moody-Diagramm zur Bestimmung des Reibungsbeiwertes λ:

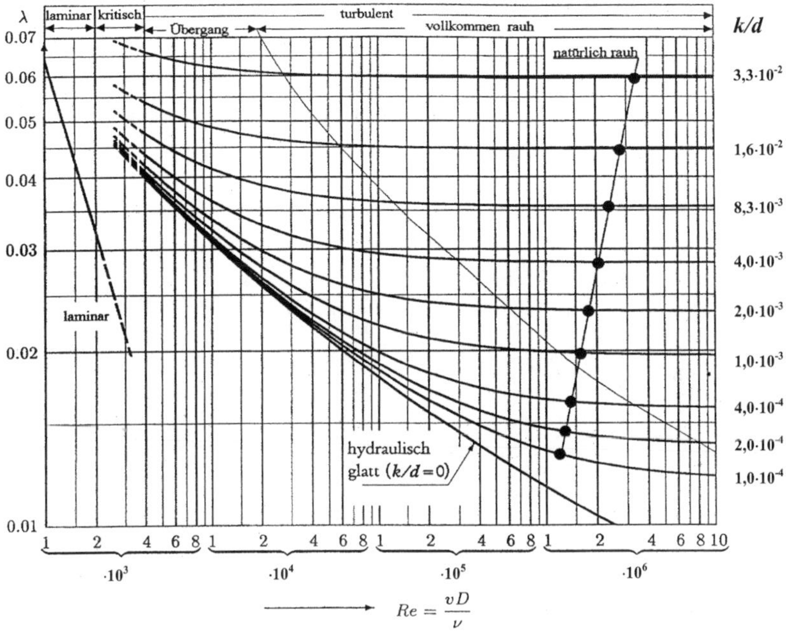

Grenzzustand (Rechteckgerine):

$$h_{gr} = \sqrt[3]{\frac{q^2}{g}} = \frac{2}{3} E_{gr} \qquad v_{gr} = \sqrt{g \cdot h_{gr}}$$

Wechselsprung:

$$\frac{h_2}{h_1} = \frac{1}{2}\left(\sqrt{1 + 8Fr_2^2} - 1\right)$$

Überfall:

$$Q = \frac{2}{3} \mu \cdot b \cdot h_{ü} \sqrt{2 \cdot g \cdot h_{ü}}$$

$$\text{breitkronig}: \mu = \frac{1}{\sqrt{3}}$$

schmalkronig Tabelle:

Überfallform	Kronenausbildung	μ
	breit, waagerecht, scharfkantig	0,50
	breit, waagerecht, ausgerundete Kanten	0,53
	breit, vollständig abgerundet	0,69
	scharfkantig, Überfallstrahl belüftet	0,64
	rundkronig, OW lotrecht, UW geneigt	0,74
	dachförmig, gut ausgerundet	0,79

Spiegellinie (Rechteckgerinne):

$$\frac{dh}{ds} = I_{So} \cdot \frac{h_{Sp}^3 - h_n^3}{h_{Sp}^3 - h_{gr}^3}$$

Potentialtheorie:

$$v_x = \frac{\partial \Phi}{\partial x} \qquad v_y = \frac{\partial \Phi}{\partial y}$$

$$v_x = \frac{\partial \psi}{\partial y} \qquad v_y = -\frac{\partial \psi}{\partial x}$$

Laplace-DGL:

$$\Delta\Phi = \frac{\partial^2\Phi}{\partial x^2} + \frac{\partial^2\Phi}{\partial y^2} + \frac{\partial^2\Phi}{\partial z^2} = 0$$

Rotation / Zirkulation:

$$\mathrm{rot}\left(\vec{v}(x,y,z)\right) = \begin{bmatrix} \frac{\partial v_z}{\partial y} - \frac{\partial v_y}{\partial z} \\ \frac{\partial v_x}{\partial z} - \frac{\partial v_z}{\partial x} \\ \frac{\partial v_y}{\partial x} - \frac{\partial v_x}{\partial y} \end{bmatrix}$$

$$\Gamma = \oint \vec{v}\,\overrightarrow{ds} = \int \mathrm{rot}\,\vec{v}\,\overrightarrow{dA}$$

Strömungskräfte:

c - Werte werden bei Bedarf gestellt.

Staudruck:

$$q = \frac{\rho}{2} \cdot v_\infty^{\;2}$$

Auftrieb:

$$F_A = \int q \cdot c_A \, dA$$

Widerstand:

$$F_w = \int q \cdot c_w \, dA$$

Biegemoment (um Fußpunkt):

$$M = \int y \cdot q \cdot c_W \, dA$$

Nickmoment (um Körperschwerpunkt):

$$M_N = \int x \cdot q \cdot c_M \, dA$$

Kinetik der räumlichen Strömung:

Kontinuitätsgleichung:

$$\mathrm{div}\,\vec{v} = \frac{\partial v_x}{\partial x} + \frac{\partial v_y}{\partial y} + \frac{\partial v_z}{\partial z} = 0$$

Navier-Stokes-Gleichung:

$$\vec{f} - \frac{1}{\rho}\mathrm{grad}\,p + \nu\Delta\vec{v} = \frac{d\vec{v}}{dt} = \left(\vec{v}\,\mathrm{grad}\right)\vec{v} + \frac{\partial \vec{v}}{\partial t}$$

Dimensionslose Kennzahlen:

$$\mathrm{Fr} = \frac{v}{\sqrt{g \cdot h}}$$

$$\mathrm{Re} = \frac{v \cdot d}{\nu}$$

$$\mathrm{Eu} = \frac{\Delta p}{\rho \cdot v^2}$$

Poröse Medien / Grundwasser:

$$\vec{v}_f = -k_f \cdot \mathrm{grad}\,h$$

$$v_a = \frac{v_f}{n_e}$$

Filter	**k_f - Wert [m/s]**
Ton	$1 \cdot 10^{-10}$
Schluff	$1 \cdot 10^{-8}$
Sand	$1 \cdot 10^{-4}$
Kies	$1 \cdot 10^{-2}$

Thema 1
Hydrostatik

Stichworte

Grundlagen
- Hydrostatischer Druck
- Auftrieb, Archimedes
- Hydrostatisches Paradoxon
- Geschichtete Fluide

Druckkräfte
- Druckkräfte auf ebene geneigte Flächen
- Druckkräfte auf gekrümmte Flächen

Hydrostatik in bewegten Behältern
- Translation
- Rotation

Hydrostatischer Druck

Wozuseite

Hochbehälter für Betriebswasser Foto: BAW, J. Sengstock

Im einleitenden Kapitel sollen die grundlegenden Abläufe erläutert werden, um die aus ruhenden Fluiden resultierenden Kräfte zu berechnen. Diese Kräfte können die wesentlichen Bemessungsgrößen bei vielen Konstruktionen in fast allen Sparten des Ingenieurbaus sein. Der sogenannte hydrostatische Druck und die daraus resultierenden Druckkräfte werden bei der Bemessung von Staumauern, Wassertürmen oder industriellen Tankbehältern benötigt, um nur einige Beispiele zu nennen. Das Tieftauchen selbst modernster Unterseeboote ist noch heute durch den enormen Druck stark eingeschränkt. Dem havarierten russischen U-Boot Kursk konnte in nur 100 m Wassertiefe niemand wegen des hohen Druckes helfen. Das Tieftauchboot Trieste musste beim Abtauchen in den Marianengraben einem Druck von etwa 1100 bar standhalten. Die Kapsel benötigte 12,7 cm dicke massive Wände aus geschmiedetem Stahl. Die Bogengewichtsstaumauer des Hoover Dam in Nevada ist aus Stahlbeton und hat eine Wandstärke von bis zu 201 m, um den Druckkräften zu widerstehen. Wenn ihr gleich auf den nächsten Seiten die ersten kleinen Formeln seht, werdet ihr euch berechtigterweise fragen, was an diesem Einsetzen von ein paar Zahlen so schwer sein soll. Die der Hydrostatik zugrundeliegenden Gesetze sind in der Tat einfach und in wenigen Zeilen beschrieben. Die Berechnungen können jedoch durch komplexe Geometrien nervenaufreibend umständlich und damit sehr fehlerträchtig werden.

Hydrostatischer Druck

Grundlagen

Bevor es mit dem Berechnen des hydrostatischen Drucks losgeht, müssen zur Einführung ein paar Basics definiert werden. Bei allen homogenen Medien, also auch bei den von uns in Zukunft betrachteten Fluiden steigt die Masse direkt proportional zum Volumen. Der Quotient aus Masse und Volumen ist die spezifische Masse, die allgemein als Dichte bezeichnet wird.

- **Dichte**

$$\rho = \frac{\text{Masse}}{\text{Volumen}} = f(p, T, c) \quad \left[\frac{\text{kg}}{\text{m}^3}\right]$$

$$\text{Wasser:} \quad \rho \approx 1000 \frac{\text{kg}}{\text{m}^3}$$

In Fluiden resultiert aus der Gewichtskraft der Fluide eine Kraft *F* senkrecht auf ein Flächenelement *A* der das Fluid berandenden Begrenzungsfläche. Der Quotient aus *F* und *A* wird als Druck bezeichnet.

- **Druck**

$$p = \frac{\text{Kraft}}{\text{Fläche}} \quad \left[\frac{\text{N}}{\text{m}^2}\right] \qquad 1\,\text{Pa} = 1\frac{\text{N}}{\text{m}^2}$$

Der Druck besitzt die Einheit einer Spannung

- **Der Druck an jedem Punkt im Fluid ist richtungsunabhängig, also ein Skalar.**

Zur Erinnerung:	Skalar:	z.B. Temperatur, Druck
	Vektor:	z.B. Geschwindigkeit

- **Der hydrostatische Druck in einer Tiefe *h* unter einem Wasserspiegel ist gleich dem Druck am Wasserspiegel zuzüglich der aus der Wassersäule resultierenden Druckspannung.**

$$p = p_0 + \rho \cdot g \cdot h$$

!

Auch wenn es kaum vorstellbar ist, schon mit dieser ersten Formel reissen sich die ersten von euch ins prüfungsmäßige Verderben. Der atmosphärische Druck p_0, die Dichte ρ und die Erdbeschleunigung g sind vorgegeben und müssen wirklich nur abgeschrieben werden. „Entscheidungsgewalt“ habt ihr eigentlich nur über einen einzigen Wert, die Höhe der darüberstehenden Wassersäule h. Und genau da schleicht sich bei dem ein oder anderen schon der erste böse Fehler ein. Was ist die „darüberstehende Wassersäule“. Was aber passiert, wenn die Strecke lotrecht vom Betrachtungspunkt nach oben nicht direkt an die Wasseroberfläche führt, sondern nur bis zu einem Hindernis, das ebenfalls ins Wasser eingetaucht ist? Zwei mit Sicherheit in Strömungsmechanik durch die Prüfung gefallene Meeresforscher haben das für uns ausprobiert:

Sie tauchen zunächst 25 m tief hinunter. Plötzlich wird Ihnen der Druck zu groß. Statt wieder ganz aufzutauchen, entscheiden sie sich, in 25 m Wassertiefe zu bleiben und unter einen Felsvorsprung zu schwimmen, um sich so von dem großen Wasserdruck vorübergehend zu erholen. Der eindeutige Beweis, dass sich die beiden vorher garantiert nicht mit Hydrostatik auseinandergesetzt haben. Denn auch „in Deckung“ des Felsvorsprungs resultiert der Druck aus der lotrechten Strecke zwischen Aufenthaltsort und Wasseroberfläche.
Ein weiteres Beispiel ist das Tauchen im Schwimmbecken oder in der Nordsee. Wenn ihr in einem normalgroßen Schwimmbecken 4m tief taucht, erstreckt sich das Wasser in der Horizontalen maximal auf einer Strecke von 25 m. Taucht ihr im Baggersee 4m tief beträgt diese Strecke vielleicht 250 m und an der Nordsee zum Beispiel 250 km. Ist der Wasserdruck im Baggersee in 4m Tiefe 10 mal so groß wie im Schwimmbecken und in der Nordsee in 4 m Tiefe 10 000 mal so groß wie im Schwimmbad? Nein !

- **Der hydrostatische Druck ist ein Skalar und resultiert, unabhängig von Verdeckungen oder Ausdehnung des Fluids, aus der lotrechten Strecke zwischen Beobachtungspunkt und der Lage der Wasseroberfläche!**

Doch wir haben eingangs auch vom Druck an der Wasseroberfläche gesprochen. Dies ist oft der Luftdruck bzw. atmosphärische Druck. Ihr wisst natürlich alle aus dem Wetterbericht, dass der Luftdruck stark schwankt. Bei unseren Rechnungen werden wir uns daher auf den sogenannten Normaldruck beziehen. Er hat eine Höhe von 101325 Pa. Für unsere Übungszwecke reicht aber, wenn wir 100000 Pa annehmen, das ist nämlich genau 1 bar.

$$\text{Luftdruck: } p_{\text{atmos}} \approx 100000 \text{ Pa} = 10^5 \text{ Pa} = 1 \text{ bar}$$

- **Vor jeder Berechnung ist zu prüfen, ob nach dem Überdruck oder dem Absolutdruck gefragt ist! Der Überdruck resultiert nur aus dem betrachteten Fluid, der Absolutdruck (=Gesamtdruck) zuzüglich aus dem atmosphärischen Druck (=Luftdruck) an der Wasseroberfläche.**

$$\underbrace{p}_{p_{\text{abs}}} = \underbrace{p_0}_{p_{\text{atmos}}} + \underbrace{\rho \cdot g \cdot h}_{p_{\ddot{u}}}$$

Aufgabe 1:

Für unsere erste Berechnung nehmen wir uns ein mit einer Vergleichsflüssigkeit der Dichte ρ_V und einer unbekannten weiteren Flüssigkeit gefülltes U-Rohr vor.

a)
Zunächst wollen wir den Überdruck am Punkt 2 bestimmen.

b)
Wie hoch ist der Absolutdruck?

Vorgaben:

$z = 5$ cm
$z_2 = 3$ cm
$\Delta z = 1$ cm
$p_1 = p_{atmos}$
$\rho_V = 10^3$ kg / m³

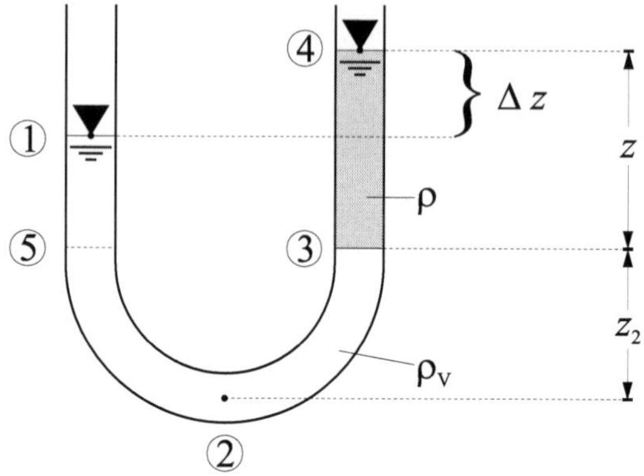

a)

$$p = \rho \cdot g \cdot h$$

$$p_2 = \rho_v \cdot g \cdot (z + z_2 - \Delta z) = 10^3 \cdot 10 \cdot (0{,}05 + 0{,}03 - 0{,}01) = \underline{\underline{700 \text{ Pa}}}$$

b)

$$p_{abs} = p_{atmos} + p_{ü}$$

$$p_{abs} = p_{atmos} + p_2$$

$$p_{abs} = 100000 + 700 = \underline{\underline{100700 \text{ Pa}}}$$

Diesen Aufbau können wir nutzen, um die Dichte ρ der unbekannten Flüssigkeit zu bestimmen:

Durch Hinsehen und etwas Mitdenken lässt sich die Aufgabe in wenigen Sekunden durch Anschauung lösen. Wir können den unteren Teil des U-Rohrs auch als (Wasser-) Waage auffassen. Die im linken und rechten Schenkel sich darüber befindenden Fluide stehen im Gleichgewicht. Die Bereiche (1)-(5) und (3)-(4) weisen also jeweils die gleiche Masse auf. Die Masse in den Rohrteilen ist natürlich das Produkt aus Dichte und Volumen, das Volumen berechnen wir aus dem Produkt der Rohrquerschnittsfläche A mit der Höhendifferenz. A kürzt sich glücklicherweise raus:

Masse links (zwischen 1 und 5)	=	Masse rechts (zwischen 4 und 3)
$(z - \Delta z) \cdot A \cdot \rho_v$	=	$z \cdot A \cdot \rho$

$$\rho = \frac{z - \Delta z}{z} \cdot \rho_v = \frac{5 - 1}{5} \cdot 1000 = 0{,}8 \cdot 1000 = \underline{\underline{800 \text{ kg/m}^3}}$$

Druckkräfte, Auftrieb

Grundlagen

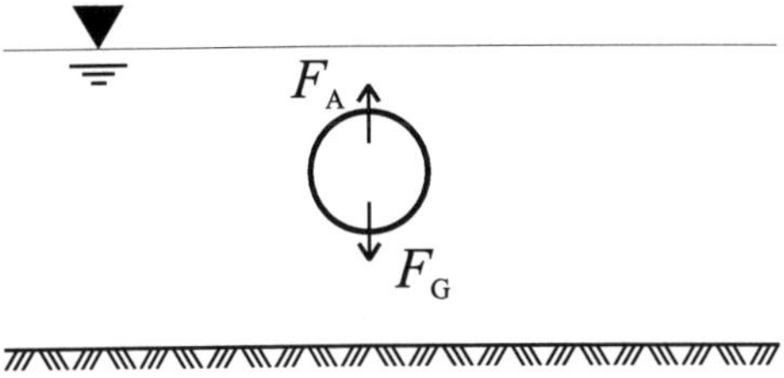

$$F_G = m \cdot g$$
$$F_A = \rho \cdot g \cdot V$$

- **Die Auftriebskraft ist gleich der Gewichtskraft der verdrängten Wassermenge. (Entdeckung durch *Archimedes*)**

Warum ist das so? Zur Veranschaulichung werden wir Aufgabe 2 rechnen und die Zusammenhänge zwischen Druck, Druckkraft, den Komponenten der Druckkraft und der Auftriebskraft klären.

Aus dem Druck resultiert eine Druckkraft, welche sich aus den folgenden Komponenten zusammensetzt:

- **Horizontalkomponente: Produkt aus dem Druck im Flächenschwerpunkt (der projizierten Fläche) p_s und der projizierten Fläche A_{proj}**

$$F_H = F_x = p_S \cdot A_{proj}$$

- **Vertikalkomponente: Gewichtskraft der darüberstehenden oder gedachten Wassersäule**

$$F_V = F_z = \rho \cdot g \cdot V$$

!

Dämme, Deiche aber auch Wehre kann man als sogenannte Linienbauwerke auffassen. Dies ist dann der Fall, wenn ein Bauwerk über eine sehr lange Strecke einen konstanten Querschnitt (Regelquerschnitt) aufweist. Der Betrag dieser Strecke (in dieser Aufgabe „Breite b" genannt) wird dann im Regelfall nicht für die Berechnungen herangezogen, sondern es wird eine Breite (in der Skizze „Tiefe") von einem Meter angenommen. Es werden also Bemessungsgrößen pro laufendem Meter bestimmt. → **Vor jeder Berechnung prüfen, ob die „Breite" in der Aufgabenstellung gegeben ist, anderenfalls die Breite b = 1,0 m annehmen.**

Aufgabe 2:

Berechne die Größe und Wirkungslinie der resultierenden Druckkraft auf die Wand A-B.

Vorgaben:

$b = 1$ m
ρ = 1000 kg/m³

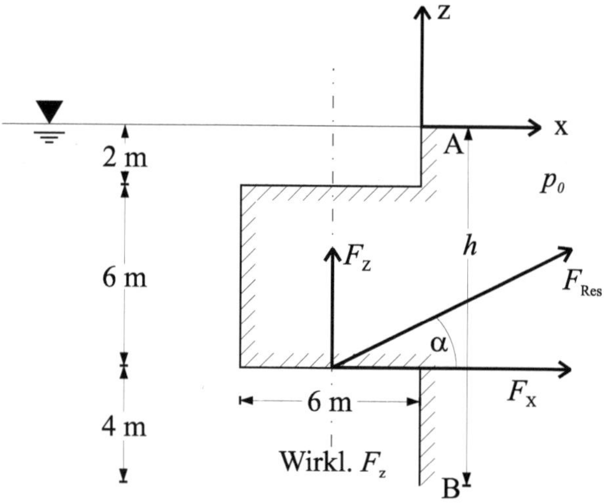

Horizontalkomponente :

Wie kommt es jetzt zu dem oben angegebenen Satz zur Berechnung der Horizontalkomponente? Der Druck nimmt mit der Wassertiefe linear zu. Wenn wir ihn wie in der Skizze unten auftragen, handelt es sich um eine „Dreieckslast". Im Mittel über die gesamte projizierte Fläche wirkt also die Hälfte des Maximaldruckes auf den betrachteten Bereich. Wenn wir den jetzt noch mit der projizierten Fläche multiplizieren, resultiert schon die Horizontalkomponente. Doch Achtung, die Wirkungslinie dieser Kraft liegt natürlich nicht (!) im Flächenmittelpunkt. Sie liegt im Schwerpunkt der „Dreieckslast" und genau daraus resultiert die 2/3 zu 1/3 Aufteilung.

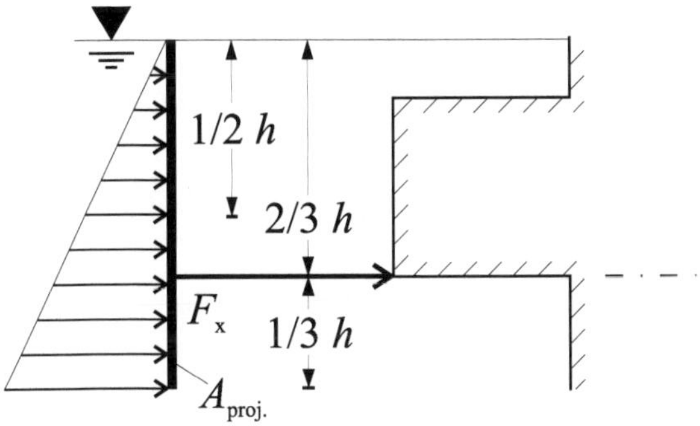

$$F_X = \text{Druck im Flächenschwerpunkt} \cdot \text{projizierte Fläche}$$

$$F_X = p_S \cdot A_{proj}$$

$$F_X = \frac{1}{2} \cdot \rho \cdot g \cdot h \cdot h \cdot b$$

$$= \frac{1}{2} \cdot 1000 \cdot 10 \cdot 12 \cdot 12 \cdot 1 \ \text{kN}$$

$$= \underline{\underline{720\,\text{kN}}}$$

Vertikalkomponente:

Die von oben auf unseren Klotz wirkende Kraft F_{ZO} ist die Gewichtskraft der Wassersäule darüber. Doch was ist an der Unterseite los? Da brauchen wir nur an unsere tauchenden Freunde von vorhin zu denken. Die Druckkraft an der Unterseite F_{ZU} ist natürlich nicht Null, weil sie durch den Klotz „abgeschirmt" ist, sondern resultiert aus der gedachten Wassersäule darüber, also von der Unterseite durch den Klotz durch bis an die Wasseroberfläche. Die Druckkräfte wirken immer normal auf die Oberfläche, die Kräfte von oben und unten sind also genau entgegengesetzt. Übrig bleibt exakt das Volumen, welches der Klotz verdrängt.

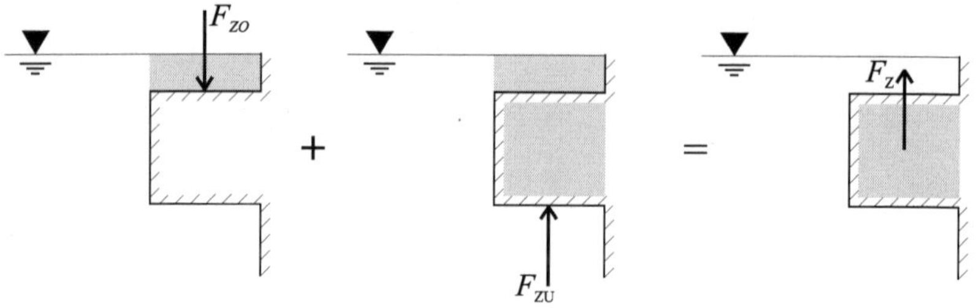

Von oben und unten wirken jeweils:

$$F_{ZO} = -\rho \cdot g \cdot V_O = 1000 \cdot 10 \cdot 2 \cdot 6 \cdot 1 = -120 \text{ kN}$$

$$F_{ZU} = \rho \cdot g \cdot V_U = 1000 \cdot 10 \cdot 8 \cdot 6 \cdot 1 = 480 \text{ kN}$$

$$\sum = 360 \text{ kN}$$

Aus dieser Rechnung wird schnell ersichtlich, dass sich die Vertikalkomponente der Druckkraft aus dem Volumen des vom Körper verdrängten Wassers berechnen lässt.

$$F_Z = \rho \cdot g \cdot V = 10^3 \cdot 10 \cdot 36 = \underline{\underline{360 \text{kN}}}$$

Damit haben wir gerade ganz nebenbei den Nachweis für die Gültigkeit des Gesetzes von Archimedes erbracht.

Betrag der resultierenden Druckkraft:

$$\left|\vec{F}_R\right| = \sqrt{F_X^2 + F_Z^2} = \underline{\underline{805 \text{ kN}}}$$

Wirkungslinie:

Die Wirkungslinie von F_R erhält man durch die einfache Bestimmung des Winkels zwischen den Komponenten F_x und F_z.

$$\tan\alpha = \frac{F_Z}{F_X} = \frac{360}{720} = \frac{1}{2} \quad \rightarrow \quad \alpha = 26{,}57°$$

Warum um Gottes Willen zeigt die Waage oben das Ergebnis an: tja weil es halt so ist könnte man leichtfertig glauben, ist ja schließlich ein Messinstrument. Aber Vorsicht, auch Messinstrumente könnten ja theoretisch mal kaputt sein und deswegen schauen wir da doch besser noch mal ganz genau hin. Es gibt nämlich ein sogenanntes ...

Hydrostatisches Paradoxon

Grundlagen

- **Die Druckkraft auf einem Behälterboden kann wesentlich kleiner oder größer als die Gewichtskraft des Wassers im Behälter sein.**

Warum das hydrostatische Paradoxon nun angeblich so paradox ist, werden wir in Aufgabe 3 mal genauer unter die Lupe nehmen.

Aufgabe 3:

In unserem Behälter ist eine bestimmte Menge Wasser enthalten, also sollten wir zunächst mal die Gewichtskraft aus dem Wasserinhalt bestimmen.

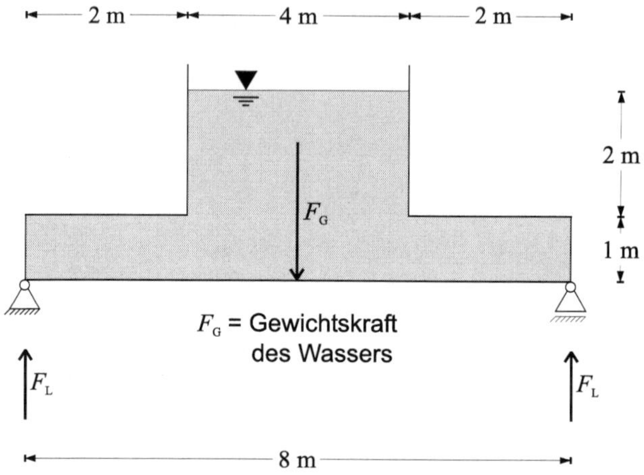

$$F_G = \rho \cdot g \cdot V$$
$$V = 8 \cdot 1 \cdot 1 + 4 \cdot 2 \cdot 1 = 16 \text{ m}^3$$
$$F_G = 1000 \cdot 10 \cdot 16 = 160 \text{ kN}$$

Diese Gewichtskraft verteilt sich auf die Lager des Behälters

$$F_L = \frac{F_G}{2} \quad \rightarrow \quad \underline{\underline{F_L = 80 \text{ kN}}}$$

Jetzt kommt unser "Fachmann" oben ins Spiel, der mit einer anderen Rechnung den Beweis für die Richtigkeit seiner Waage startet:

Welche Druckkraft wird von dem im Behälter befindlichen Wasser auf den Behälterboden ausgeübt?

$$F = p_S \cdot A$$
$$p_S = \rho \cdot g \cdot (h_1 + h_2)$$
$$A = 8 \cdot b = 8 \text{ m}^2$$
$$p_S = \rho \cdot g \cdot (h_1 + h_2) = 3 \cdot 10^4 \text{ Pa}$$
$$F = p_S \cdot A = 3 \cdot 10^4 \cdot 8$$
$$F = 240 \cdot 10^3 \text{ N} = \underline{\underline{240 \text{ kN}}}$$

Wieder bestimmen wir die Auflagerreaktion ...

$$F_{\mathrm{L}} = \frac{F}{2} \qquad \rightarrow \qquad \underline{\underline{F_{\mathrm{L}} \overset{?}{=} 120\ \mathrm{kN}}}$$

... wundern uns ganz doll – und genau dieses Wundern ist das Paradoxe des hydrostatischen Paradoxons. Wenn wir den Behälter noch mal genauer unter die Lupe nehmen, stellen wir fest, dass uns Druckkräfte entgangen sind, nämlich die nach oben gerichteten Auftriebskomponenten in den Seitenteilen – schon stimmt die Welt wieder und die Waage ist als Betrug enttarnt.

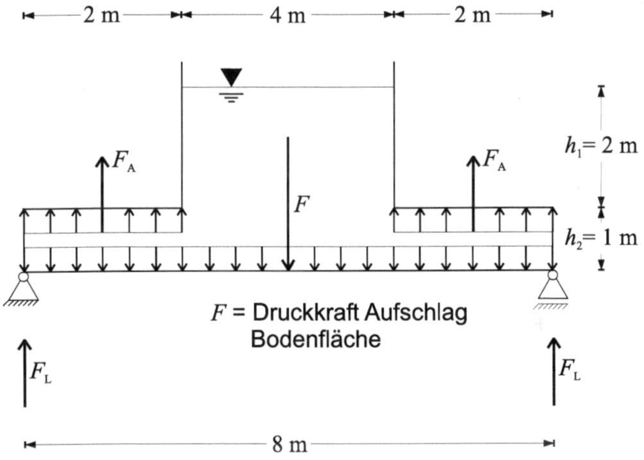

$$F_{\mathrm{A}} = \rho \cdot g \cdot h_1 \cdot 2 \cdot 1 = 40\ \mathrm{kN}$$

$$\sum F_{\mathrm{V}} = 0 \ \rightarrow \ 2F_{\mathrm{L}} - F + 2F_{\mathrm{A}} = 0$$

$$F_{\mathrm{L}} = \frac{(F - 2F_{\mathrm{A}})}{2}$$

$$F_{\mathrm{L}} = \frac{240 - 2 \cdot 40}{2} = \underline{\underline{80\ \mathrm{kN}}}$$

Druckkräfte auf ebene geneigte Flächen

Grundlagen

- **Die Druckkraft ist stets senkrecht auf die Grenzfläche zwischen Fluid und festem Körper gerichtet, da in einem ruhenden Fluid nur Normalkräfte und keine Schubkräfte übertragbar sind.**

- **Die Wirkungslinie der Druckkraft schneidet die Fläche im Druckmittelpunkt. Dieser muss stets tiefer als der Schwerpunkt der Fläche liegen.**

Aufgabe 4:

Vorgaben:

a = 1,0 m
b = 2,0 m
h = 1,0 m
α = 30°

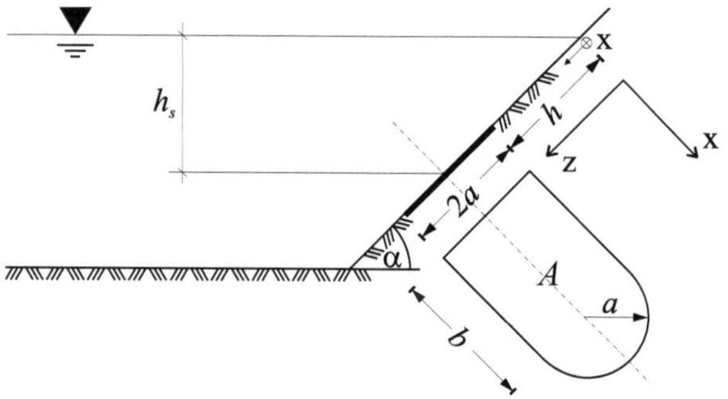

a)
Bestimme den Betrag der resultierenden Druckkraft auf die Klappe.

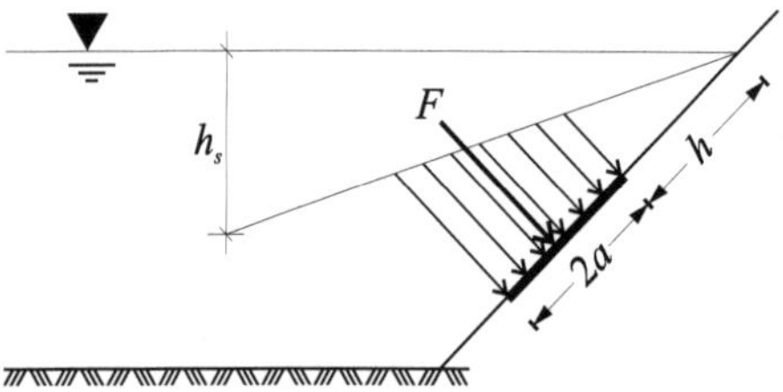

$$F = p_S \cdot A$$

$$p_S = \rho \cdot g \cdot h_S \quad \text{(Überdruck)}$$

$$h_S = (h + a) \cdot \sin\alpha = 1 \text{ m}$$

$$p_S = 1000 \cdot 10 \cdot 1 = 10000 \text{ Pa}$$

$$A = b \cdot 2 \cdot a + \frac{1}{2} \cdot \pi \cdot a^2 = 5{,}57 \text{ m}^2$$

$$F = 55700 \text{ N}$$

$$= \underline{\underline{55{,}7 \text{ kN}}}$$

Die Aufteilung in F_H und F_V ist eine Alternative, aber in diesem Fall umständlicher.

b)
Berechne die Koordinaten x_D und y_D des Druckmittelpunktes auf der Klappe.

!

In Aufgabenteil b) wollen wir die Koordinaten des Druckmittelpunktes berechnen. Der Lösungsweg ist eigentlich allen immer recht schnell klar. Die im Bereich der Klappe wirkende Horizontalkomponente der Druckkraft ist trapezförmig. Wir zerlegen diese Last halt wie in der Statik gelernt in Rechtecks- und Dreieckslasten, deren Schwerpunktlagen allgemein bekannt sind, bilden die Momente und die Summe dieser Momente muss natürlich genau so groß sein, wie die resultierende Gesamtdruckkraft (die wir schon ausgerechnet haben) multipliziert mit deren Hebelarm (den wir letztendlich hier gerade suchen). Doch die ganze Sache hat einen gewaltigen Haken. Zunächst könnte man meinen, Dreieckslast, na und – da liegt die Wirkungslinie halt im Drittelspunkt. Doch Vorsicht, bei solchen Aussagen wird immer (!) davon ausgegangen, dass die Dreieckslast auf eine rechteckige Fläche wirkt. Bei unserem Problem, bei welchem eine Dreieckslast auf eine halbkreisförmige Fläche wirkt, ist es ruckzuck mit "Patentformel" etc. nicht getan. Da müssen wir dann doch etwas präziser an die Sache gehen:

$$M = F \cdot y_D$$

$$y_D = \frac{M}{F} = \frac{\frac{p \cdot I_y}{y_S}}{p \cdot A} = \frac{I_y}{y_S \cdot A}$$

Bei der Umformung oben kommt das Flächenträgheitsmoment ins Spiel. Diese Größe ist euch bestimmt aus der Mechanik bekannt. Sie ist quasi ein Maß für den Widerstand eines bestimmten Querschnitts gegen Durchbiegung. Beliebtes Beispiel: Lineal mit der breiten Seite horizontal oder vertikal zur Kraft durchbiegen ... . Einmal kracht es sofort, im zweiten Fall muss man schon die Ärmel hochkrempeln. Dieses Flächenträgheitsmoment (wie oben in der Formel) bezieht sich auf das globale Koordinatensystem. Über den Satz von Steiner kann es jedoch in einen sogenannten Eigenanteil (bezogen auf ein lokales η/ξ-Koordinatensystem im Druckmittelpunkt) und einen Steineranteil zerlegt werden.

$$I_y = \underbrace{I_\xi}_{\text{Eigenanteil}} + \underbrace{y_S^2 \cdot A}_{\text{Steineranteil}}$$

Eingesetzt in die Formel oben resultiert dann die folgende Formel, mit der wir rechnen können:

$$y_D = \frac{I_y}{y_S \cdot A} = \frac{I_\xi + y_S^2 \cdot A}{y_S \cdot A} = \frac{\overbrace{I_\xi}^{\text{Tabellenwerken der Statik zu entnehmen}}}{y_S \cdot A} + y_S$$

- **Bestimmung von x_D und y_D erfolgt über die Anwendung des Steinerschen Satzes:**

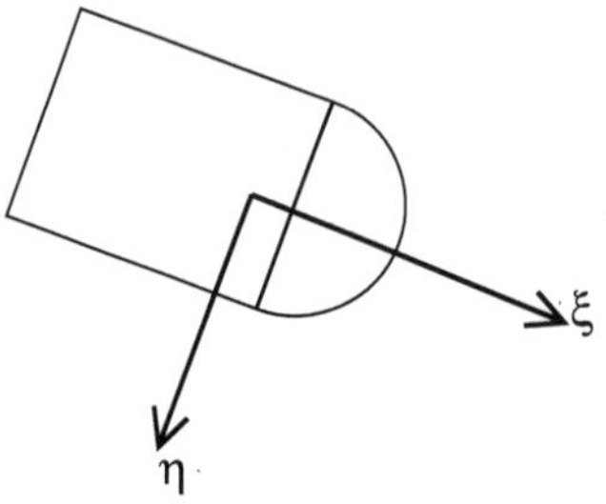

$$y_D = \frac{I_\xi}{y_S \cdot A} + y_S$$

$$x_D = \frac{I_{\eta\xi}}{y_S \cdot A} + x_S$$

- **Das Koordinatensystem ist so zu legen, dass die x-Achse genau eine Isobare (Linie gleichen Druckes) darstellt. In diesem Fall gilt: $x_S = x_D$**

Das weitere Vorgehen entspricht dann der aus der Baumechanik bekannten Schwerpunktberechnung:

$$x_S = \frac{\sum x_{Si} \cdot A_i}{\sum A_i}$$

$$x_S = \frac{b}{2} = 1 \text{ m} \quad \text{(Rechteck)}$$

$$x_S = b + \frac{4}{3} \cdot \frac{a}{\pi} = 2{,}424 \text{ m} \quad \text{(Halbkreis)}$$

$$x_S = \frac{1 \cdot 4 + 2{,}424 \cdot \frac{1}{2} \cdot \pi \cdot 1^2}{2 \cdot 2 + \frac{1}{2} \cdot \pi \cdot 1^2} = \underline{\underline{1{,}4 \text{ m} = x_D}}$$

$$y_S = 2{,}00 \text{ m}$$

$$I_\xi = \underbrace{\frac{b \cdot (2 \cdot a)^3}{12}}_{I_{\text{Rechteck}}} + \underbrace{\frac{a^4 \cdot \pi}{8}}_{I_{\text{Halbkreis}}} = 1{,}726 \text{ m}^4$$

$$y_D = \frac{I_\xi}{y_S \cdot A} + y_S = \frac{1{,}726}{2{,}0 \cdot 5{,}57} + 2{,}0 = \underline{\underline{2{,}16 \text{ m}}}$$

Druckkräfte auf gekrümmte Flächen

Aufgabe 5:

Gegeben ist ein Wehr in Form eines Viertelsegments eines Kreiszylinders mit der Breite b. Versucht nun bitte, die Auflagerkräfte F_A, F_{BH} und F_{BV} zu berechnen.

Vorgaben:

b = 1,0 m
R = 3,0 m

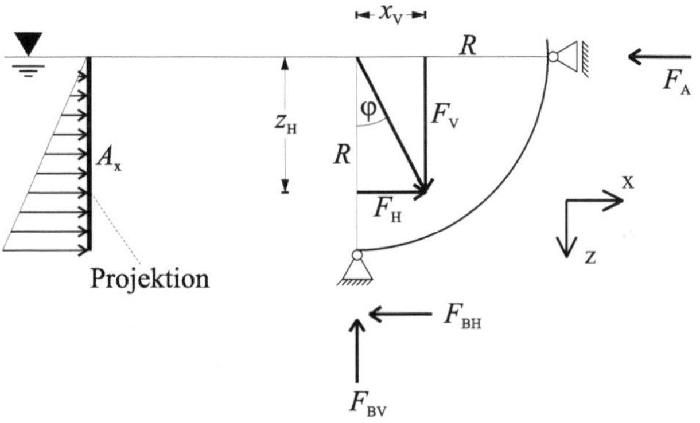

Horizontalkomponente:

$$F_H = p_S \cdot A_x = \rho \cdot g \cdot \frac{R}{2} \cdot R \cdot b = \underline{\underline{45 \text{ kN}}}$$

$$z_H = \frac{2}{3} \cdot R = \underline{\underline{2 \text{ m}}}$$

Vertikalkomponente:

$x_V = ?$

$$F_V = \rho \cdot g \cdot V$$

$$= \rho \cdot g \cdot \frac{\pi \cdot R^2}{4} \cdot \underbrace{b}_{\substack{\text{Regelfall:}\\ \text{Annahme}\\ b=1\text{ m}}} = \underline{\underline{70{,}685 \text{ kN}}}$$

Bei einem Kreissegment geht die resultierende Druckkraft durch den Kreismittelpunkt. Da ein Fluid im Gleichgewicht nur Normalkräfte, aber keine Schubspannungen übertragen kann, wirken die vom Fluid übertragenen Druckkräfte senkrecht auf das Kreissegment (bzw. auf die dort anliegenden Tangenten). Daraus wiederum folgt, dass alle zugehörigen Vektoren dieser Normalkräfte durch den Kreismittelpunkt verlaufen müssen. Das gilt damit dann natürlich auch für die Resultierende aus diesen Normalkräften.

$$\tan\varphi = \frac{F_H}{F_V} = 0{,}636$$

$$\tan\varphi = \frac{x_V}{z_H}$$

$$x_V = \underline{\underline{1{,}273\ \text{m}}}$$

Dies ist darauf zurückzuführen, dass man sich die Druckkraft als die Summe einer Vielzahl von Teildruckkräften vorstellen kann. Diese stehen jeweils senkrecht zur Oberfläche, da in einem Fluid nur Normalkräfte, aber keine Schubkräfte übertragen werden können. Damit ist die Lage (Winkel) der Resultierenden bekannt und es lässt sich x_V zurückrechnen:

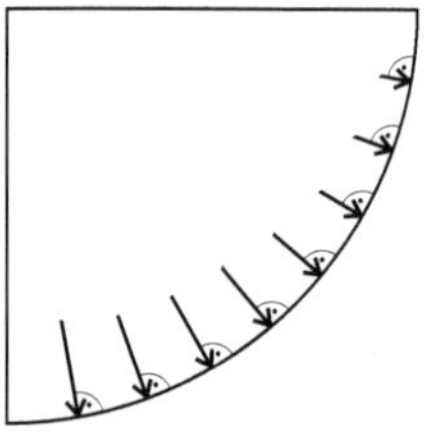

Auflagerkräfte:
(Wie in der Baumechanik)

$$\sum F_V = 0 \quad \rightarrow F_{BV} = F_V$$

$$\sum M_{Mi} = 0 \quad \rightarrow F_{BH} = 0$$

$$\sum F_H = 0 \quad \rightarrow F_A = F_H$$

?

Wie ändern sich die Auflagerreaktionen, wenn das Wasser auf der rechten Seite des skizzierten Wehres steht?

!

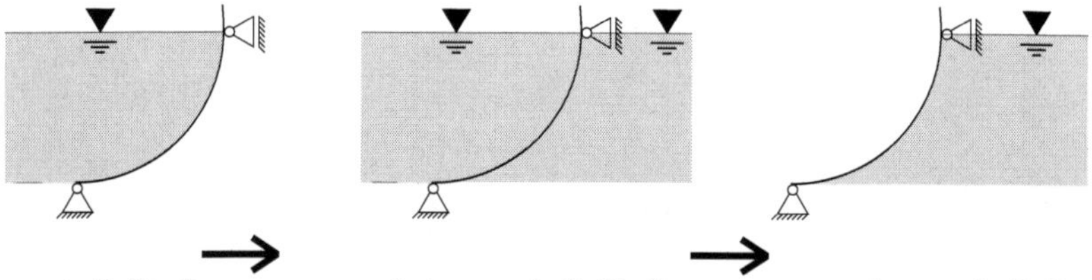

res. Aufl.-Kraft — keine res. Aufl.-Kraft — negative res. Aufl.-Kraft

Die Situation im linken Bild wurde von uns berechnet. Um die obige Antwort besser zu verstehen, stellt euch den mittleren Fall vor. Wir füllen jetzt auch die rechte Seite mit Wasser. Bereits die Anschauung sagt einem, dass die aus dem Wasserdruck resultierenden Auflagerreaktionen gleich Null sind (unter Vernachlässigung des Auftriebs). Damit lässt sich der in der rechten Abbildung skizzierte und oben gefragte Fall leicht erklären:

Der Betrag der Kräfte bleibt gleich, die Vorzeichen kehren sich um.

!

Die nächste Aufgabe taucht nicht in der Tabelle vom Übungstimer auf, weil sie einfach nervenaufreibend fehlerträchtig ist. Lässt man Studis diese Aufgabe rechnen, bekommen drei Viertel der Studis ein falsches Ergebnis raus, nicht weil sie den Berechnungsweg nicht kapiert haben, sondern weil sich bei der ganzen geometrischen Rechnerei einfach dauernd Flüchtigkeitsfehler einschleichen.

Aufgabe 6:

Führe eine hydrostatische Berechnung für das skizzierte Wehr durch. Berechne die Komponenten der Wasserdruckkraft, die Resultierende, die Lage der Angriffspunkte der Komponenten und das Moment um den Fußpunkt P.

Vorgaben:

$d = 0{,}75\ r$

$r = 1{,}5$ m

$b = 5$ m

$\rho = 10^3$ kg / m³

$g = 10$ m/s²

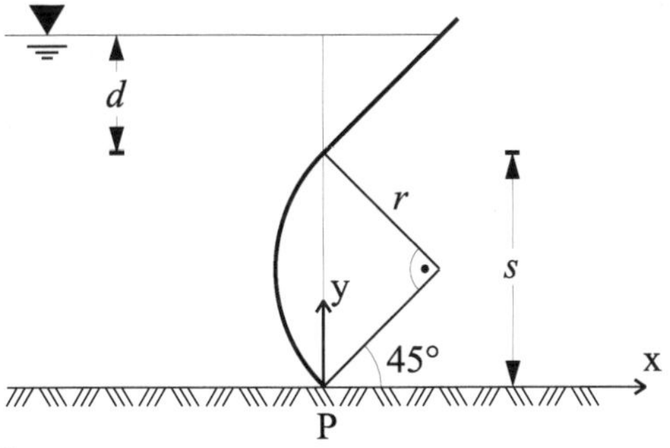

Beim Kreisabschnitt gilt:

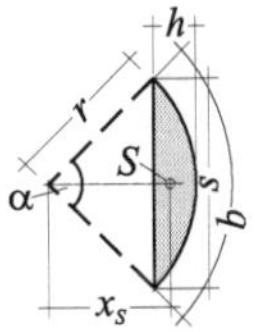

$$s = 2 \cdot r \cdot \sin\left(\frac{\alpha}{2}\right) \qquad h = 2 \cdot r \cdot \sin^2\left(\frac{\alpha}{4}\right)$$

$$A = \frac{1}{2} \cdot r^2 \cdot \left(\pi \cdot \frac{\alpha}{180°} - \sin\alpha\right) \qquad x_S = \frac{s^3}{12 \cdot A}$$

a)

Komponenten der Wasserdruckkraft:

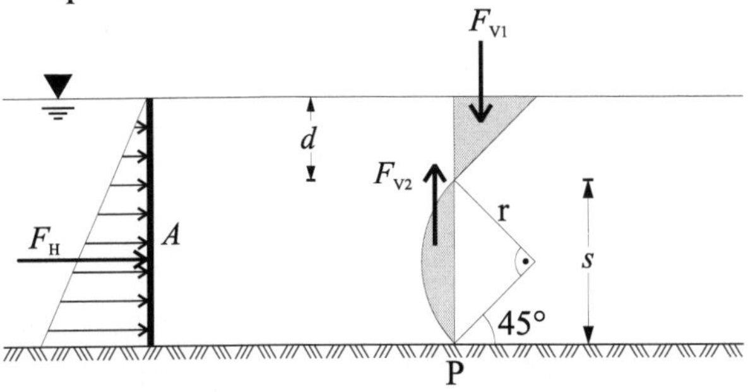

Horizontalkomponente:

$$F_H = p_S \cdot A = \underbrace{\frac{1}{2} \cdot \rho \cdot g \cdot (d+s)}_{p_S} \cdot \underbrace{(d+s) \cdot b}_{A}$$

$$s = 2 \cdot r \cdot \sin\left(\frac{90°}{2}\right) = 2{,}12 \text{ m}$$

$$d = \frac{3}{4} \cdot r = 1{,}125 \text{ m}$$

$$F_H = \underline{\underline{263{,}25 \text{ kN}}}$$

Vertikalkomponenten:

$$F_{V1} = \rho \cdot g \cdot V_1$$

$$V_1 = \frac{d^2}{2} \cdot b = \frac{1{,}125^2}{2} \cdot 5 = 3{,}164 \text{ m}^3$$

$$F_{V1} = \underline{\underline{31{,}64 \text{ kN}}}$$

$$F_{V2} = \rho \cdot g \cdot V_2$$

$$V_2 = \left(\frac{\pi \cdot r^2}{4} - \frac{s^2}{4}\right) \cdot b = 3{,}21 \text{ m}^3$$

$$F_{V2} = \underline{\underline{32{,}1 \text{ kN}}}$$

Resultierende:

$$\sum F_V = -31{,}64 \text{ kN} + 32{,}10 \text{ kN}$$

$$= 0{,}46\, kN \approx 0 \text{ kN}$$

↑ (im Verhältnis zu 263,25 kN)

$$F_R = \sqrt{F_H^{\;2} + F_V^{\;2}} \approx F_H = \underline{\underline{263{,}25 \text{ kN}}}$$

b)
Berechnung der Wirkungslinie (WL): Lage des Ursprungs des KOS in P

Anhand dieser Aufgabe kann gut gezeigt werden, dass die Schwierigkeit von Hydrostatik-Aufgaben nicht von den (sehr einfachen) hydrostatischen Gesetzen abhängig ist, sondern von der Komplexität der Geometrie. Als Klausuraufgabe wäre diese Aufgabe wenig sinnvoll.

y_H = Strecke zwischen WL von F_H und x - Achse
x_{V1} = Strecke zwischen WL von F_{V1} und y - Achse
x_{V2} = Strecke zwischen WL von F_{V2} und y - Achse
x_{SKa} = Schwerpunktlage eines Kreisabschnittes nach Skizze
A_{Ka} = Fläche Kreisabschnitt
h = Stich eines Kreisabschnittes nach Skizze

$$y_H = \frac{1}{3} \cdot (d+s) = \underline{\underline{1{,}082 \text{ m}}}$$

$$x_{V1} = \frac{1}{3} \cdot d = \underline{\underline{0{,}375 \text{ m}}}$$

$$\begin{aligned} x_{V2} &= x_{SKa} - (r-h) \\ &= \frac{s^3}{12 \cdot A_{Ka}} - \left(1{,}5 - 2 \cdot 1{,}5 \cdot \sin^2\left(\frac{90°}{4}\right)\right) \\ &= \frac{2{,}12^3}{12 \cdot 0{,}642} - \left(1{,}5 - 2 \cdot 1{,}5 \cdot \sin^2\left(\frac{90°}{4}\right)\right) \\ &= \underline{\underline{-0{,}176 \text{ m}}} \end{aligned}$$

c)
Berechnung des Momentes um den Fußpunkt P:

$$\begin{aligned} \sum M_A &= F_H \cdot y_H + F_{V1} \cdot x_{V1} + F_{V2} \cdot x_{V2} \\ &= 263{,}25 \cdot 1{,}082 + 31{,}64 \cdot 0{,}375 + 32{,}1 \cdot 0{,}176 \\ &= \underline{\underline{302{,}3 \text{ kNm}}} \end{aligned}$$

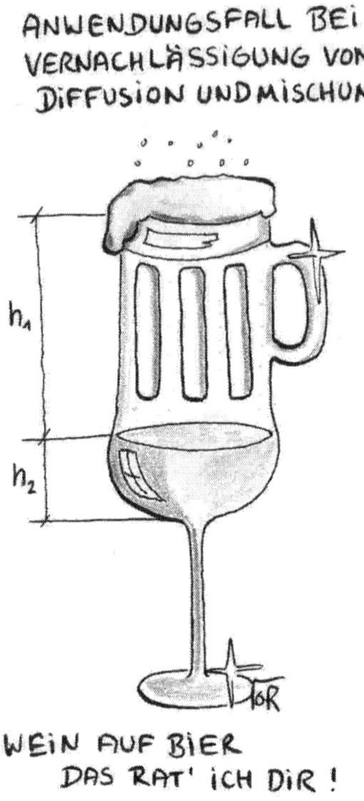

Geschichtete Fluide

Grundlagen

- **Bei geschichteten Fluiden ist jedes Fluid für sich zu betrachten. Der Gesamtdruck am Behälterboden ergibt sich aus dem Druck an der freien Oberfläche zuzüglich der Teildrücke der einzelnen Fluide.**

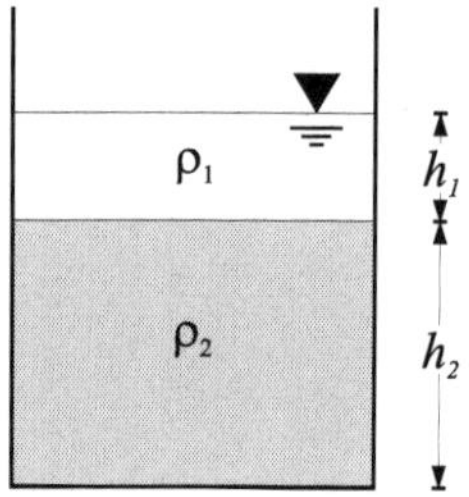

$$p_{\text{Boden}} = p_0 + \rho_1 \cdot g \cdot h_1 + \rho_2 \cdot g \cdot h_2$$

allgemein gilt:

$$p = p_0 + \sum \rho_i \cdot g \cdot h_i$$

Aufgabe 7:

Vor einigen Jahren ist der Holzfrachter "Pallas" bei der Insel Amrum gestrandet und liegt mit 15° Schlagseite auf Grund. Die Oberkante eines 3 m x 5 m großen Lukendeckels befindet sich 40 cm unter der Wasseroberfläche, auf der zusätzlich noch ein 10 cm dicker Ölfilm treibt.

Vorgaben:

$g = 10 \quad m/s^2$

$\rho_{Öl} = 0{,}8 \quad t/m^3$

$\rho_W = 1{,}0 \quad t/m^3$

$$x_S = \frac{\sum x_{Si} \cdot A_i}{\sum A_i}$$

Die Schiffsachse liegt horizontal.

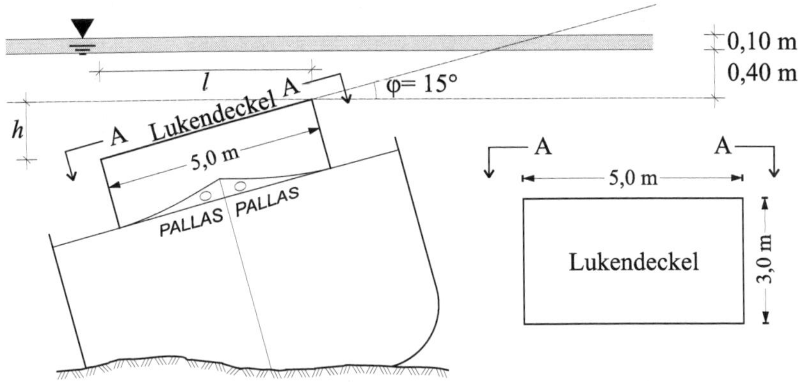

a)
Welche Horizontalkomponente wird von den äußeren Flüssigkeiten auf den Deckel ausgeübt?

b)
Welche Vertikalkomponente wird von den äußeren Flüssigkeiten auf den Deckel ausgeübt?

c)
Wo liegt der Angriffspunkt der Vertikalkomponente?

a)
Horizontalkomponente:

$$h = 5 \cdot \sin 15° = 1{,}294\ \text{m}$$
$$x_S = 0{,}5 \cdot h = 0{,}647\ \text{m}$$
$$p_S = \quad p_{Öl} \quad + \quad p_W$$
$$p_S = \rho_{Öl} \cdot g \cdot 0{,}1\ \text{m} + \rho_W \cdot g \cdot (0{,}4\ \text{m} + 0{,}647\ \text{m}) = 11270\ \text{Pa}$$
$$F_H = \quad p_S \quad \cdot \quad A$$
$$F_H = 11270\ \text{Pa} \quad \cdot \quad 3{,}0\ \text{m} \cdot 1{,}294\ \text{m} = \underline{\underline{43{,}75\ \text{kN}}}$$

b)
Gewicht der darüber liegenden Fluide:

$$l = 5 \cdot \cos 15° = 4{,}83\ \text{m}$$
$$A_H = 3 \cdot 4{,}83 = 14{,}49\ \text{m}^2$$

$$\left.\begin{array}{l} (1)\ \text{Öl} = G_1 = 14{,}49 \cdot 0{,}1 \cdot 0{,}8 \cdot 10 = 11{,}6\ \text{kN} \\ (2)\ \text{Wasser} = G_2 = 14{,}49 \cdot 0{,}4 \cdot 1{,}0 \cdot 10 = 58{,}0\ \text{m} \\ (3)\ \text{Wasser} = G_3 = 14{,}49 \cdot 5 \cdot \sin 15° \cdot 1{,}0 \cdot \dfrac{10}{2} = 93{,}8\ \text{kN} \end{array}\right\} A_H \cdot h \cdot \rho \cdot g$$

$$\rightarrow F_V = G_1 + G_2 + G_3 = \underline{\underline{163{,}4\ \text{kN}}}$$

c)
Resultierende:

$$x = \frac{\dfrac{(11{,}6 + 58)}{2} + \dfrac{2 \cdot 93{,}8}{3}}{163{,}4} \cdot 4{,}83$$
$$= 2{,}88\ \text{m}\ \text{(horizontal, links von Oberkante)}$$

Hydrostatik in bewegten Behältern

Grundlagen

Auf dem Weg von der Hydrostatik zur Hydrodynamik stoßen wir noch auf eine Art Grenzfall. Was passiert eigentlich, wenn wir zunächst nicht das Fluid selbst beschleunigen oder verzögern, sondern das Behältnis, in welchem sich unser Fluid befindet. (Übrigens, wir werden das Verzögern nicht immer extra erwähnen, es ist halt eine negative Beschleunigung.) Bisher haben wird den hydrostatischen Druck mit der folgenden Formel berechnet:

$$p = \rho \cdot g \cdot h$$

Es besteht eine Abhängigkeit des hydrostatischen Drucks zur Erdbeschleunigung. Das war bisher auch völlig ausreichend, denn kaum einer wird darauf kommen, einen Baggersee oder Wasserturm über die Erdbeschleunigung hinaus zu beschleunigen oder zu verzögern. Dennoch muss natürlich bedacht werden, dass die Beschleunigung ein Vektor mit Komponenten in allen drei Raumrichtungen ist.

- **Wir führen den Vektor der Beschleunigung ein, der von Profis auch „Vektor der Massenkräfte“ genannt wird.**

$$F = m \cdot a$$

$$\frac{F}{m} = a = f = \quad \textit{"Massenkraft"}$$

$$\vec{f} = \begin{pmatrix} f_{\mathrm{x}} \\ f_{\mathrm{y}} \\ f_{\mathrm{z}} \end{pmatrix}$$

- **Damit ergibt sich die allgemeinste Form der Druckberechnung, mit deren Hilfe man mit einem bekannten Druck an der Stelle A entlang eines beliebigen Integrationsweges einen gesuchten Druck an der Stelle B berechnen kann.**

$$p_{\mathrm{B}} = p_{\mathrm{A}} + \rho \cdot \int_{\mathrm{A}}^{\mathrm{B}} \vec{f}\, d\vec{s}$$

Die Anwendung dieser für Anfänger doch etwas abstrakten Gleichung werden wir gleich in den Aufgaben 8 und 9 üben.

Bei den vorangegangenen Aufgaben war die x- und y-Komponente des Vektors der Massenkräfte gleich Null, die z-Komponente die Erdbeschleunigung:

$$\vec{f} = \begin{pmatrix} f_x \\ f_y \\ f_z \end{pmatrix} = \begin{pmatrix} 0 \\ 0 \\ g \end{pmatrix}$$

Betrachten wir jetzt zum Beispiel Tankwagen, die auf Straßen beschleunigen oder verzögern (zum Teil unfreiwillig).

Die alte Dame springt auf die Straße, der Tankwagen macht eine Vollbremsung, wird also verzögert, und es sieht so aus, als würde die Flüssigkeit hinten im Behälter „relativ zum Behältnis beschleunigt“ werden. Eine „relative Beschleunigung“ gibt es natürlich nicht! Wir sagen, die Flüssigkeit vollzieht eine Trägheitsreaktion. Die aus der Trägheitsreaktion resultierende Massenkraft wirkt genau entgegengesetzt der Verzögerung des LKW. Es wirkt also über die Erdbeschleunigung in z-Richtung hinaus auch noch eine x-Komponente des Vektors der Massenkräfte auf unsere Flüssigkeit im Tankwagen.

$$\vec{f} = \begin{pmatrix} f_x \\ f_y \\ f_z \end{pmatrix} = \begin{pmatrix} b \\ 0 \\ g \end{pmatrix}$$

Seid bitte sehr vorsichtig bei der Festlegung der Vorzeichen der Beschleunigungskomponenten. Wir werden das in der nächsten Aufgabe noch genau unter die Lupe nehmen. Einen ähnlich gelagerten Fall werden wir in Aufgabe 8 berechnen. Eine häufige technische Anwendung des Verhaltens von Flüssigkeiten in bewegten Behältern findet ihr bei Zentrifugen. Die Untersuchung von Fluiden in solchen rotierenden Gefäßen folgt in Aufgabe 9.

Translation

Aufgabe 8:

Der von links nach rechts fahrende, mit Wasser gefüllte Wagen wird mit einer Verzögerung von b = 1 m/s² gebremst.

Vorgaben:

a = 4,0 m
d = 1,0 m
c = 7,0 m

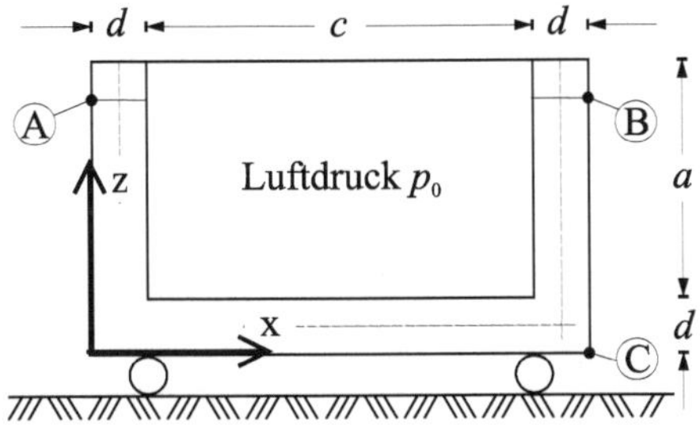

a)
Wie groß ist die sich einstellende Höhendifferenz zwischen den Punkten A und B?

b)
Berechne bitte den Wasserdruck im Eckpunkt C

?

Kann man den Wagen auch vereinfachen?

!

Natürlich! Der Druck ist nur von der Höhe der Wassersäule abhängig.

$$2\Delta h = \Delta z$$

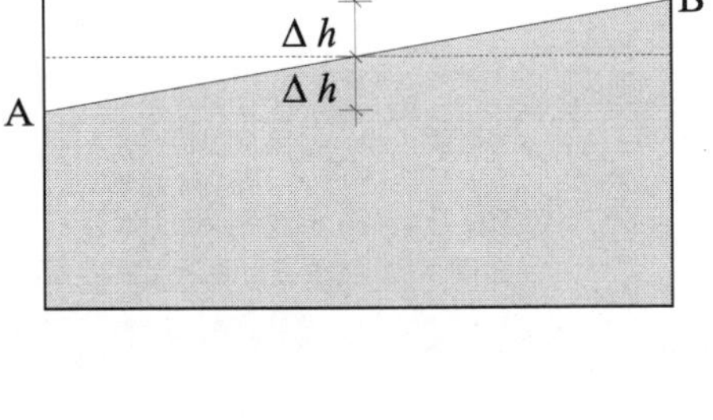

Jetzt kann die Rechnung sehr übersichtlich in wenigen Schritten erfolgen:

1. Gleichung:

$$p_B - p_A = \rho \cdot \int_A^B \vec{f}\, d\vec{s}$$

2. Skizze & Koordinatensystem (KOS):

!

Es ist immer wieder festzustellen, dass die Studierenden mit nicht nachvollziehbaren Vorzeichen rechnen. Auch wenn eine Aufgabe noch so einfach erscheint , sollte man immer erst ein Koordinatensystem festlegen und dann eine Skizze der Massenkräfte anfertigen!

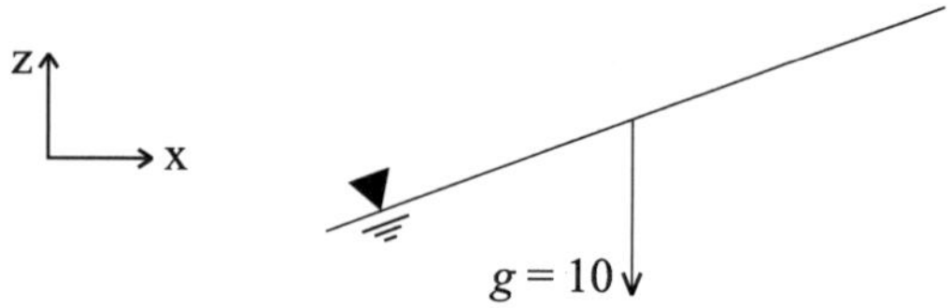

Die obige Skizze ist aber noch nicht vollständig, da der Wagen verzögert wird.

- **Entgegengesetzt zur (in diesem Fall negativen) Beschleunigung wirkt die sogenannte d´Alembertsche Trägheitskraft.**

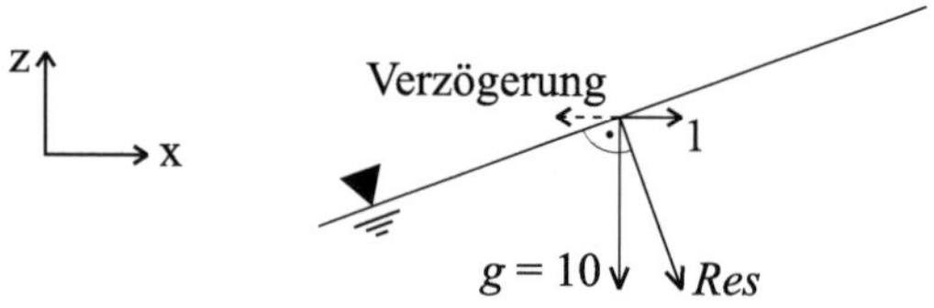

Der **Wagen** wird **verzögert**.

→ **Die Trägheitsreaktion der Flüssigkeit** ist eine der Verzögerung **entgegengesetzte** Massenkraft.

3. Vektor der Massenkräfte aufstellen:

$$\rightarrow \vec{f} = \begin{pmatrix} b \\ 0 \\ -g \end{pmatrix}$$

!

Die aus eurer Sicht vielleicht etwas komischen Vorzeichen resultieren aus der von uns selbst getroffenen Definition des örtlichen Koordinatensystems unter Punkt 2 dieser Lösung, also z nach oben und x nach rechts! Ihr könnt aber auch ein anderes Koordinatensystem wählen, dann ändern sich die Vorzeichen im Verlauf der Aufgabe, aber am Ende kommt natürlich das gleiche Ergebnis heraus.

Der Flüssigkeitsspiegel stellt sich übrigens immer normal zum resultierenden Beschleunigungsvektor ein, da anderenfalls eine Fließbewegung einsetzen würde.

4. Annahmen:

$$p_A = p_B = p_{\text{atmos}}$$

$$\rightarrow p_B - p_A = 0$$

5. Integration:

Die horizontale Komponente wird über den horizontalen Abstand der Punkte A und B integriert, also 2·d+c. Die vertikale Komponente über den vertikalen Abstand 2Δh, denn nur der resultiert aus der Verzögerung, die restlichen vertikalen Anteile sind auch in der Ruhelage des Wagens als ganz normaler hydrostatischer Druck vorhanden.

$$p_B - p_A = \rho \cdot \int_A^B \begin{pmatrix} b \\ 0 \\ -g \end{pmatrix} ds = 0$$

$$\rho \int_A^B f_x dx + \rho \int_A^B f_z dz = 0$$

$$\rho \int_0^{2d+c} b\, dx - \rho \int_0^{2\Delta h} g\, dz = 0$$

$$\rho \cdot \left| b \cdot x \right|_0^{2d+c} - \rho \cdot \left| g \cdot z \right|_0^{2\Delta h} = 0$$

$$\rho \cdot \underbrace{b \cdot (2d + c)}_{\int f_x dx} - \rho \cdot \underbrace{g \cdot 2 \cdot \Delta h}_{\int f_z dz} = 0$$

$$2 \cdot \Delta h = \frac{b}{g}(2d + c) = \frac{1}{10}(2 \cdot 1 + 7) = \underline{\underline{0{,}90 \text{ m} = \Delta z}}$$

zu b)

$$p = \rho \cdot g \cdot h$$

$$h = d + a + \Delta h = 1 + 4 + \frac{0{,}9}{2} = 5{,}45\,\text{m}$$

$$p_c = 1 \cdot 10^3 \cdot 10 \cdot 5{,}45 = \underline{\underline{54500\ \text{Pa}}}$$

?

Ist das so nicht falsch gerechnet? Muss man jetzt nicht auch mit der resultierenden Beschleunigung rechnen?

!

Das ist egal! Die Fläche neigt sich. Damit ist die resultierende Beschleunigung Res_a zwar größer als die Erdbeschleunigung, aber dafür nimmt h ab.

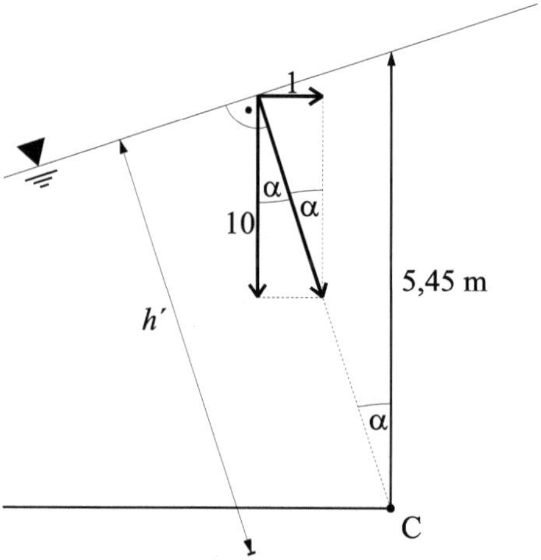

Beweis:

$$\text{Re}\,s_a = 10{,}04988\ \text{m/s}^2$$

$$\tan\alpha = \frac{1}{10}$$

$$\cos\alpha = \ldots = \frac{h'}{5{,}45}$$

$$h' = 5{,}42296\ \text{m}$$

$$p_c = \rho \cdot \text{Re}\,s_a \cdot h'$$

$$\underline{\underline{p_c = 54500\ \text{Pa}}}$$

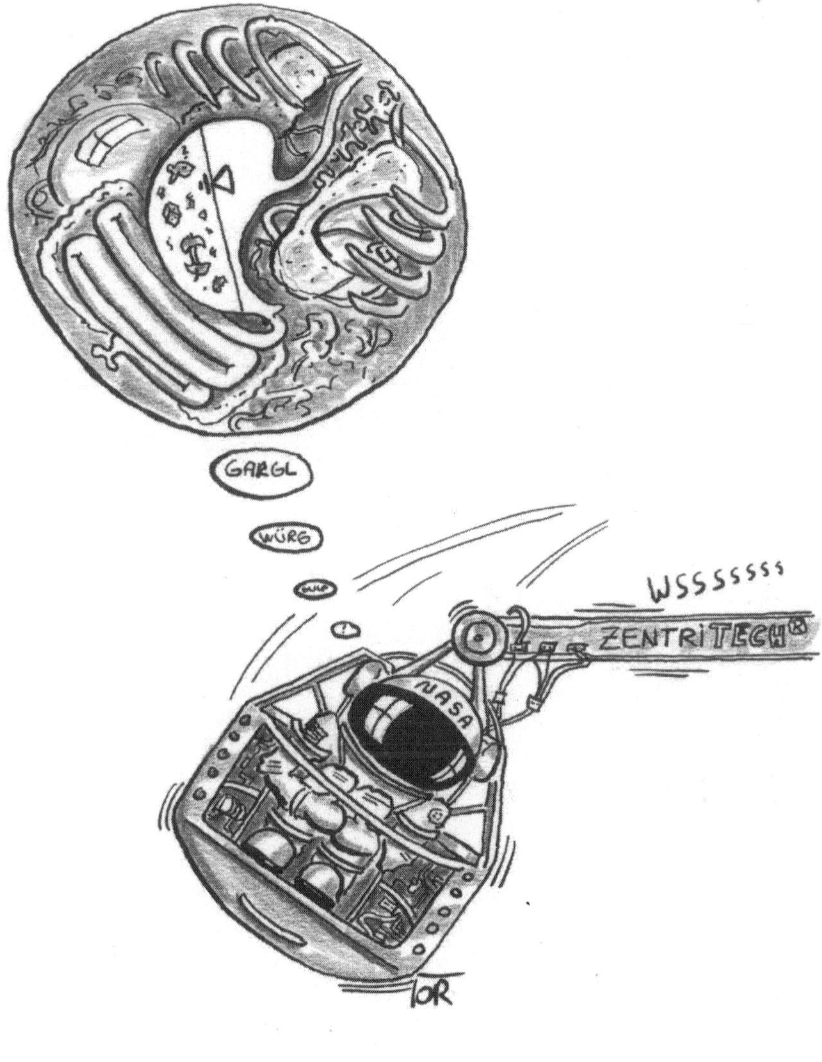

GARGL
WÜRG
WSSSSSSS
ZENTRITECH®
NASA

Rotation (Zentrifuge)

Aufgabe 9:

In einem rotierenden kreisrunden Gefäß befindet sich eine Flüssigkeit.

Vorgaben:

g	= 10	m/s²
H	= 1	m
r_0	= 0,5	m
ρ	= 1000	kg/m³

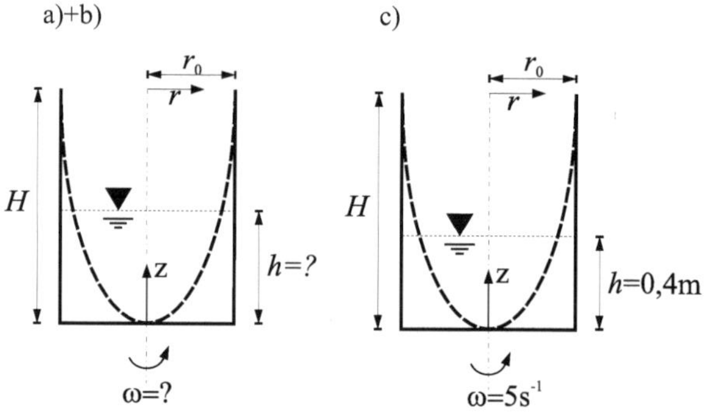

a)
Der Scheitel des entstehenden Rotationsparaboloids liegt auf dem Gefäßboden. Es wird gerade keine Flüssigkeit aus dem Gefäß herauszentrifugiert. Wie groß ist die Winkelgeschwindigkeit ω des Gefäßes ?

b)
Welcher Wasserstand stellt sich im Gefäß in Ruhelage ein ?

c)
Der Ruhewasserstand betrage h = 0,4 m. Das Gefäß rotiert mit $\omega = 5\ s^{-1}$.
Berechne den Wasserstand in der Drehachse und am Gefäßrand !

Volumen eines Rotationsparaboloids:

$$V = \frac{1}{2}\pi r^2 L$$

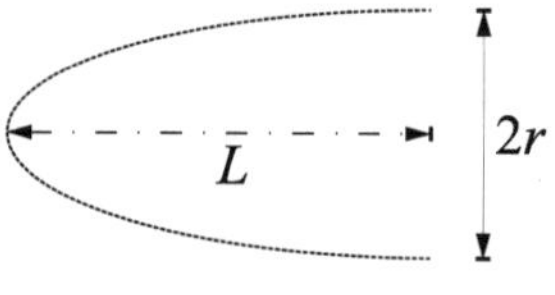

a)

1. Gleichung:

$$p_{\mathrm{R}} = p_{\mathrm{S}} + \rho \int_{\mathrm{S}}^{\mathrm{R}} \vec{f}\, d\vec{s}$$

wobei

p_{R} = Druck am oberen Rand

p_{S} = Druck im Scheitel

2. Skizze & KOS:

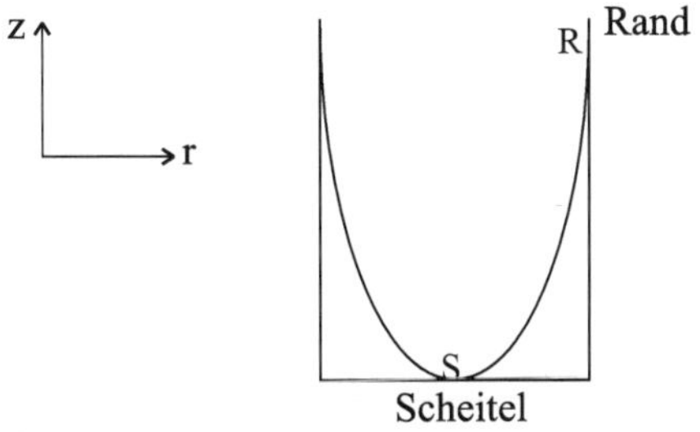

3. Vektor der Massenkräfte:

$$\vec{f} = \begin{pmatrix} f_{\mathrm{r}} \\ f_{\mathrm{z}} \end{pmatrix} = \begin{pmatrix} \omega^2 r \\ -g \end{pmatrix}$$

4. Annahmen:

$$p_{\mathrm{R}} = p_{\mathrm{S}} = p_{\mathrm{atmos}} \rightarrow p_{\mathrm{R}} - p_{\mathrm{S}} = 0$$

5. Integration:

$$\rho \int_{\mathrm{S}}^{\mathrm{R}} f_{\mathrm{r}} dr + \rho \int_{\mathrm{S}}^{\mathrm{R}} f_{\mathrm{z}} dz = 0$$

$$\rho \int_0^{\mathrm{r}_0} r \cdot \omega^2 dr - \rho \int_0^{\mathrm{H}} g\, dz = 0$$

$$\rho \cdot \left| \frac{r^2 \omega^2}{2} \right|_0^{\mathrm{r}_0} - \rho \cdot \left| g \cdot z \right|_0^{\mathrm{H}} = 0$$

$$\frac{r_0^2 \omega^2}{2} - g \cdot H = 0$$

$$\underline{\underline{\omega = 8{,}944 \ \frac{1}{s}}}$$

b)
Fangfrage! - Die Lösung ist reine Geometrie.

Während der Rotation gilt:

$$V_{Paraboloid} = \frac{1}{2}\pi \cdot r^2 \cdot L = \frac{1}{2}\pi \cdot r_0^{\ 2} \cdot H$$

$$V_{Zylinder} = \pi \cdot r_0^{\ 2} \cdot H$$

$$Gl.1: \quad V_{H_2O} = V_{Zyl} - V_{Para} = \frac{1}{2}\pi \cdot r_0^{\ 2} \cdot H$$

in Ruhe:

$$Gl.2: \qquad V_{H_2O} = \pi \cdot r_0^{\ 2} \cdot H$$

$$Gl.1 = Gl.2: \quad \frac{1}{2}\pi \cdot r_0^{\ 2} \cdot H = \pi \cdot r_0^{\ 2} \cdot h$$

$$\underline{\underline{h = \frac{1}{2}H}}$$

c)
Prinzip wie bei a):

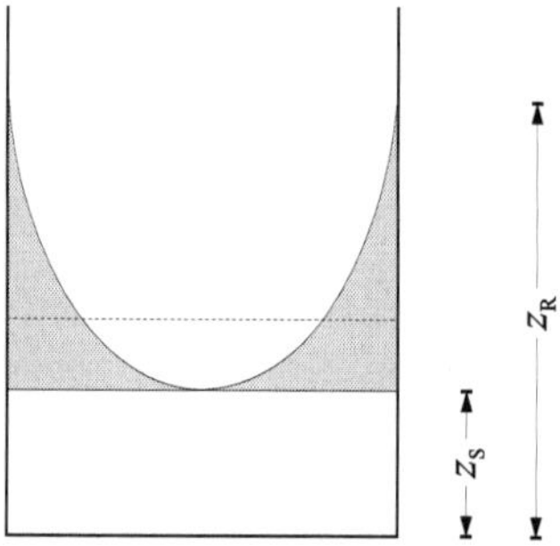

$$\rho \cdot \left| \frac{r^2\omega^2}{2} \right|_0^{r_0} - \rho \cdot \left| g \cdot z \right|_0^{z_R - z_S} = 0$$

$$\frac{r_0^{\ 2}\omega^2}{2} - g \cdot (z_R - z_S) = 0$$

$$\underline{\underline{z_R - z_S = 0{,}313\,\text{m}}}$$

Gleichsetzen der Volumen:

$$V = \pi \cdot r_0^2 \cdot h = \pi \cdot r_0^2 \cdot z_S + \frac{1}{2}\pi \cdot r_0^2 \cdot (z_R - z_S)$$

$$h = z_S + \frac{1}{2}(z_R - z_S)$$

$$0{,}4 = z_S + \frac{1}{2} \cdot 0{,}3125$$

$$\underline{\underline{z_S = 0{,}244\ \text{m}}}$$

$$\underline{\underline{z_R = 0{,}244 + 0{,}313 = 0{,}557\ \text{m}}}$$

Damit ist das Thema Hydrostatik durch und wir können endlich die Hydrodynamik in Angriff nehmen. Genau wie schon bei der Hydrostatik werden wir auf den nächsten Seiten erst mal klären, wozu man das alles überhaupt braucht, dann die wichtigsten Grundbegriffe der Hydrodynamik definieren und als wichtigste Gleichungen die Erhaltungssätze einführen.

KONSEQUENZEN DER PISA-STUDIE

Thema 2
Erhaltungssätze

Stichworte

Massenerhaltung

- Massenerhaltung
- fester Kontrollraum, bewegter Kontrollraum

Impulserhaltung

- Impulserhaltung
- Stützkraftansatz

Energieerhaltung

- Bernoulligleichung
- Instationäres Verhalten

Erhaltungssätze

Wozuseite

Impulsbedingte Kräfte wirken auch auf Waschbecken-Armaturen Foto: J. Strybny

Ab jetzt beschäftigen wir uns mit der Hydrodynamik, also der Bewegung und dem Kräftegleichgewicht des Fluids. Innerhalb des von uns untersuchten Raumes muss stets die Erhaltung von Masse und Impuls bzw. Energie gewährleistet sein. Diese Bedingung wird mit Hilfe der sogenannten Erhaltungssätze beschrieben. Mit deren Hilfe lässt sich zum Beispiel die Geschwindigkeit des Fluids bei unterschiedlichen Rohrdurchmessern bestimmen. Die Austrittsgeschwindigkeit des Wassers einer Springbrunnen-Fontäne kann durchaus 140 km/h, die Höhe 80 m betragen. Mit Hilfe der Impulserhaltung können die vom Wasser auf dessen Transportsystem ausgeübten Kräfte berechnet werden. Ändern Rohrsysteme in der Industrie in sogenannten Rohrkrümmern ihre Richtung, müssen die Bauteile zur Umlenkung durch ausreichende Auflager vor Lageänderungen gesichert werden. Auch Feuerwehrleuten sind diese Kräfte bekannt. Können zum Beispiel die B-Rohre der Feuerwehr noch von vier Personen gehalten werden, müssen die A-Rohre der Flughafenfeuerwehr fest auf den Fahrzeugen montiert werden und lassen sich nur noch mechanisch positionieren. Eine Positionierung von Hand ist aufgrund der Kräfte unmöglich. Den Hahn eurer Küchenspüle könnt ihr noch bewegen, aber Umlenkkräfte wirken da natürlich auch. Auf Basis der Energieerhaltung könnte das Peltonrad eines Wasserkraftwerkes bemessen und die zu erwartende elektrische Energie bestimmt werden.

Hydrodynamik

Grundlagen

Das Fluid unterscheidet sich von einem Festkörper in erster Linie in zwei ganz wesentlichen Punkten:

- **Es besteht kein Zusammenhalt der Gesamtmasse zu einem festen Körper.**

- **Die Massenteilchen erfahren im Zeitablauf große gegenseitige Verschiebungen.**

- **Wenn wir eine Strömung untersuchen, beschränken wir unsere Betrachtungen auf einen vorher gewählten begrenzten Bereich, den Kontrollraum:**

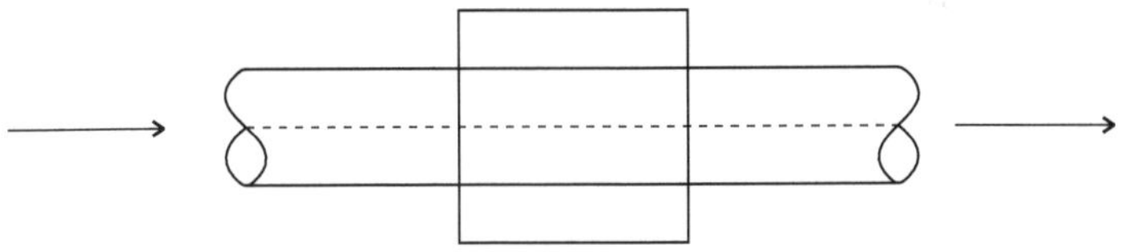

- **Der Kontrollraum ist ein beliebig abgegrenztes raumfestes, aber nicht ortsfestes Volumen, das durchströmt wird. Seine Oberfläche ist massendurchlässig. Die geschickte Wahl dieses Kontrollraums kann die Berechnungen erheblich vereinfachen.**

Vor ersten Rechnungen sollen zwei ganz wesentliche Strömungszustände definiert werden. Ein über die Zeit konstanter Zustand wird als stationär, ein über die Zeit veränderlicher Zustand wird als instationär bezeichnet. Die Berechnung instationärer Prozesse kann äußerst komplex werden und ist für Anfänger sicherlich nicht der richtige Einstieg in die Materie. Daher konzentrieren wir uns in den weitaus meisten Fällen auf stationäre, also zeitunabhängige Phänomene. Sollten wir auf instationäre Prozesse stoßen, werden wir die dazugehörigen Berechnungen durch geschickte Wahl der Betrachtung so vereinfachen, dass sich ein stationärer Rechenweg ergibt.

- **stationär:** $\rightarrow \frac{\partial ...}{\partial t} = 0$

- **instationär:** $\rightarrow \frac{\partial ...}{\partial t} \neq 0$

Die wesentlichen Grundgrößen sind die sogenannten Ströme:

- **Volumenstrom = Durchfluss**

$$\frac{\partial V}{\partial t} = \dot{V} = Q = A \cdot \mathrm{v} \qquad \left[\frac{\mathrm{m}^2 \cdot \mathrm{m}}{\mathrm{s}}\right] = \left[\frac{\mathrm{m}^3}{\mathrm{s}}\right]$$

- **Massenstrom**

$$\downarrow$$

$$Q \cdot \rho = \dot{m} \qquad \left[\frac{\mathrm{m}^3 \cdot \mathrm{kg}}{\mathrm{s} \cdot \mathrm{m}^3}\right] = \left[\frac{\mathrm{kg}}{\mathrm{s}}\right]$$

- **Impulsstrom**

$$\downarrow$$

$$\dot{m} \cdot \mathrm{v} = \dot{I} \qquad \left[\frac{\mathrm{kg} \cdot \mathrm{m}}{\mathrm{s} \cdot \mathrm{s}}\right] = [\mathrm{N}]$$

- **kinetischer Energiestrom**

$$\downarrow$$

$$\frac{1}{2} \cdot \dot{m} \cdot \mathrm{v}^2 = \dot{E} \qquad \left[\frac{\mathrm{kg} \cdot \mathrm{m}^2}{\mathrm{s} \cdot \mathrm{s}^2}\right] = [\mathrm{W}]$$

?

Was bedeutet der Punkt über den Formelzeichen der Ströme?

!

Der Punkt ist nicht nur eine einfache Kennzeichnung für einen Strom, sondern physikalisch zu begründen. Mit Punkten über einem Formelzeichen werden die Zeitableitungen gekennzeichnet: (ein Punkt für die erste Ableitung nach der Zeit, zwei Punkte für die zweite Ableitung nach der Zeit). Beispiel: Leiten wir die Gleichung für den Impuls nach der Zeit ab, ist die Produktregel anzuwenden, aufgrund einer stationären Betrachtung bleibt die oben aufgeführte Gleichung für den Impulsstrom übrig:

$$I = m \cdot \mathrm{v}$$

$$\text{Ableitung nach der Zeit:}$$

$$\dot{I} = \dot{m} \cdot \mathrm{v} + \dot{\mathrm{v}} \cdot m$$

$$\dot{I} = \frac{\partial m}{\partial t} \cdot \mathrm{v} + \underbrace{\frac{\partial \mathrm{v}}{\partial t}}_{\substack{=0,\ \text{da stationär} \\ \text{bei zeitlich konstanter} \\ \text{Geschwindigkeit}}} \cdot m$$

$$\dot{I} = \dot{m} \cdot \mathrm{v}$$

Massenerhaltung

Grundlagen

Eine der wohl grundlegendsten Gesetzmäßigkeiten der Strömungsmechanik ist die Erhaltung der Masse. Für unsere ersten kleinen Berechnungen lässt sich das formelmäßig sehr leicht beschreiben, also sollen die Erklärungen dazu auch nicht umsonst in die Länge gezogen werden. Die Massenerhaltung wird mit der sogenannten Kontinuitätsgleichung beschrieben, die alte Hydromechaniker auch einfach „Konti-Gleichung" nennen. Olli Romberg meinte, dass man sich das nun wirklich ganz einfach vorstellen kann (seine technische Zeichnung dazu siehe unten).

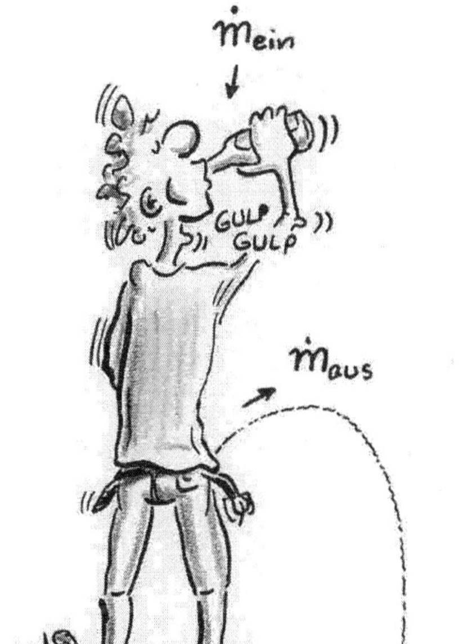

Das was innerhalb eines Zeitraums in ein Rohr, ein Gerinne oder halt auch in ihn selbst (bzw. ganz allgemein einen Kontrollraum) reingeht kommt in der gleichen Zeit auch wieder raus.

$$\dot{m}_{\text{ein}} = \dot{m}_{\text{aus}}$$

$$\dot{m}_{\text{ein}} - \dot{m}_{\text{aus}} = 0$$

Letztendlich wird das aber wohl nur sein Wunschtraum bleiben. Man möge nur an seinen Bierbauch denken. Da sammelt sich also etwas im Kontrollraum und kommt nach der

Durchströmung unten eben (leider) nicht wieder raus. Wenn beim Durchströmen zwischen Einströmen und Ausströmen etwas „verloren“ geht, nennen wir das Senke. Das Gegenteil ist natürlich auch möglich. Beispielhaft sei nur das Wasser in Rombergs Beinen betrachtet. Wenn sein Hausarzt dann mal wieder die Entwässerungstabletten verschreibt, passiert eben der Fall, dass während der Beobachtung mehr raus kommt als oben rein ging. Allgemein wird so etwas als das Vorliegen einer Quelle bezeichnet. Diese Sachverhalte können mit einem Quell- und Senkenterm berücksichtigt werden. Die Differenz aus einströmendem und ausströmendem Massenstrom ist die Änderung der Masse im Kontrollraum im Beobachtungszeitraum. Formelmäßig sieht das dann so aus:

$$\frac{\partial m_{\mathrm{Kr}}}{\partial t} = \dot{m}_{\mathrm{ein}} - \dot{m}_{\mathrm{aus}}$$

Für unsere ersten kleinen Aufgaben ist das aber eigentlich schon viel zu kompliziert. Für viele Überschlagsrechnungen kann man eine Reihe vereinfachender Annahmen treffen. Die Quell- und Senkenterme beschreiben einen instationären Prozess, was zu Beginn ja auch nicht gleich sein muss. Wir beschränken uns am Anfang auf stationäre, also zeitunabhängige Prozesse und schon sind wir den Quell- und Senkenterm nach langem Gerede vorerst wieder los. (Wem das hier alles zu banal ist, der kann sich übrigens auf Thema 5 freuen.)

$$\frac{\partial m_{\mathrm{Kr}}}{\partial t} \overset{!}{=} 0$$

$$\dot{m}_{\mathrm{ein}} = \dot{m}_{\mathrm{aus}}$$

$$\rho \cdot Q_{\mathrm{ein}} = \rho \cdot Q_{\mathrm{aus}}$$

Wir gehen davon aus, dass die Dichte des Wassers bei uns konstant ist.

$$Q_{\mathrm{ein}} = Q_{\mathrm{aus}}$$

Übrig bleibt die wohl einfachste Schreibweise der Massenerhaltung für den stationären eindimensionalen Fall.

- **Kontinuitätsgleichung**

$$Q_{\mathrm{ein}} = Q_{\mathrm{aus}}$$

$$A_{\mathrm{ein}} \cdot \mathrm{v}_{\mathrm{ein}} = A_{\mathrm{aus}} \cdot \mathrm{v}_{\mathrm{aus}}$$

Massenerhaltung im ortsfesten Kontrollraum

Aufgabe 10:

An einem Wasserreservoir sind drei Kreisrohre angeschlossen. Der Zufluss in Rohr 1 erfolgt mit der Geschwindigkeit v_1. Der Abfluss in Rohr 2 ist mit dem Massenstrom $\dot{m}_2$ ebenfalls vorgegeben.

Vorgaben:

$\Delta z = 3$	m
$A_0 = 10$	m²
$A_1 = 0{,}5$	m²
$A_3 = 0{,}1$	m²
$\dot{m}_2 = 40$	kg/s
$v_1 = 0{,}1$	m/s

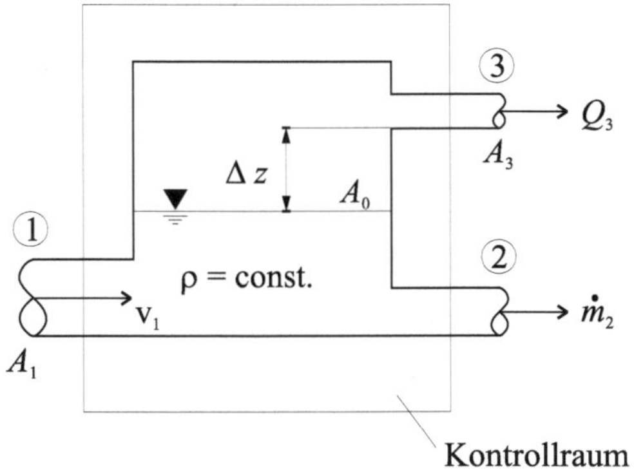

a)
Wie groß ist der zeitliche Massenzuwachs $\dot{m}_0$ im Reservoir?

$\dot{m}_0$ ist zunächst mit dem gegebenen Kontrollraum zu ermitteln. Wie muss der Kontrollraum gewählt werden, damit die gleiche Rechnung stationär erfolgt?

b)
In welcher Zeitspanne Δt steigt der Wasserspiegel im Reservoir um Δz bis zur Höhe des Rohres 3 an?

c)
Wie hoch ist die Durchflussrate Q_3, wenn im Rohr 3 das überschüssige Wasser abfließt? Mit welcher Geschwindigkeit v_3 fließt es ab?

a_1)

$$\frac{\partial m_{\mathrm{Kr}}}{\partial t} = \dot{m}_1 - \dot{m}_2$$

$$= \rho \cdot v_1 \cdot A_1 - \dot{m}_2$$

$$= 10^3 \cdot 0{,}1 \cdot 0{,}5 - 40 = \underline{\underline{10 \ \ \mathrm{kg/s}}}$$

a_2)
So müsste der Kontrollraum gewählt werden, um stationär zu rechnen.

Skizze:

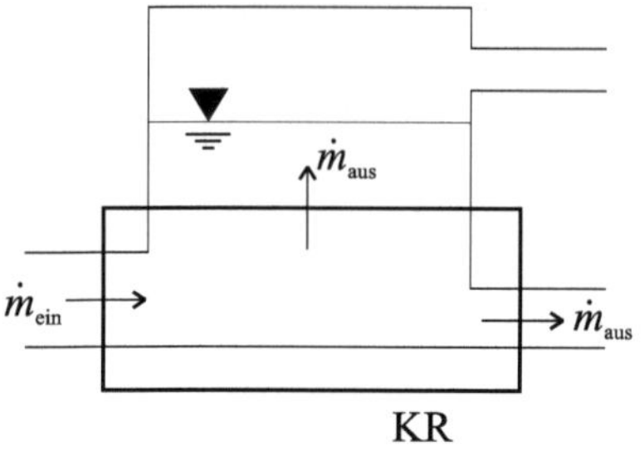

b)
Skizze:

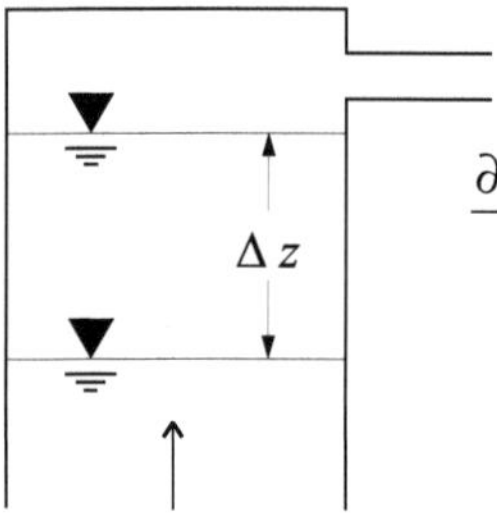

$$\frac{\partial m_{Kr}}{\partial t} = \dot{m}_{Kr} = 10 \text{ kg/s} = \rho \cdot A_0 \cdot v_0 = \rho \cdot A_0 \cdot \frac{\Delta z}{\Delta t}$$

$$10 = 10^3 \cdot 10 \cdot \frac{3}{\Delta t}$$

$$\Delta t = \underline{\underline{3000 \text{ s}}}$$

c)
Bei vollem Reservoir gilt (also wenn der Wasserspiegel das obere Rohr 3 erreicht hat):

$$\frac{\partial m_{Kr}}{\partial t} = 0 \qquad \rightarrow \dot{m}_{ein} = \dot{m}_{aus}$$

$$\dot{m}_1 = \dot{m}_2 + \dot{m}_3$$

$$\rho \cdot Q_1 = \dot{m}_2 + \rho \cdot Q_3$$

$$Q_1 = \frac{\dot{m}_2}{\rho} + Q_3$$

$$Q_3 = 0{,}5 \cdot 0{,}1 - \frac{40}{1000} = \underline{\underline{0{,}01 \text{ m}^3\text{/s}}}$$

$$v_3 = \frac{Q_3}{A_3} = \frac{0{,}01}{0{,}10} = \underline{\underline{0{,}10 \text{ m/s}}}$$

Massenerhaltung im bewegten Kontrollraum

Aufgabe 11:

Aus einer Düse tritt ein Wasserstrahl mit der Geschwindigkeit v aus und trifft auf eine Peltonschaufel, die sich für den zu betrachtenden Zeitraum in Richtung des Strahls mit der konstanten Geschwindigkeit u bewegt.
Berechne den Massenstrom $\dot{m}$, der an der sich bewegenden Schaufelwandung umgelenkt wird.

Vorgaben:
$A = 0{,}004$ m²
v = 30 m/s
$u = 10$ m/s

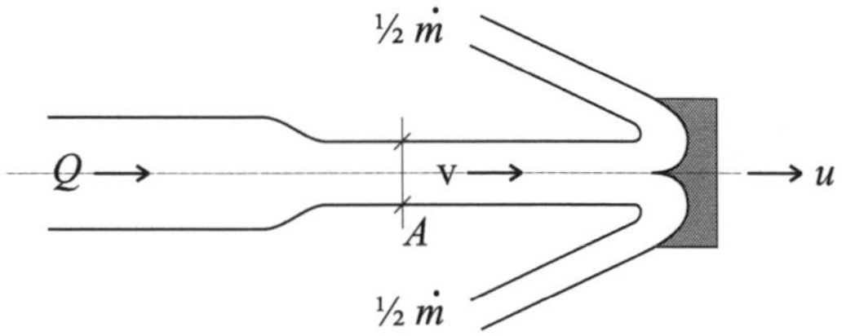

1.Skizze, Kontrollraum, KOS:

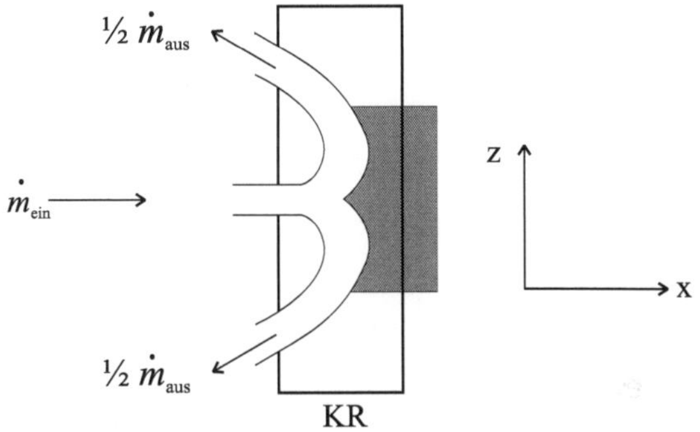

!

In dieser Aufgabe wird der Kontrollraum von einer sich mit u = 10 m/s bewegenden Peltonschaufel berandet. Bei der Lösung dieser Aufgabe ist es sinnvoll, mit einem Kontrollraum zu rechnen, der sich genau mit diesen 10 m/s zusammen mit der Schaufel fortbewegt. Dadurch findet innerhalb des Kontrollraums nicht mehr eine Veränderung des betrachteten Zustands über die Zeit statt, die Berechnung wird also zu einem sehr einfachen stationären Problem. Betrachten wir jetzt die Massenerhaltung an diesem bewegten Kontrollraum, müssen vorher neue Ein- und Austrittsgeschwindigkeiten bestimmt werden. Bei einem komplexeren Problem wie dem in Aufgabe 17 dargestellten, ist zu beachten, dass bei diesem „Kunstgriff" immer die Geschwindigkeiten am Ein- und Austrittsquerschnitt neu zu bestimmen sind. Anderenfalls würdest du den betrachteten Wasserkörper stauchen oder zerren, die Massenerhaltung verletzen und grobe Fehler in die Berechnung einbauen. Nähere Erläuterungen dazu folgen in Aufgabe 17.

Anschauungshilfe:
Werden jetzt die Strömungsgeschwindigkeiten des Fluids und des sich bewegenden Kontrollraums voneinander abgezogen oder addiert? Um die relative Geschwindigkeit zu bestimmen, muss man bei Körpern, die sich mit gleicher Orientierung zueinander bewegen, einfach die jeweiligen Geschwindigkeiten abziehen, bei entgegengesetzter Orientierung die Geschwindigkeiten addieren.
Es ist eigentlich schwer verständlich, dass für einen so banalen Sachverhalt so lange Erklärungen notwendig sind. Dennoch werden bei solchen Aufgaben regelmäßig von einem Großteil der Studierenden genau an diesen Stellen unnötige Fehler eingebaut. Zur Erinnerung: Du stehst am Bahnhof und der Zug, den du erreichen wolltest, rollt schon mit einer Geschwindigkeit von 4 km/h. Wenn du jetzt stehen bleibst, entfernt sich der Zug mit 4 km/h von dir, läufst du dem Zug mit 3 km/h hinterher, dann entfernt sich der Zug nur noch mit einer relativen Geschwindigkeit von 1 km/h von dir. Jetzt gibt dir der Schaffner ein Zeichen, dass du doch noch mit kannst, und du läufst mit 6 km/h hinter der „rettenden Tür“ des Wagens her, dann näherst du dich dieser Tür mit 2 km/h an, die „Eintrittsgeschwindigkeit“ beträgt also 2 km/h. Im übertragenen Sinne „bist du das Wasser“ und der Bahnwagen der bewegte Kontrollraum. Der Kontrollraum am Peltonrad entfernt sich in Aufgabe 11 mit 10 m/s von dem Wasser, das sich mit 30 m/s in dessen Richtung bewegt, die Eintrittsgeschwindigkeit des Wassers in den Kontrollraum beträgt daher nur noch 20 m/s.

Super einfache Lösung:

$$\begin{aligned} \mathrm{v}' &= \mathrm{v} - u \\ &= 30 - 10 = 20 \text{ m/s} \end{aligned}$$

$$\begin{aligned} \dot{m}_{\text{ein}} &= \dot{m}_{\text{aus}} \\ &= \rho \cdot A \cdot \mathrm{v}' \\ &= 1000 \cdot 0{,}004 \cdot 20 \\ &= \underline{\underline{80 \text{ kg/s}}} \end{aligned}$$

Impulserhaltung, Stützkraftkonzept

Grundlagen

Als nächstes müssen wir uns mit dem Impulssatz in der Strömungsmechanik beschäftigen. Der Begriff Impuls ist garantiert schon mal Thema in der Schule gewesen, aber Physik ist ja vielleicht mal durch Reli ersetzt worden. Hier zur Erinnerung:

$$I = m \cdot \mathrm{v}$$

Der Impuls ist also das Produkt aus Masse und Geschwindigkeit. Wer sich jetzt tatsächlich erinnert, wundert sich vielleicht „War der Impuls nicht auch p?“. In der klassischen Physik wird er tatsächlich mit p abgekürzt, aber bei uns Strömungsmechanikern ist p der Druck und da bleibt dann nur noch das I für den Impuls übrig. Was kann man sich nun darunter vorstellen? Kurz zurück zur Festkörpermechanik. Bankräuber in Streifen aus Hollywood, denen der Begriff Impuls bekannt ist, fahren eigentlich immer gut und sicher mit einem vernünftigen Truck durch die Mauer des Bankhauses direkt vor den Schalter, die Übrigen landen in einem Blechklotz auf dem Bürgersteig vor der Bank. Nehmen wir einen Körper, dann ist das Wirken einer Kraft F über ein Zeitintervall Δt ein Kraftstoß und dieser Kraftstoß bewirkt eine Änderung des Impulses. Genau diese Definition des Impulses ist dann gleich wieder im Hinterkopf, wenn es bei uns in der Strömungsmechanik Impulserhaltung heißt. Doch Vorsicht, üblicherweise wird bei Strömungen nicht (!) mit dem Impuls, sondern genauer mit dem Impulsstrom gearbeitet, welcher durch einen Punkt über dem I gekennzeichnet ist, ein kleiner aber entscheidender Unterschied:

$$I = m \cdot \mathrm{v} \quad [\mathrm{Ns}]$$
$$I = \rho \cdot V \cdot \mathrm{v}$$

$$\dot{I} = \dot{m} \cdot \mathrm{v} \quad [\mathrm{N}]$$
$$\dot{I} = \rho \cdot Q \cdot \mathrm{v}$$
$$\dot{I} = \rho \cdot A \cdot \mathrm{v} \cdot \mathrm{v}$$
$$\dot{I} = \rho \cdot A \cdot \mathrm{v}^2$$

Zunächst ist anzunehmen, dass wir die Größe Impulsstrom jetzt genauso ins Gleichgewicht setzen können, wie wir es vor ein paar Seiten mit den Massenströmen der Massenerhaltung getan haben:

$$\dot{I}_{\mathrm{ein}} \overset{?}{=} \dot{I}_{\mathrm{aus}}$$

Doch ein- und ausströmender Impulsstrom müssen natürlich nicht zwangsläufig gleich sein, für den Impulsstrom gilt die Sache mit den Quellen und Senken in gleicher Weise, wie bei der Massenerhaltung bereits erläutert. Die Differenz beider Impulsströme ist also gleich der Änderung des Impulses im Kontrollraum über die Zeit.

$$\frac{\partial \vec{I}_{Kr}}{\partial t} \overset{?}{=} \dot{I}_{\text{ein}} - \dot{I}_{\text{aus}}$$

Doch auch diese Gleichung ist ausdrücklich noch nicht vollständig. Wir haben ja bereits eingangs festgestellt, dass der Impulsstrom die Einheit einer Kraft hat, und auf den Kontrollraum wirken eine ganze Reihe weiterer Kräfte, wir brauchen nur an Thema 1 zu denken: die Druckkräfte $p \cdot A$. Darüber hinaus hat das Fluid natürlich auch ein Eigengewicht F_G und zum Beispiel bei Umlenkungen, Verengungen, beim Austreten und Aufprallen resultieren Auflagerkräfte F_A , welche mit der Kraft „Impulsstrom" im Gleichgewicht stehen.

$$\frac{\partial \vec{I}_{\text{Kr}}}{\partial t} = \vec{\dot{I}}_{\text{ein}} - \vec{\dot{I}}_{\text{aus}} + \Sigma \vec{F}$$

Kaum dass wir die Gleichung vollständig zusammen haben, vereinfachen wir sie auch schon wieder. Annahme: stationär (über die Zeit unveränderlich)

$$\rightarrow \frac{\partial I_{\text{Kr}}}{\partial t} \overset{!}{=} 0$$

$$0 = \vec{\dot{I}}_{\text{ein}} - \vec{\dot{I}}_{\text{aus}} + \Sigma \vec{F}$$

- **Stützkraftkonzept:**

Doch die Zeit zum Losrechnen ist immer noch nicht gekommen. Fest etabliert hat sich der Impulssatz in der Strömungsmechanik als sogenanntes Stützkraftkonzept. Das ist nichts anderes als eine Idee, die Berechnungen mit dem Impulssatz etwas übersichtlicher macht. Dazu werden zunächst all die oben erwähnten Teilkräfte direkt eingesetzt:

$$0 = \underbrace{\vec{\dot{I}}_{\text{ein}} - \vec{\dot{I}}_{\text{aus}}}_{\substack{\text{Differenz der}\\ \text{Impulsströme}}} \overbrace{\underbrace{+ p_{\text{ein}} \cdot A_{\text{ein}} - p_{\text{aus}} \cdot A_{\text{aus}}}_{\text{Druckkräfte}} \quad \underbrace{+\vec{F}_G}_{\text{Gewichtskraft}} \quad \underbrace{+\vec{F}_A}_{\text{Auflagerkraft}}}^{\Sigma \vec{F} =}$$

Umsortiert steht oben:

$$0 = \underbrace{\vec{\dot{I}}_{\text{ein}} + p_{\text{ein}} \cdot A_{\text{ein}}}_{\vec{S}_{\text{ein}}} \quad \underbrace{-\vec{\dot{I}}_{\text{aus}} - p_{\text{aus}} \cdot A_{\text{aus}}}_{\vec{S}_{\text{aus}}} \quad + \vec{G} \quad + \vec{F}_A$$

GOTT UND SEINE BERATER

Verbunden mit der Vorstellung, dass man an den Ein- und Austrittsquerschnitten des Kontrollraums Schnittkräfte wie in der Statik anträgt, hat man den Impulsstrom, also den hydrodynamischen Anteil der Kräfte und den hydrostatischen Anteil des Druckes zu sogenannten Stützkräften *S* zusammengefasst.

$$\left|\vec{S}\right| = \underbrace{p_{\ddot{u}} \cdot A}_{\substack{\text{statischer}\\ \text{Anteil}}} + \underbrace{\dot{I}}_{\substack{\text{dynamischer}\\ \text{Anteil}}}$$

$$= p_{\ddot{u}} \cdot A + \dot{m} \cdot \mathrm{v}$$

$$= p_{\ddot{u}} \cdot A + \rho \cdot Q \cdot \mathrm{v}$$

$$= p_{\ddot{u}} \cdot A + \rho \cdot A \cdot \mathrm{v}^2$$

- **Formbeiwert β**

Die hier dargestellte Form der Gleichungen ist zum Einstieg ausreichend, aber streng genommen etwas unpräzise. Die Geschwindigkeiten in den hier dargestellten Formeln sind über den Fließquerschnitt gemittelte Geschwindigkeiten. Genauer müssten wir hier also schreiben:

$$\mathrm{v} = \overline{\mathrm{v}}$$

Um dennoch den Einfluss des eigentlich vorliegenden Geschwindigkeitsprofils zu berücksichtigen, kann mit einer Korrektur über einen Formbeiwert β gearbeitet werden. (Wenn jedoch in Aufgaben nichts anderes angegeben ist, dann $\beta = 1.0$ annehmen!)

$$\left|\vec{S}\right| = p_{ü} \cdot A + \beta \cdot \rho \cdot A \cdot \mathrm{v}^2, \text{wobei } \mathrm{v} = \overline{\mathrm{v}}$$

?

Manchmal findet ihr in Büchern den Hinweis, dass die Stützkräfte in den Kontrollraum weisen und das ist wie ein unverrückbares Gesetz formuliert. Dann kommen in Sprechstunden hilflose Fragen wie „Das muss doch vollkommen egal sein, wie herum ich die Kräfte antrage?!

!

Die Richtung des Antragens ist letztendlich natürlich egal, dann muss man aber SEHR gewissenhaft auf die Vorzeichen in der Gleichung achten. Hier also des „Rätsels“ Lösung. Wir nehmen uns wieder die Gleichung von vor zwei Seiten ...

$$0 = \vec{\dot{I}}_{\text{ein}} + p_{\text{ein}} \cdot A_{\text{ein}} - \vec{\dot{I}}_{\text{aus}} - p_{\text{aus}} \cdot A_{\text{aus}} \quad + \vec{G} \quad + \vec{F}_{\text{A}}$$

$$0 = \underbrace{\vec{\dot{I}}_{\text{ein}} + p_{\text{ein}} \cdot A_{\text{ein}}}_{} \quad + \underbrace{\vec{\dot{I}}_{\text{aus}} + p_{\text{aus}} \cdot A_{\text{aus}}}_{} \quad + \vec{G} \quad + \vec{F}_{\text{A}}$$

$$0 = \vec{S}_{\text{ein}} \quad + \vec{S}_{\text{aus}} \quad + \vec{G} \quad + \vec{F}_{\text{A}}$$

... und „schreiben einfach“ nur Pluszeichen hinein. Und genau diese Form können wir einfach im Kopf behalten, aber müssen sie nun natürlich mit der Anweisung verbinden, dass die Stützkräfte immer so anzutragen sind, dass sie in den Kontrollraum weisen.

$$\vec{S}_{\text{ein}} \quad + \vec{S}_{\text{aus}} \quad + \vec{G} \quad + \vec{F}_{\text{A}} \quad = \quad 0$$

Die Stützkräfte weisen in den Kontrollraum

Aufgabe 12:

Für das Fundament eines Vertikalkrümmers sind die Auflagerreaktionen zu berechnen. Das Eigengewicht wird vernachlässigt.

Vorgaben:

$\varphi_1 = 60°$

$\varphi_2 = 30°$

$A_A = A_B = 3$ m²

$Q = 30$ m³/s

$p = 1900$ kPa

(p ist Absolutdruck)

$\beta = 1{,}02$

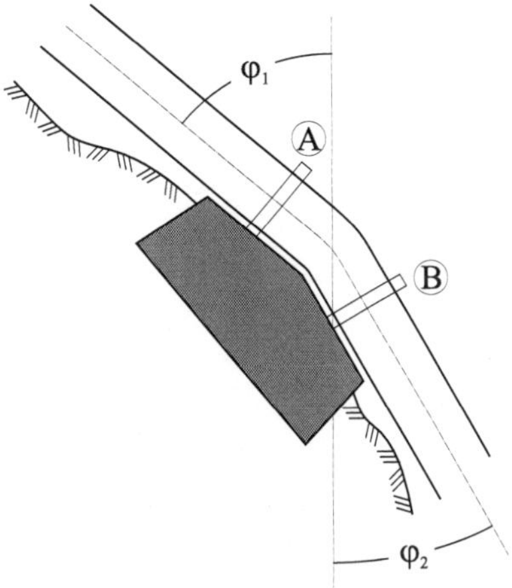

gesucht: F_{Res}

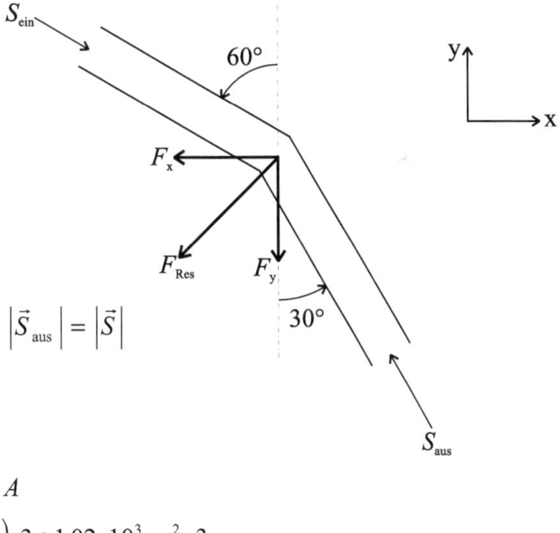

Stützkräfte:

$$\left.\begin{aligned} p_A &= p_B \\ A_A &= A_B \\ Q_A &= Q_B \\ \rho_A &= \rho_B \end{aligned}\right\} \quad \left|\vec{S}_{ein}\right| = \left|\vec{S}_{aus}\right| = \left|\vec{S}\right|$$

$$\left|\vec{S}\right| = p_ü \cdot A + \beta \cdot \rho \cdot v^2 \cdot A$$

$$= \left(1900 \cdot 10^3 - 1 \cdot 10^5\right) \cdot 3 + 1{,}02 \cdot 10^3 \cdot v^2 \cdot 3$$

$$v = \frac{Q}{A} = \frac{30}{3} = 10 \text{ m/s}$$

$$\rightarrow \left|\vec{S}\right| = \underline{\underline{5706 \text{ kN}}}$$

Auflagerreaktionen:

$$\sum F_{\mathrm{H}} = 0:$$

$$0 = -F_{\mathrm{x}} + \left|\vec{S}_{\mathrm{ein}}\right| \cdot \sin\varphi_1 - \left|\vec{S}_{\mathrm{aus}}\right| \cdot \sin\varphi_2$$

$$F_{\mathrm{x}} = \left|\vec{S}\right|\left(\sin\varphi_1 - \sin\varphi_2\right) = 5706 \cdot (0{,}866 - 0{,}5)$$

$$= \underline{\underline{2088{,}5\ \mathrm{kN}}}$$

$$\sum F_{\mathrm{V}} = 0:$$

$$0 = -F_{\mathrm{y}} - \left|\vec{S}_{\mathrm{ein}}\right| \cdot \cos\varphi_1 + \left|\vec{S}_{\mathrm{aus}}\right| \cdot \cos\varphi_2$$

$$F_{\mathrm{y}} = \left|\vec{S}\right|\left(\cos\varphi_2 - \cos\varphi_1\right) = 5706 \cdot (0{,}866 - 0{,}5)$$

$$= \underline{\underline{2088{,}5\ \mathrm{kN}}}$$

$$\mathrm{F}_{\mathrm{Res}} = \sqrt{2088{,}5^2 + 2088{,}5^2} = \underline{\underline{2953{,}59\mathrm{kN}}}$$

Die Rechnung mit dem Überdruck ist richtig. Beim dargestellten Lösungsweg darf für den Druck nicht der Absolutdruck angesetzt werden, da der Ansatz dann außerordentlich kompliziert werden würde. Wenn man den Absolutdruck auf die Fluidquerschnitte ansetzt, müsste man auch den atmosphärischen Druck auf das Rohr (die Blechwandung) berücksichtigen, nur dann würde man richtige Auflagerkräfte erhalten. Die daraus resultierende Druckkraft lässt sich nicht quantifizieren. Die nachfolgenden falschen Ergebnisse würde man erhalten, wenn man in den obigen Gleichungen mit dem Absolutdruck arbeitet.

Diese Werte sind falsch →

$$\left|\vec{S}\right| = 6006\ \mathrm{kN}$$

$$F_{\mathrm{x}} = 2198{,}2\ \mathrm{kN}$$

$$F_{\mathrm{y}} = 2198{,}2\ \mathrm{kN}$$

$$F_{\mathrm{Res}} = 3108\ \mathrm{kN}$$

Energieerhaltung
Grundlagen

Bisher haben wir uns mit sehr einfachen Gleichungen beschäftigt, die kaum mehr als zwei Terme beinhalten. Der Rechenweg erforderte meistens nur ein richtiges Einsetzen einiger Zahlenwerte. Bei Diskussion der Energieerhaltung stoßen wir erstmals auf eine etwas „komplexere“ Gleichung. Treten in späteren Kapiteln Fragen und Probleme auf, lag es erstaunlicherweise meistens daran, dass bereits die Bernoulli-Gleichung nicht richtig verstanden wurde. Daher wird hier für den Stil des Buches außergewöhnlich detailliert auf die Herleitung dieser fundamentalen Gleichung eingegangen. Um also später keinen „Schiffbruch“ zu erleiden, sollte man die Bedeutung der einzelnen Terme der Bernoulli-Gleichung wirklich (!) verstanden haben.
Wir haben damit begonnen, die Bewegung eines Fluids zu beschreiben. Es ist eindeutig, dass wir neben Masse und Impuls auch die Energie in unsere Betrachtungen einbeziehen müssen. Energie, also die Fähigkeit, Arbeit zu verrichten, geht niemals verloren, sondern wird umgewandelt. Dennoch spricht der Strömungsmechaniker häufig von Verlusten. Dies ist in der Weise zu verstehen, dass die Lageenergie in Bewegungsenergie und die Bewegungsenergie durch Reibung in Wärmeenergie umgewandelt wird und somit dem betrachteten System hydraulisch nutzbare Energie verloren geht. Es folgt die Herleitung der stationären **Bernoulli-Gleichung** für den eindimensionalen Fall:

Die eben bereits angerissenen Begriffe sind aus dem Physik-Unterricht der Schule bekannt:

- **Lageenergie** = potentielle Energie $= m \cdot g \cdot h$
- **Bewegungsenergie** = kinetische Energie $= m \cdot \dfrac{v^2}{2}$

In den nächsten Schritten wollen wir die Energieerhaltung in eine allgemein anwendbare Form für die Strömungsmechanik bringen. Betrachten wir zunächst das Wechselspiel von potentieller Energie und kinetischer Energie, muss die Summe dieser beiden Energieformen und der Druckenergie auf dem Weg vom Eintrittsquerschnitt 1 zum Austrittsquerschnitt 2 konstant bleiben. Bitte beachtet, dass wir jetzt wieder die "Ströme" betrachten, also nicht die Lageenergie, sondern den "Lageenergiestrom", was ihr an den Punkten über den "m's" erkennen könnt.

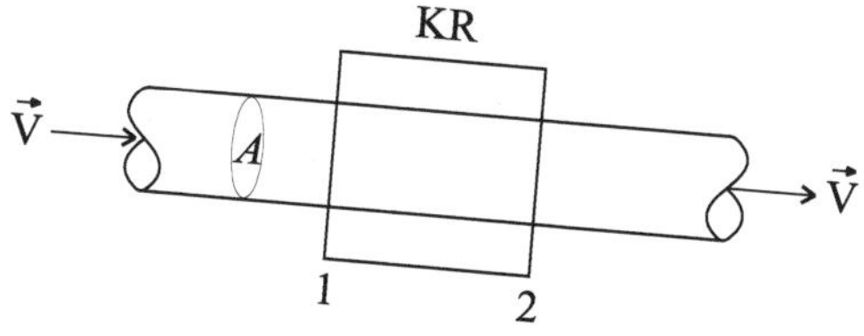

$$\dot{m} \cdot g \cdot z_1 + \frac{\dot{m} \cdot v_1^{\ 2}}{2} = \dot{m} \cdot g \cdot z_2 + \frac{\dot{m} \cdot v_2^{\ 2}}{2}$$

Damit ist die Energieerhaltung, wie eben schon angedeutet, jedoch noch nicht vollständig beschrieben. Auf unser betrachtetes Volumenelement wirkt ein Druck, daraus resultiert eine Druckkraft auf unseren Fluidquerschnitt.

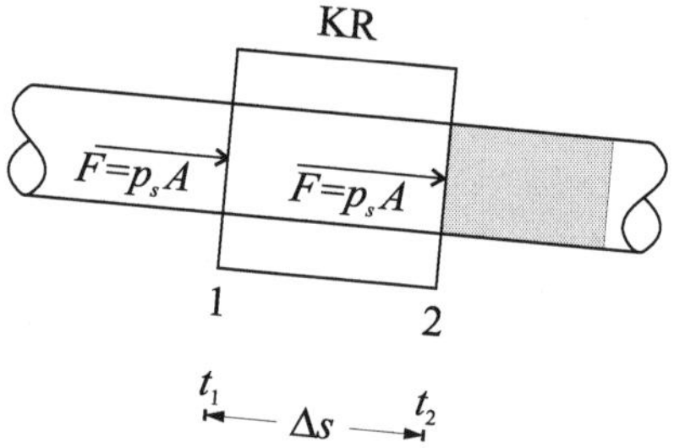

Jetzt bewegt sich aber unser Volumenelement durch den Kontrollraum, die Druckkraft legt also einen Weg zurück.

$$v = \frac{\Delta s}{\Delta t}; \qquad \Delta s = v \cdot \Delta t$$

Es erfolgt die Umrechnung der Arbeit W in die Leistung P. Damit ergibt sich die Leistung des Druckes bei der Bewegung des Volumenelements durch den Kontrollraum. Aus der Erweiterung mit ρ folgt:

$$\left.\begin{aligned} F &= p \cdot A \\ W &= F \cdot \Delta s = F \cdot v \cdot \Delta t \end{aligned}\right\} W = p \cdot A \cdot v \cdot \Delta t$$

$$P = \frac{W}{\Delta t} \qquad P_{\text{Druck}} = \frac{p \cdot A \cdot v \cdot \Delta t}{\Delta t} = p \cdot A \cdot v$$

$$\frac{\overbrace{\rho \cdot A \cdot v}^{\dot{m}} \cdot p}{\rho} = \frac{\dot{m} \cdot p}{\rho}$$

Der Term $\frac{\dot{m} \cdot p}{\rho}$ muss in die Energieerhaltung einfließen.

$$\dot{m} \cdot g \cdot z_1 + \frac{\dot{m} \cdot p_1}{\rho} + \frac{\dot{m} \cdot v_1^2}{2} = \dot{m} \cdot g \cdot z_2 + \frac{\dot{m} \cdot p_2}{\rho} + \frac{\dot{m} \cdot v_2^2}{2}$$

Dividieren durch Massenstrom und Erdbeschleunigung führt zu den allgemein üblichen Termen der Bernoulligleichung. Die Terme beschreiben Energien, haben aber die Dimension einer Länge! Wir sprechen daher nicht von der Energie, sondern von der Energiehöhe. Der Wert α ist ein vom Geschwindigkeitsprofil abhängiger Korrekturbeiwert, der Tabellenwerken zu entnehmen ist. Fehlt eine Angabe, ist $\alpha = 1$ anzunehmen. Arbeitet man mit dem Korrekturbeiwert α, ist die Geschwindigkeit ein querschnittsgemittelter Wert. Wie schon im Kapitel über die Impulserhaltung angedeutet, wird auch hier der Einfachheit halber nur v als Notierung gewählt. Dies ist zu vertreten, da wir in diesen Kapiteln ohnehin nur mit gemittelten Geschwindigkeiten arbeiten.

$$z_1 + \frac{p_1}{\rho \cdot g} + \alpha \frac{v_1^2}{2 \cdot g} = z_2 + \frac{p_2}{\rho \cdot g} + \alpha \frac{v_2^2}{2 \cdot g}$$

Ein Verlust hydraulischer Energie durch reibungsbedingte Wandlung von kinetischer Energie in Wärmeenergie kann mit der Verlusthöhe h_{vges} erfasst werden. Dieser Term beinhaltet zunächst pauschal alle Verluste an hydraulischer Energie. Eine Differenzierung in Einzelverluste (z.B. an Rohrkrümmern) und streckenabhängige Verluste (durch Wandreibung) erfolgt später.

$$z_1 + \frac{p_1}{\rho \cdot g} + \alpha \frac{v_1^2}{2 \cdot g} = z_2 + \frac{p_2}{\rho \cdot g} + \alpha \frac{v_2^2}{2 \cdot g} + h_{\mathrm{vges}}$$

Zur Förderung eines Fluids kann auch eine Pumpe hinzugezogen werden. Andererseits kann z.B. in einem Wasserkraftwerk die Energie des Wassers in die Wellenarbeit eines Generators gewandelt werden. Diesen beiden Phänomenen wird durch den sogenannten Pumpenterm Rechnung getragen.

Pumpenterm $\quad \frac{P_{\mathrm{p}}}{\mathrm{g} \cdot \dot{m}}$

$$z_1 + \frac{p_1}{\rho \cdot g} + \alpha \frac{v_1^2}{2 \cdot g} + \frac{P_{\mathrm{P}}}{g \cdot \dot{m}} = z_2 + \frac{p_2}{\rho \cdot g} + \alpha \frac{v_2^2}{2 \cdot g} + h_{\mathrm{vges}}$$

Damit steht uns ab jetzt die Bernoulli-Gleichung für den eindimensionalen und stationären Fall zur Verfügung. Sie wird uns mit einigen Erweiterungen in den nächsten beiden Themen noch sehr beschäftigen.

Aufgabe 13:

Man berechne die Geschwindigkeit v_2, mit der die Flüssigkeit ausströmt und die Höhe h_1 der Flüssigkeit im Steigrohr.

Vorgaben:

$h_0 = 1$ m
$A_1 = 10$ cm²
$A_2 = 2$ cm²
$\alpha = 1{,}06$

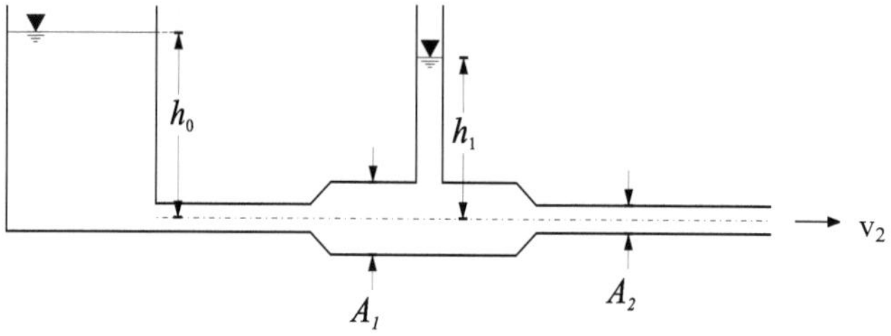

Vorgehen:

1. KOS; Bezugshorizont definieren: NN in Rohrachse

2. Bernoulli entlang einer Stromlinie

→ keine Pumpe
→ reibungsfrei

$$z_1 + \frac{p_1}{\rho \cdot g} + \alpha \cdot \frac{v_1^2}{2 \cdot g} + \frac{P_P}{g \cdot \dot{m}} = z_2 + \frac{p_2}{\rho \cdot g} + \alpha \cdot \frac{v_2^2}{2 \cdot g} + h_{vges}$$

$$z_1 + \frac{p_1}{\rho \cdot g} + \alpha \cdot \frac{v_1^2}{2 \cdot g} = z_2 + \frac{p_2}{\rho \cdot g} + \alpha \cdot \frac{v_2^2}{2 \cdot g}$$

Skizze:

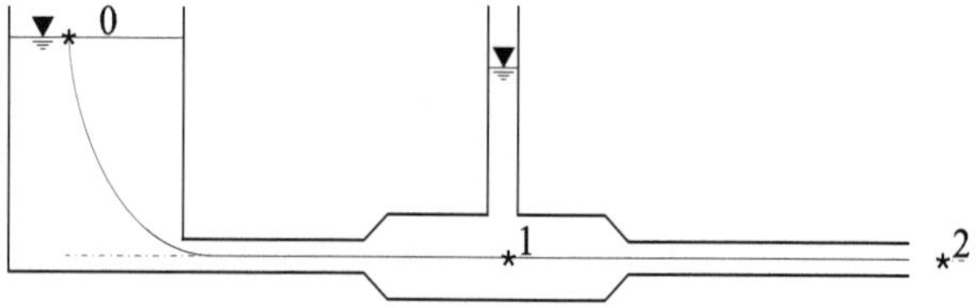

Annahmen:
Berechnung von 1 nach 2 ? → ungeschickt !!!
Berechnung von 0 nach 2 ? → sinnvoll, da Annahme:

$$A_0 >> A_1, A_2 \quad \rightarrow \mathrm{v}_0 \approx 0$$

Vorgaben:

$z_o = h_0 = 1\,\text{m}$	$p_0 = p_{\text{atmos}}$	$\mathrm{v}_0 = 0$, da Annahme getroffen
$z_1 = 0$	$p_1 = ?$, da h_1 unbekannt	$\mathrm{v}_1 = ?$
$z_2 = 0$	$p_2 = p_{\text{atmos}}$	$\mathrm{v}_2 = ?$

Berechnung von v_2:
Bernoulli von 0 nach 2:

$$1 + \frac{p_{\text{atmos}}}{\rho \cdot g} + 0 = 0 + \frac{p_{\text{atmos}}}{\rho \cdot g} + \alpha \cdot \frac{\mathrm{v}_2^2}{2g}$$

$$\rightarrow \mathrm{v}_2 = \sqrt{\frac{1 \cdot 2 \cdot g}{\alpha}} = \underline{\underline{4{,}34\ \text{m/s}}}$$

Berechnung von h_1
Bernoulli von 0 nach 1:

$$1 + \frac{p_{\text{atmos}}}{\rho \cdot g} = \frac{p_{\text{atmos}} + \rho \cdot g \cdot h_1}{\rho \cdot g} + 1{,}06 \cdot \frac{\mathrm{v}_1^2}{2 \cdot g}$$

bisher 1 Gleichung, 2 Unbekannte
→ Konti aufstellen:

$$\mathrm{v}_1 \cdot A_1 = \mathrm{v}_2 \cdot A_2$$

$$\mathrm{v}_1 = \frac{\mathrm{v}_2 \cdot A_2}{A_1} = \frac{4{,}34 \cdot 2 \cdot 10^{-4}}{10 \cdot 10^{-4}} = 0{,}868\ \text{m/s}$$

$$1 = h_1 + 0{,}039$$

$$h_1 = \underline{\underline{0{,}961\ \text{m}}}$$

Örtlich konzentrierte Verluste

Grundlagen

Bei der Herleitung der Bernoulligleichung wurde bereits eine sogenannte Verlusthöhe h_{vges} eingeführt. Diese umfasst zunächst pauschal alle Verluste an strömungsmechanisch nutzbarer Energie.

$$z_1 + \frac{p_1}{\rho \cdot g} + \alpha \cdot \frac{v_1^2}{2 \cdot g} + \frac{P_P}{g \cdot \dot{m}} = z_2 + \frac{p_2}{\rho \cdot g} + \alpha \cdot \frac{v_2^2}{2 \cdot g} + h_{vges}$$

Im Detail bedeutet h_{vges} die Summe aus Einzelverlusten h_{ve} und streckenabhängigen Verlusten h_{vs} :

$$h_{vges} = h_{ve} + h_{vs}$$

Die Verluste werden über empirische Zusammenhänge bestimmt, die jeweils ein Vielfaches des Terms der kinetischen Energie $v^2/2g$ darstellen. Einzelverluste (auch örtlich konzentrierte Verluste genannt) treten z.B. an Ein- und Auslässen, Rohrkrümmern, Reduzierstücken oder Verzweigungen auf. In Laborversuchen wurden für unterschiedlichste Arten dieser Bauteile sogenannte Verlustbeiwerte ermittelt und in Tabellenwerken zusammengestellt. Beispiele für solche Tabellen finden sich auf Seite 2 der Formelsammlung:

$$h_{ve} = \zeta \cdot \frac{v^2}{2g}$$

Aufgabe 14:

Ein horizontal liegendes, um 45° gekrümmtes Reduzierstück wird mit Q = 125 l/s beschickt. Die im Krümmer auftretenden Reibungs- und Verengungsverluste sollen insgesamt mit dem unten angegebenen Verlustbeiwert ζ_{Kr} berücksichtigt werden. Wie groß sind die aufzubringenden Auflagerreaktionen F_x und F_y bei einem zu planenden Fundament? Am Schnitt 1-1 wurde ein Überdruck gemessen.

Vorgaben:

$Q = 125$ l/s

$D = 0{,}4$ m

$d = 0{,}2$ m

$\frac{p_{1ü}}{\rho g} = 2{,}0$ m

$\alpha = 1{,}0$

$\beta = 1{,}0$

$g = 10$ m/s²

$\rho = 10^3$ kg/m³

$\zeta_{Kr} = 0.1$ (bezogen auf $\frac{v_2^2}{2g}$)

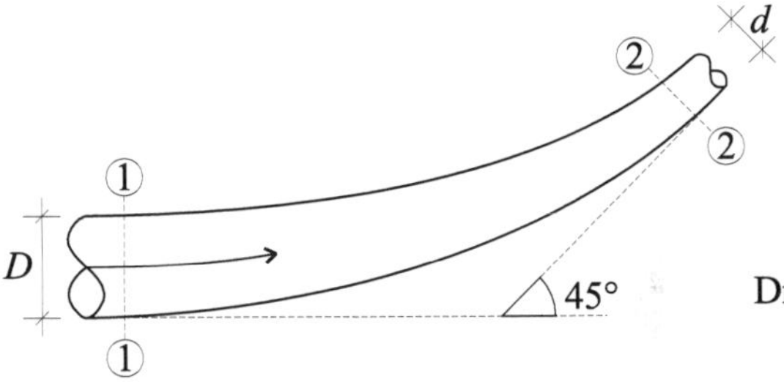

Draufsicht

Berechnung aller Drücke, Geschwindigkeiten und Flächen:

$$z = 0, \text{ Skizze ist Draufsicht}$$

$$A_1 = \pi \cdot \frac{D^2}{4} = \frac{\pi}{4} \cdot 0{,}4^2 = 0{,}125\,\text{m}^2\ ;$$

$$A_2 = \pi \cdot \frac{d^2}{4} = \frac{\pi}{4} \cdot 0{,}4^2 = 0{,}03125\ \text{m}^2$$

$$v_1 = \frac{Q}{A_1} = \frac{0{,}125}{0{,}125} = 1\ \text{m/s}$$

$$v_2 = 4\ m/s$$

$$p_1 = 2 \cdot 10 \cdot 1000 = \underline{\underline{20 \cdot 10^3\ \text{Pa}}} = 20\,\text{kPa}$$

Bernoulli zur Ermittlung von $p_{2ü}$:

$$\frac{p_{1ü}}{\rho\cdot g}+\alpha\frac{v_1^2}{2g}=\frac{p_{2ü}}{\rho\cdot g}+\alpha\frac{v_2^2}{2g}+h_{vges} \qquad h_{ve}=\zeta\cdot\frac{v_2^2}{2\cdot g}$$

$$\begin{aligned} p_{2ü} &= p_{1ü}+\rho\cdot\left(\alpha\frac{v_1^2}{2}-(\alpha+\zeta)\cdot\frac{v_2^2}{2}\right)\\ &= 20\cdot10^3+1\cdot10^3\left(\frac{1\cdot1^2}{2}-\frac{1{,}1\cdot16}{2}\right)\\ &= \underline{\underline{11{,}7\cdot10^3\ \text{Pa}}}=11{,}7\ \text{kPa}\end{aligned}$$

Impulserhaltung über das Stützkraftkonzept:

$$\begin{aligned}\left|\vec{S}_1\right| &= p_1\cdot A_1+\beta\cdot\rho\cdot v_1^2\cdot A_1\\ &= 20\cdot10^3\cdot0{,}125+1\cdot10^3\cdot1^2\cdot0{,}125\\ &= \underline{\underline{2625{,}00\ \text{N}}}\end{aligned}$$

$$\begin{aligned}\left|\vec{S}_2\right| &= p_2\cdot A_2+\beta\cdot\rho\cdot v_2^2\cdot A_2\\ &= 11{,}7\cdot10^3\cdot0{,}03125+1\cdot10^3\cdot4^2\cdot0{,}03125\\ &= \underline{\underline{865{,}63\ \text{N}}}\end{aligned}$$

$$\begin{aligned}&\sum H=0:\\ &0=-F_x-\left|\vec{S}_2\right|\cdot\cos45°+\left|\vec{S}_1\right|\\ &F_x=-865{,}63\cdot0{,}707+2625\\ &\quad=\underline{\underline{2013{,}0\ \text{N}}}\end{aligned}$$

$$\begin{aligned}&\sum V=0:\\ &0=F_y-\left|\vec{S}_2\right|\cdot\sin45°\\ &F_y=865.63\cdot0{,}707\\ &\quad=\underline{\underline{612{,}3\ \text{N}}}\end{aligned}$$

Aufgabe 15:

Auf Norderney ist eine starke Erosion des Strandes zu beobachten. Du sollst eine Sandaufspülung planen. Ein spezielles Schiff transportiert den Sand zu einer Übergabestation. Dann wird der Sand in einer Sand-Wasser-Suspension über eine Leitung auf dem Meeresgrund nach Norderney gefördert. Die Suspension verhalte sich wie eine ideale Flüssigkeit mit der Dichte $\rho = 1500\ kg/m^3$.

Vorgaben:

$D = 500$ mm

$v = 3$ m/s

$\rho_{Sus} = 1500\ kg/m^3$

$g = 10 m/s$

$V_{Sand}/V_{ges} = 0{,}3$

$p_{ÜA} = 10^5$ Pa

$z_A = +4m$

$z_B = -6$ m

$\alpha = 1{,}0$

$\beta = 1{,}02$

$\zeta_1 = 0{,}11$

$\zeta_2 = 0{,}11$

$\zeta_3 = 0{,}25$

$\zeta_4 = 0{,}14$

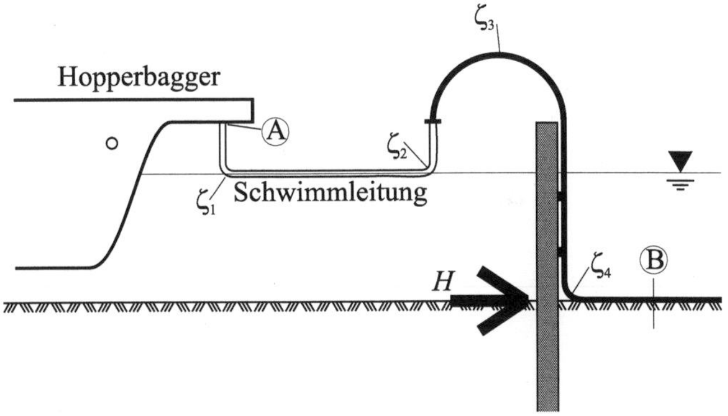

a)
Am Strand sollen 750000 m³ Sand aufgespült werden. Die Spülleitungen haben den konstanten Durchmesser 500 mm und die Strömungsgeschwindigkeit betrage 3 m/s.
Das Gesamtvolumen der Suspension besteht lediglich zu 30 % aus Sand. Wie viele Stunden muss die Anlage in Betrieb sein ?

b)
Beim Verlassen des Schiffes steht die Suspension am Querschnitt A unter einem Überdruck von $1{,}0 \cdot 10^5$ Pa. Wie hoch ist der Überdruck am Querschnitt B? Es sind nur die Einzelverluste zu berücksichtigen. Verluste infolge Rohrreibung werden (da du diese noch nicht berechnen kannst) vernachlässigt!

c)
Der Überdruck am Querschnitt B betrage $2{,}5 \cdot 10^5$ Pa. Am unteren Ende des Übergabepfahls befindet sich ein 90 Grad Krümmer. Wie groß ist die in der Horizontalen am Krümmer wirkende Auflagerreaktion H ?

a)
Kontinuitätsgleichung:

$$Q = \mathrm{v} \cdot A$$

$$A = \pi \cdot r^2 = \pi \cdot 0{,}25^2 = 0{,}196\,\mathrm{m}^2$$

$$Q = 3 \cdot 0{,}196 = 0{,}588\ \frac{\mathrm{m}^3}{\mathrm{s}} \rightarrow \text{Suspension}$$

$$\rightarrow 0{,}588 \cdot \frac{30}{100} = 0{,}176 \frac{\mathrm{m}^3}{\mathrm{s}} \rightarrow \text{Sand}$$

$$\frac{750000}{0{,}176} = 4261364\ \mathrm{s} \qquad |:3600$$

$$= \underline{\underline{1184\ \mathrm{h}}}$$

b)
Bernoulligleichung:

$$z_\mathrm{A} + \frac{p_\mathrm{A}}{\rho g} + \frac{\mathrm{v}_\mathrm{A}^2}{2g} = z_\mathrm{B} + \frac{p_\mathrm{B}}{\rho g} + \frac{\mathrm{v}_\mathrm{B}^2}{2g} + h_\mathrm{v}$$

$$h_\mathrm{v} = \xi \cdot \frac{\mathrm{v}^2}{2g} = (0{,}11 + 0{,}11 + 0{,}25 + 0{,}14) \cdot \frac{\mathrm{v}^2}{2g} = 0{,}61 \cdot \frac{\mathrm{v}^2}{2g}$$

$$4 + \frac{1 \cdot 10^5}{1500 \cdot g} + \frac{3^2}{2g} = -6 + \frac{p_\mathrm{B}}{1500 \cdot g} + 1{,}61 \cdot \frac{3^2}{2g}$$

$$p_\text{üB} = \underline{\underline{240883\ \mathrm{Pa}}}$$

c)
Stützkraftansatz:

$$S = p_\text{üB} \cdot A + \beta \cdot \rho \cdot \mathrm{v}^2 \cdot A$$

$$= 250000 \cdot 0{,}196 + 1{,}02 \cdot 1500 \cdot 3^2 \cdot 0{,}196$$

$$= 51698{,}9\ \mathrm{N}$$

$$H = \underline{\underline{51{,}7\ \mathrm{kN}}}$$

Aufgabe 16:

Der Austauschstudent und beigeisterte Surfer Rick absolviert gerade sein Masterstudium „Internationales Bauwesen" an der FH Nürnberg. Die Dauerflaute im Fränkischen Seenland hat er inzwischen eingetauscht – gegen die Springbrunnen der Metropolregion. Mit Hilfe seines Boards reitet er auf den Fontänen. Seine Masse beträgt m = 80 kg (gemeinsam mit dem Board). Der Durchmesser des Austrittsrohrs der Fontäne sei d = 0,3 m. Der Strahl tritt mit v_1 = 10 m/s aus. Reibung soll vernachlässigt werden.

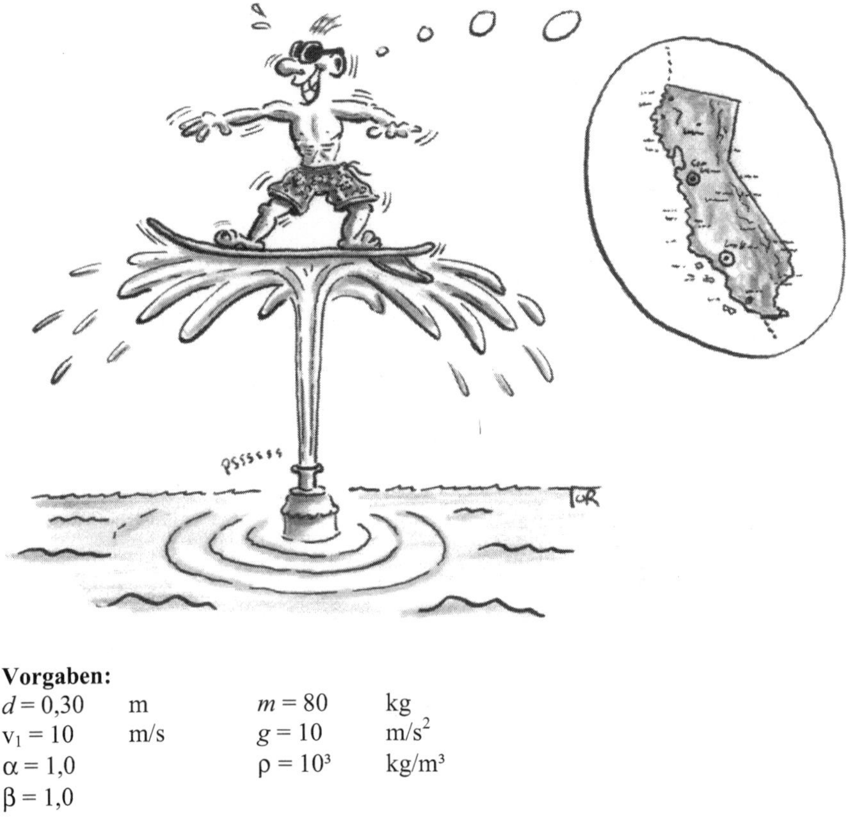

Vorgaben:

$d = 0{,}30$	m	$m = 80$	kg
$v_1 = 10$	m/s	$g = 10$	m/s^2
$\alpha = 1{,}0$		$\rho = 10^3$	kg/m^3
$\beta = 1{,}0$			

a)
In welcher Höhe h wird Rick gehalten?

b)
Was passiert, wenn bei gleicher Geschwindigkeit v_1 wie in Aufgabenteil a) der Durchmesser d nur 0,1 m beträgt?

zu a)
I. Bernoulli von 1 nach 2:

$$z_1 + \frac{p_1}{\rho \cdot g} + \frac{v_1^2}{2 \cdot g} = z_2 + \frac{p_2}{\rho \cdot g} + \frac{v_2^2}{2 \cdot g}$$

$$0 + \frac{p_{atmos}}{\rho \cdot g} + \frac{10^2}{2 \cdot g} = h + \frac{p_{atmos}}{\rho \cdot g} + \frac{{v_2}^2}{2 \cdot g}$$

$$h = \frac{1}{20}\left(10^2 - v_2^2\right)$$

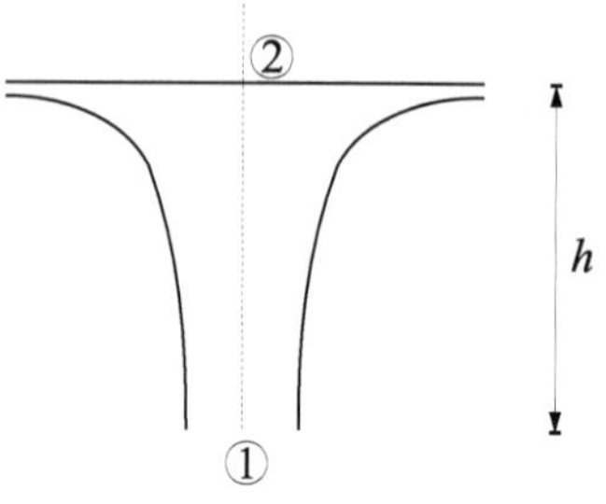

II. Impulserhaltung: → erforderliches v_2 für $m = 80$ kg

$$G \overset{!}{=} S$$

$$G = m \cdot g = 800\,\text{N}$$

$$S = p_2 \cdot A_2 + \beta \cdot \rho \cdot v_2^2 \cdot A_2 = \beta \cdot \rho \cdot v_2 \cdot Q$$

$$800 = \beta \cdot \rho \cdot v_2 \cdot Q$$

$$800 = \beta \cdot \rho \cdot v_2 \cdot v_1 \cdot A_1$$

$$\text{erf. } v_2 = \frac{800 \cdot \quad 4}{1 \cdot 1000 \cdot 10 \cdot \pi \cdot 0{,}3^2}$$

$$= \underline{\underline{1{,}13\,\text{m/s}}}$$

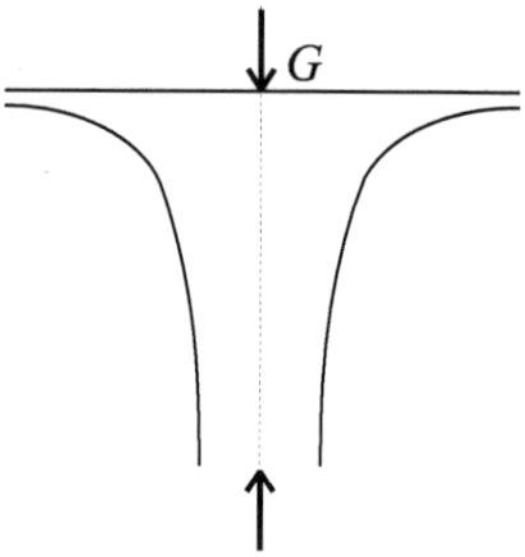

$$h = \frac{1}{20}\left(10^2 - 1{,}13^2\right) = \underline{\underline{4{,}94\,\text{m}}}$$

zu b) wenn $d = 0{,}1$ m, dann erforderliches v_2:

$$\text{erf. } v_2 = \frac{m \cdot g}{\beta \cdot \rho \cdot v_1 \cdot A_1} = \frac{800 \cdot \quad 4}{1 \cdot 1000 \cdot 10 \cdot \pi \cdot 0{,}1^2}$$

$$= \underline{\underline{10{,}19\,\text{m/s}}}$$

erf. v_2 ist größer als die Austrittsgeschwindigkeit v_1
→ Rick kann gerade nicht getragen werden!

Ausfluss aus Behälter, stationäre Betrachtung (Torricelli)

In den folgenden Aufgaben beschäftigen wir uns mit dem Ausfluss aus Behältern. Einigen von euch wird bei diesem Stichwort vermutlich gleich das Gesetz von Torricelli einfallen. Doch es taucht in diesem Buch nicht in der Formelsammlung auf. Der Grund ist ganz einfach. Wir sind jetzt nach Einführung der Bernoulli-Gleichung schon viel weiter als Torricelli selbst. Die Torricelli-Gleichung ist letztendlich nichts anderes als eine stark vereinfachte Form der Bernoulli-Gleichung für einen ganz speziellen Fall. Und so etwas lohnt sich für unsere knappe Formelsammlung nicht. Wenn ihr die folgende Aufgabe gerechnet habt, lernt ihr gleich, wie man sich in Sekundenschnelle aus der Bernoulli-Gleichung (die selbstverständlich in der Formelsammlung steht) die Torricelli-Gleichung ableiten kann. Der Trick ist einfach der, dass wir mit der Bernoulligleichung von einer freien Oberfläche zu einer freien Oberfläche rechnen, also von atmosphärischem Druck zu atmosphärischem Druck und schon sind die Druckterme flöten. Zweitens nehmen wir an, dass die Wasseroberfläche im Speicherbehälter im Vergleich zur Auslassöffnung gegen Unendlich geht. Damit können wir einen Term der Geschwindigkeitshöhe streichen. Und damit hätten wir Torricelli , aber seht selbst:

Aufgabe 17:

Aus einem Behälter fließt durch einen Austrittsstutzen mit dem Querschnitt A_0 annähernd verlustfrei Wasser im Freistrahl aus und prallt senkrecht auf eine horizontale Fläche. Der Freistrahl hat eine Länge von h_u.

Vorgaben:

A_o	$= 0{,}01$	m^2
h_u	$= 1{,}0$	m
K	$= 217{,}9$	N
ρ	$= 1000$	kg/m^3
g	$= 10$	m/s^2
α	$= 1$	
β	$= 1$	

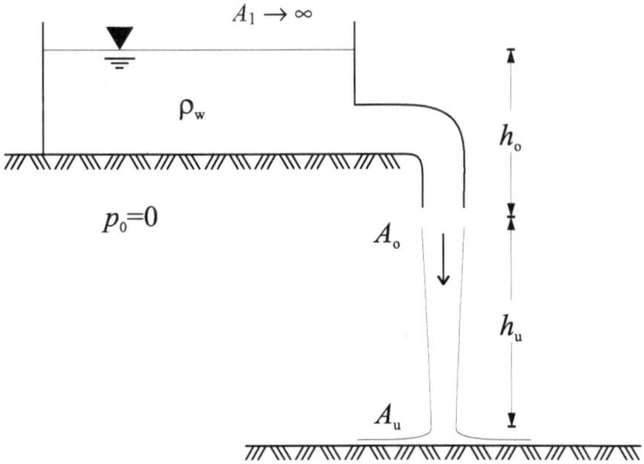

a)
Wie groß ist der Wasserstand h_o, wenn auf die untere Bodenfläche (auf welche das Wasser aufprallt) die Kraft K wirkt und die untere Bodenfläche unbewegt ist ($u = 0$ m/s) ?

b)
Wie groß ist die Querschnittsfläche A_u ?

c)
Wie groß ist die Kraft K, wenn sich die horizontale Fläche mit $u = 1$ m/s nach unten bewegt und in diesem Augenblick $h_u = 1{,}0$ m ist ? Der Wasserstand beträgt in diesem Fall $h_o = 0{,}8$ m.

a)
1. Vorgaben:

freie Oberfläche (Behälter)	**Rohr Austritt oben**	**Bodenfläche unten**
$A_1 \rightarrow \infty$	$A_o = 0{,}01 m^2$	$A_u = ?\ m^2$
$v_1 = ?$ m/s	$v_o = ?$ m/s	$v_u = ?$ m/s
$h_o = ?$ m	$h_u = 1{,}0$ m	$h = 0$ m
$p_1 = p_{atmos}$	$p_o = p_{atmos}$	$p = p_{atmos}$
		$K = 217{,}9$ N

2. Massenerhaltung:

Konti → Näherung: $A_1 \rightarrow \infty$ daraus ergibt sich wiederum $v_1 = 0$

3. Konti von o nach u:

$$Q_o = Q_u$$
$$\rho \cdot v_o \cdot A_o = \rho \cdot v_u \cdot A_u$$

4. Bernoulli von 1 nach u:

$$h_o + h_u + \frac{p_{atmos}}{\rho \cdot g} + 0 = 0 + \frac{p_{atmos}}{\rho \cdot g} + \frac{v_u^2}{2 \cdot g}$$
$$v_u = \sqrt{2 \cdot g \cdot (h_o + h_u)} \rightarrow \text{Torricelli}$$

5. Bernoulli von 1 nach o:

$$h_o + h_u + \frac{p_{atmos}}{\rho \cdot g} + \frac{v_1^2}{2 \cdot g} = h_u + \frac{p_{atmos}}{\rho \cdot g} + \frac{v_o^2}{2 \cdot g}$$
$$v_o = \sqrt{2 \cdot g \cdot h_o} \quad \rightarrow \quad \text{Torricelli}$$

6. Impulserhaltung:

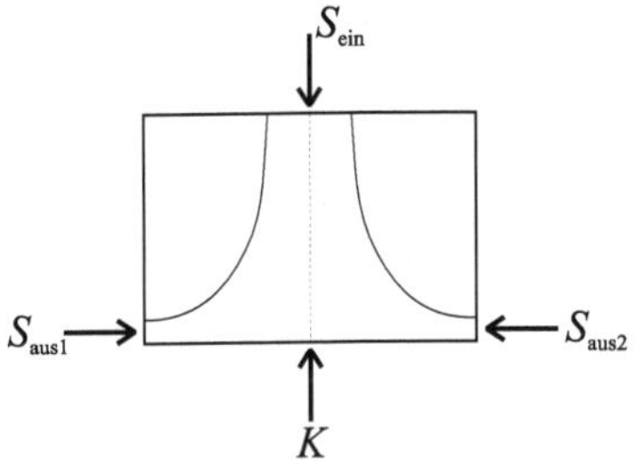

S_{ein} und K liegen auf einer Wirkungslinie.

$\rightarrow \Sigma S_{aus} = 0$

$$S_{ein} = K = \underbrace{p_{ü} \cdot A_u}_{=0} + \beta \cdot \rho \cdot v_u^{\,2} \cdot A_u$$

Alles ineinander einsetzen und auflösen:
7.: 3. in 5. (→ A_u eliminieren)

$$K = \beta \cdot \rho \cdot v_u \cdot \underbrace{v_u \cdot A_u}$$

$$\Vert \quad \} \text{ Konti} - \text{Gleichung!}$$

$$K = \beta \cdot \rho \cdot v_u \cdot \overbrace{v_o \cdot A_o}$$

4.,5. in 7.:

$$K = \beta \cdot \rho \cdot \sqrt{2 \cdot g \cdot h_o} \cdot \sqrt{2 \cdot g \cdot (h_o + h_u)} \cdot A_o$$

$$K = \beta \cdot \rho \cdot 2 \cdot g \cdot A_o \cdot \sqrt{h_o \cdot (h_o + h_u)}$$

$$217{,}9 = 1{,}00 \cdot 1000 \cdot 20 \cdot 0{,}01 \cdot \sqrt{h_o(h_o + 1)}$$

$$1{,}0895 = \sqrt{h_o^2 + h_o}$$

$$1{,}19 = h_o^2 + h_o$$

$$h_{o1} = \underline{\underline{0{,}6988 \text{ m}}}$$

$$\text{h}_{o2} = -\text{.........negative Wassertiefe ist physikalisch unsinnig}$$

b)

$$v_o = \sqrt{2 \cdot g \cdot h_o} = 3{,}739 \text{ m/s} \quad \rightarrow \quad \text{Torricelli}$$

$$v_u = \sqrt{2 \cdot g \cdot (h_o + h_u)} = 5{,}829 \text{ m/s} \quad \rightarrow \quad \text{Torricelli}$$

$$A_u = \frac{v_o \cdot A_o}{v_u} = \underline{\underline{6{,}41 \cdot 10^{-3}\,\text{m}^2}}$$

c)

Vorgaben:

$h_u = 1{,}00$ m

$h_o = 0{,}80$ m

Neuberechnung von v_u, v_o und A_u (!!!)

$$v_{o\,neu} = \sqrt{2 \cdot g \cdot h_o} = 4 \text{ m/s} \quad \rightarrow \quad \text{Torricelli}$$

$$v_{u\,neu} = \sqrt{2 \cdot g \cdot (h_o + h_u)} = 6 \text{ m/s} \quad \rightarrow \quad \text{Torricelli}$$

$$A_{u\,neu} = \frac{v_{o\,neu} \cdot A_o}{v_{u\,neu}} = 6{,}67 \cdot 10^{-3}\,\text{m}^2$$

Kontrollraum wird bewegt →

$$K = \beta \cdot \rho \cdot \left(v_u'\right)^2 \cdot A_u$$

$$v_u' = v_{u\,neu} - u \quad \text{ist maßgebend}$$

$$= 6 - 1 = 5 \text{ m/s}$$

$$K = 1{,}00 \cdot 1000 \cdot 5^2 \cdot 6{,}67 \cdot 10^{-3}$$

$$K = \underline{\underline{166{,}67\ \text{N}}}$$

Die Berechnung dieser Aufgabe führt bei Studierenden häufig zu dem Ergebnis K = 200 N. Dieses Ergebnis ist falsch. Der Fehler und die Korrektur desselben werden nachfolgend erläutert.

$$K = \beta \cdot \rho \cdot v_u' \cdot v_o \cdot A_o$$

$$v_{o\,neu} = 4 \text{ m/s}$$

$$v_u' = 5 \text{ m/s}$$

$$K = 1 \cdot 10^3 \cdot 5 \cdot 4 \cdot 0{,}01 = 200 \text{ N} \quad \text{ist falsch!}$$

Bei dem eben eingeschlagenen Rechenweg gehen zwei Geschwindigkeiten in eine Gleichung ein. v_u' beruht auf der Annahme eines bewegten Kontrollraumes während v_o auf der Grundlage eines unbewegten Kontrollraums bestimmt wurde. Dieser Lösungsweg ist falsch, da es sich dabei um eine Verletzung der Kontinuität handelt. Es kann (wie im Falle dieser Aufgabe) geschickt sein, einen beweglichen Kontrollraum zu wählen, dieser muss aber stets als raumfest (Form und Volumen konstant) betrachtet werden. Beim obigen Lösungsweg würde eine Stauchung des Kontrollraumes erfolgen.

Um bei diesem Vorgehen zum richtigen Ergebnis zu gelangen, muss also auch ein v_o' für den bewegten Kontrollraum mit Hilfe der Kontigleichung berechnet werden:

$$v_o' \cdot A_o = v_u' \cdot A_{u\,neu}$$

$$v_o' = \frac{5 \cdot 6{,}66 \cdot 10^{-3}}{0{,}01} = 3{,}3\overline{3} \text{ m/s}$$

$$K = 1 \cdot 10^3 \cdot 5 \cdot 3{,}3\overline{3} \cdot 0{,}01 = \underline{\underline{166{,}\overline{6} \text{ N}}}$$

Ausfluss aus Behälter, instationäre Betrachtung

Eben haben uns die Austrittsgeschwindigkeiten aus einem Behälter interessiert. Dabei sind wir davon ausgegangen, dass wir eine stationäre Konfiguration betrachten, dass also alles über die Zeit konstant genau so bleibt, wie es gerade ist. Bei dem Ausfluss aus einem Behälter ist es aber in der Regel ja so, dass er leer läuft und sich der Wasserstand im Behälter laufend ändert. Die Geschwindigkeiten von eben gelten also für den Augenblick des gerade beobachteten Wasserstandes. Wenn wir jetzt aber im Behälter den ganzen Prozess des Leerlaufens über die Zeit beobachten, z.B. um die Dauer des Leerlaufens zu ermitteln, ist Schluss mit lustig und wir sollten uns das noch mal ganz genau anschauen:

Aufgabe 18:

Ein Behälter mit dem Querschnitt A_1 ist bis zur Höhe h_1 mit Wasser gefüllt.

Vorgaben:

$h_1 = 4\,\text{m}$ $\qquad h_2 = 1\,\text{m}$

$\underbrace{A_1 = 100\,\text{m}^2}_{\text{Achtung: } A_1 \text{ geht nicht } \to \infty}$ $\qquad A_2 = 1\,\text{m}^2$

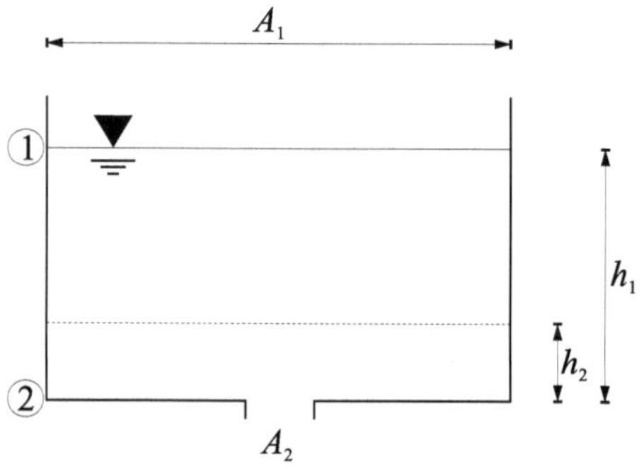

a)
In welcher Zeit entleert sich der Behälter bis zu einer Höhe h_2, wenn das Wasser durch den Ausflussquerschnitt A_2 abfließt ?

b)
Wie groß ist die Ausflusszeit bei Berücksichtigung eines Ausflussbeiwertes $\mu = 0{,}9$?

Skizze:

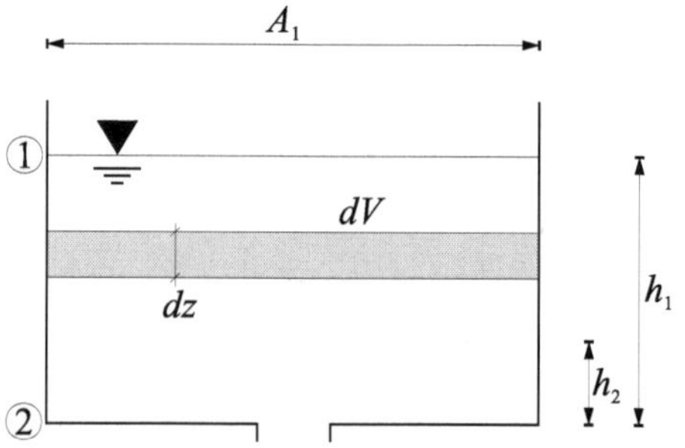

I. Kontinuitätsgleichung:

$$v_1 \cdot A_1 = v_2 \cdot A_2 \rightarrow v_1 = \frac{A_2}{A_1} \cdot v_2$$

II. Bernoulligleichung:

Die Terme der Druckhöhe sind identisch, da wir oben an der Wasseroberfläche im Behälter und am austretenden Strahl jeweils atmosphärischen Druck haben.

$$z_1 + \frac{p_1}{\rho \cdot g} + \alpha \frac{v_1^2}{2 \cdot g} = z_2 + \frac{p_2}{\rho \cdot g} + \alpha \frac{v_2^2}{2 \cdot g}$$

$$h + \qquad + \alpha \frac{v_1^2}{2 \cdot g} = \qquad + \alpha \frac{v_2^2}{2 \cdot g}$$

II in I:

$$h = \frac{v_2^2}{2 \cdot g} - \frac{\left(\frac{A_2}{A_1}\right)^2 \cdot v_2^2}{2 \cdot g} \qquad \Big| \cdot 2 \cdot g$$

$$2 \cdot g \cdot h = v_2^2 - \left(\frac{A_2}{A_1}\right)^2 \cdot v_2^2$$

$$v_2 = \sqrt{\frac{2 \cdot g \cdot h}{1 - \left(\frac{A_2}{A_1}\right)^2}}$$

?

Zeit berücksichtigen:

$$\rightarrow \quad v_1 = \frac{dh}{dt} = v_2 \cdot \frac{A_2}{A_1} = \left(\frac{A_2}{A_1}\right) \sqrt{\frac{2 \cdot g \cdot h}{1 - \left(\frac{A_2}{A_1}\right)^2}}$$

?!

Einfach h_1-h_2 einsetzen? Nein! v_1 ändert sich mit dem Wasserstand!

Zur besseren Übersicht setze $A_2 / A_1 = C$

$$\frac{dh}{dt} = C \cdot \sqrt{\frac{2g \cdot h}{1 - C^2}} = \sqrt{\frac{2g \cdot C^2}{1 - C^2}} \cdot \sqrt{h} = \sqrt{\frac{2g}{C^{-2} - 1}} \cdot \sqrt{h}$$

Trennung der Variablen:

$$\frac{1}{\sqrt{h}}\, dh = \sqrt{\frac{2 \cdot g}{C^{-2} - 1}}\, dt$$

Integration:

$$\int_0^h \frac{1}{\sqrt{h}}\, dh = \int_0^T \sqrt{\frac{2 \cdot g}{C^{-2} - 1}}\, dt$$

$$2 \cdot \sqrt{h}\,\Big|_{h_2}^{h_1} = \sqrt{\frac{2 \cdot g}{C^{-2} - 1}} \cdot t\,\Big|_0^T$$

$$2 \cdot \left(\sqrt{h_1} - \sqrt{h_2}\right) = \sqrt{\frac{2 \cdot g}{C^{-2} - 1}} \cdot T$$

Ergebnis:

$$T = \sqrt{\frac{C^{-2} - 1}{2g}} \cdot 2 \cdot \left(\sqrt{h_1} - \sqrt{h_2}\right)$$

$$C = \frac{A_2}{A_1} = \frac{1}{100}$$

Aufgabenteil a) $T = 44{,}7\ \mathrm{s} \approx 45\ \mathrm{s}$

Aufgabenteil b) $\frac{T}{\mu} = 45 \cdot \frac{1}{0{,}9} = \underline{\underline{50\ \mathrm{s}}}$

Thema 3
Rohrströmungen

Stichworte

Verluste hydraulisch nutzbarer Energie

- **konzentrierte Verluste**
- **streckenabhängige Verluste**
- **Manning-Strickler, Darcy-Weisbach, Moody-Diagramm**

Besonderheiten der Bernoulligleichung bei Rohrströmungen

- **Das Zeichnen von Druck- und Energielinien**
- **Pumpenterm, Wirkungsgrade**

Bemessung von Pumpen

- **Saughöhe, Förderhöhe, Förderstrom**
- **Reihenschaltung, Parallelschaltung**
- **Pumpenkennlinie, Rohrkennlinie, Betriebspunkt**

Rohrströmungen

Wozuseite

Rohrsystem Foto: BAW, J. Sengstock

Stand im letzten Kapitel die hydromechanische Betrachtung einzelner Bauteile im Mittelpunkt, konzentrieren wir uns jetzt auf das Rohr als Transportmedium für Fluide. Unter einer Rohrströmung wird ein volldurchströmter Querschnitt verstanden. Teilgefüllte Rohrquerschnitte, z.B. in der Abwasserkanalisation stellen eine Strömung mit freier Oberfläche dar und sind daher rechnerisch als Gerinneströmungen zu behandeln. In Rohrleitungen muss Erdöl teilweise über einige 1000 Kilometer transportiert werden. Trinkwasser wird teilweise über einige 100 Kilometer aus Wassergewinnungsgebieten in großstädtische Ballungszentren transportiert. Bei der Verteilung zum Endverbraucher wird letztendlich jeder mit einer Fülle von Rohrsystemen konfrontiert. Der Transport der Fluide über lange Distanzen ist mit einem hohen Energieaufwand verbunden, den die Betreiber solcher Anlagen minimieren wollen. Entscheidenden Einfluss auf diese Aspekte hat die Reibung des Fluids an der Innenwand des Rohres, die sogenannte Wandreibung. In Folge der Wandreibung tritt durch Wandlung in Wärmeenergie ein Verlust an strömungsmechanisch nutzbarer Energie auf. Die Höhe diese Verlustes steigt mit der Länge des Rohres. Wir sprechen daher von den streckenabhängigen Verlusten. Die große Bedeutung dieser Verlustart und die Vielzahl technischer Anwendungen von Rohrströmungen mit unterschiedlichsten transportierten Fluiden und je nach Zweck sehr verschiedenen Rohrmaterialien hat zu einer Vielzahl empirischer Zusammenhänge geführt, um die streckenabhängigen Verluste zu bestimmen. Daher werden einige mögliche Berechnungswege in diesem gesonderten Kapitel ausführlich erläutert.

Streckenabhängige Verluste
Grundlagen

Bei der Herleitung der **Bernoulligleichung** wurde bereits eine sogenannte **Verlusthöhe h_v** eingeführt. Diese umfasst zunächst pauschal alle Verluste an strömungsmechanisch nutzbarer Energie.

$$z_1 + \frac{p_1}{\rho \cdot g} + \alpha \cdot \frac{v_1^2}{2 \cdot g} + \frac{P_P}{g \cdot \dot{m}} = z_2 + \frac{p_2}{\rho \cdot g} + \alpha \cdot \frac{v_2^2}{2 \cdot g} + h_{\text{vges}}$$

Im Detail bedeutet h_v die Summe aus **Einzelverlusten h_{ve}** und **streckenabhängigen Verlusten h_{vs}**:

$$h_{\text{vges}} = h_{\text{ve}} + h_{\text{vs}}$$

Wie bereits erklärt, werden die Verluste über empirische Zusammenhänge bestimmt, die jeweils ein Vielfaches des Terms der Energiehöhe $v^2/2g$ darstellen. Die Berechnung der Einzelverluste wurde bereits vorgestellt. Nachfolgend wollen wir uns mit den streckenabhängigen Verlusten beschäftigen. Diese hängen von den Abmessungen des Rohres, dem Material des Rohres und dem sich im Rohr bewegenden Fluid ab. Eine Vielzahl von Wissenschaftlern (z.B. Darcy, Weisbach, Manning, Strickler, Chezy, ...) hat Gesetze zur Beschreibung dieser Zusammenhänge aufgestellt, die bei der Berechnung ein recht unterschiedliches Vorgehen erfordern, physikalisch aber alle den gleichen Ursprung haben.

- **Hydraulischer Radius**

Der hydraulische Radius r_{hy} lässt sich als Verhältnis von **Fließquerschnitt A** zum **benetzten Umfang U_{ben}** berechnen. (Im Text wird unter U meistens U_{ben} verstanden.)

$$r_{\text{hy}} = \frac{A}{U_{\text{ben}}}$$

- **Energieliniengefälle**

Das Energieliniengefälle ist gleich dem Quotienten aus streckenabhängigem Verlust und Länge des betrachteten Rohres:

$$I_E = \frac{h_{\text{vs}}}{L}$$

- **Darcy-Weisbach**

Ein weit verbreitetes Gesetz mit einer sehr anschaulichen Schreibweise ist das von Darcy-Weisbach:

$$h_{vs} = \lambda \cdot \frac{L}{d_{hy}} \cdot \frac{v^2}{2g}$$

Die Abhängigkeit zum Term der kinetischen Energie ist direkt ersichtlich. Wenn man eine Aussage über die streckenabhängigen, also die aus Wandreibung resultierenden Verluste treffen möchte, gehen im wesentlichen drei zentrale Aspekte in die Betrachtung ein:

- **die Abmessungen des Rohres**
- **die Beschaffenheit der Rohrwandung und**
- **die Eigenschaften des Fluids**

- **Die Rohrabmessungen**

Die Abmessungen gehen in den Term $L\ /\ d_{hy}$ ein. Die Aussage des **hydraulischen Durchmessers d_{hy}** ist äquivalent zu der des hydraulischen Radius r_{hy}. Die entsprechende Formel lautet:

$$d_{hy} = \frac{4 \cdot A}{U_{ben}}$$

Es lässt sich leicht nachvollziehen, dass bei einem Rohr im Fall eines **volldurchströmten Kreisquerschnittes $d_{hy} = d$ gilt:**

$$d_{hy} = \frac{4 \cdot A}{U} = \frac{4 \cdot \pi \cdot r^2}{2 \cdot \pi \cdot r} = 2 \cdot r = d$$

- **Das Fluid**

Die Eigenschaften der Strömung werden über eine sogenannte dimensionslose Kennzahl, die **Reynolds-Zahl** berücksichtigt:

$$\mathrm{Re} = \frac{v \cdot d_{hy}}{\nu_k}$$

Bei einer Reynolds-Zahl kleiner 2300 spricht man von einer **laminaren** Strömung, bei einer Reynolds-Zahl größer 2300 wird die Strömung als **turbulent** bezeichnet. Die Größe ν_k ist die **kinematische Zähigkeit** (= kinematische Viskosität) des Fluids. Es ist leicht einsichtig, dass zum Beispiel Honig andere Auswirkungen auf die Wandreibung haben wird, als Wasser. Zur Anschauung sind einige Werte der kinematischen Zähigkeit in der Formelsammlung aufgelistet. Unter Normalbedingungen beträgt die kinematische Zähigkeit von Wasser:

$$\nu_{kW} = 1 \cdot 10^{-6}\ \mathrm{m^2/s}$$

- **Die Rohrbeschaffenheit**

Ihr könnt euch leicht vorstellen, dass die Wandreibung unterschiedlich hoch ist, je nachdem ob ihr ein Glasrohr in der chemischen Industrie untersucht oder eine verkalkte Rohrleitung in eurer betagten Waschmaschine. Fleißige Wissenschaftler haben im Labor in hunderten Versuchen untersucht, mit Sandkörnern welchen Durchmessers man ein Modellrohr innen gleichmäßig bekleben müsste, um die gleichen Eigenschaften wie ein handelsübliches Rohr zu erzielen. Ihr könnt euch diese Versuche sparen, ihr findet in eurer Formelsammlung die **äquivalente Sandrauheit *k*** in Abhängigkeit des Rohrmaterials tabelliert. Sie selbst hat die Dimension einer Länge und findet über den dimensionslosen k/d_{hy} – Wert Eingang in die Berechnung:

$$k / d_{hy}$$

- **Reibungsbeiwert λ**

Mit diesen beiden dimensionslosen Kennzahlen Re und k/d_{hy} geht man in das sogenannte **Moody – Diagramm** und kann dort den **Reibungsbeiwert λ** nach **Colebrook-White** ablesen. Beispiele:

für $Re = 3{,}0 \cdot 10^4$ und $k / d_{hy} = 3{,}0 \cdot 10^{-3}$ beträgt $\lambda = 0.030$

für $Re = 8{,}0 \cdot 10^5$ und $k / d_{hy} = 2{,}0 \cdot 10^{-4}$ beträgt $\lambda = 0.015$

Zusammenfassend findet der nachfolgend skizzierte Berechnungsablauf statt:

- **Die Rohrabmessungen:** $L\,,\ d_{hy}$

$$\lambda \cdot \frac{L}{d_{hy}} \cdot \frac{v^2}{2g}$$

- **Das Fluid:** Re
- **Die Rohrbeschaffenheit:** $k\,/\,d_{hy}$

} λ aus Moody - Diagr.

Um dieses Vorgehen zu üben, werden nachfolgend einige Aufgaben vorgerechnet. Die Zahl von Aufgabentypen, die man in Prüfungen stellen kann, ist begrenzter als viele Studis denken. Meistens sind es von Jahr zu Jahr recht ähnliche Probleme. Damit es wenigstens ein wenig anders klingt, wird von den Assis viel Eifer in die Verpackung des Problems gesteckt. Eine weitere Falle sind wilde Vorgaben in Nicht-SI-Einheiten. Als Beispiel für diese „Verpackungskunst" findet ihr drei Aufgaben, die sehr verschieden „klingen". Um euch zu zeigen, dass es der beste Weg ist, cool zu bleiben und eisern seinen Weg durchzuziehen, findet ihr die folgende Tabelle. In ihr sind die drei fast gleichen Lösungswege für die scheinbar so verschiedenen Aufgaben gegenübergestellt. Vielleicht war also doch was dran, als Euer Assi über den schlechten Klausurausgang verärgert war, wo es doch genau das gleiche war wie jedes Jahr?

Aufgabe 19:

In einem Gusseisenrohr (k = 0,8 mm) mit dem Durchmesser d = 80 cm fließen je Sekunde 0,25 m³ Öl (ν = 0,00001 m²/s). **Wie groß ist die Verlusthöhe h_v** bei 1000 m Rohrlänge?

Aufgabe 20:

In einem genieteten Stahlrohr (k = 3 mm) vom Durchmesser d = 30 cm fließt Wasser mit einer Zähigkeit von $\nu = 1{,}13 \cdot 10^{-6}$ m²/s. **Wie hoch ist der Durchfluss Q**, wenn sich auf einer Rohrstrecke von 300 m eine Verlusthöhe von h_v = 6 m einstellt?

Aufgabe 21:

Ein Stahlrohr soll je Sekunde $\pi/2$ m³ Öl ($\nu = 10 \cdot 10^{-6}$ m²/s) fördern. **Wie groß muss der Durchmesser d des Rohres mindestens sein**, wenn bei mäßiger Verkrustung (k = 0,8 mm entsprechend) je 1 km Rohrlänge eine Verlusthöhe von h_v = 4 m nicht überschritten werden soll?

Aufgabe 19:

Vorgaben: alles sofort auf SI-Einheiten bringen

$\boldsymbol{h_v} = ?$ $\quad Q = 0.25\ m^3/s$

$L = 1000\ m$ $\quad \nu = 10 \cdot 10^{-6}\ m^2/s$

$d = 80\ cm = 0{,}8\ m$ $\quad k = 0{,}8\ mm = 8 \cdot 10^{-4}\ m$

***I.* Gleichung:**
Darcy-Weisbach

$$h_v = \lambda \cdot \frac{L}{d_{hy}} \cdot \frac{v^2}{2g}$$

h_v gesucht $\rightarrow$ Zusammenhang zwischen h_v und λ aufstellen

***II.* Hydraulischer Radius:**

$$r_{hy} = \frac{A}{U_{ben}} \quad \rightarrow d_{hy} = \frac{4 \cdot A}{U_{ben}} = \frac{4 \cdot \pi \cdot r^2}{2 \cdot \pi \cdot r} = 2 \cdot r = d$$

(nur bei Rohr mit voller Querschnittsfüllung)

***III.* Geschwindigkeit:**

$$v = \frac{Q}{A} = \frac{Q \quad \cdot 4}{\pi \cdot d^2} = 0{,}497\ \ m/s$$

***IV.* Reynolds-Zahl (dimensionslos):$\rightarrow$Strömungseigenschaften**

$$Re = \frac{v \cdot d_{hy}}{\nu} = \frac{0{,}497 \cdot 0{,}8}{10 \cdot 10^{-6}} = 3{,}98 \cdot 10^4$$

Aufgabe 20:

Vorgaben: alles sofort auf SI-Einheiten bringen

$h_v = 6\ m$ $\quad \boldsymbol{Q = ?}$

$L = 300\ m$ $\quad \nu = 1.13 \cdot 10^{-6}\ m^2/s$

$d = 30\ cm = 0.30\ m$ $\quad k = 3\ mm = 3 \cdot 10^{-3}\ m$

***I.* Gleichung:**
Darcy-Weisbach

$$h_v = \lambda \cdot \frac{L}{d_{hy}} \cdot \frac{v^2}{2g}$$

Q gesucht $\rightarrow$ Zusammenhang zwischen Q und λ aufstellen

***II.* Hydraulischer Radius:**

$$r_{hy} = \frac{A}{U_{ben}} \quad \rightarrow d_{hy} = \frac{4 \cdot A}{U_{ben}} = \frac{4 \cdot \pi \cdot r^2}{2 \cdot \pi \cdot r} = 2 \cdot r = d$$

(nur bei Rohr mit voller Querschnittsfüllung)

***III.* Geschwindigkeit:**

$$v = \frac{Q}{A} = \frac{Q \quad \cdot 4}{\pi \cdot d^2} = 14{,}15 \cdot Q$$

***IV.* Reynolds-Zahl (dimensionslos):$\rightarrow$Strömungseigenschaften**

$$Re = \frac{v \cdot d_{hy}}{\nu} = \frac{14{,}15 \cdot Q \cdot 0{,}3}{1{,}13 \cdot 10^{-6}} = 3{,}76 \cdot 10^6 \cdot Q$$

Aufgabe 21:

Vorgaben: alles sofort auf SI-Einheiten bringen

$h_v \leq 4\ m$ $\quad Q = \pi/2\ m^3/s$

$L = 1000\ m$ $\quad \nu = 10 \cdot 10^{-6}\ m^2/s$

$\boldsymbol{d = ?}$ $\quad k = 0{,}8\ mm = 8 \cdot 10^{-4}\ m$

***I.* Gleichung:**
Darcy-Weisbach

$$h_v = \lambda \cdot \frac{L}{d_{hy}} \cdot \frac{v^2}{2g}$$

d gesucht $\rightarrow$ Zusammenhang zwischen d und λ aufstellen

***II.* Hydraulischer Radius:**

$$r_{hy} = \frac{A}{U_{ben}} \quad \rightarrow d_{hy} = \frac{4 \cdot A}{U_{ben}} = d$$

(nur bei Rohr mit voller Querschnittsfüllung)

***III.* Geschwindigkeit:**

$$v = \frac{Q}{A} = \frac{\pi \quad \cdot 4}{2 \quad \cdot \pi \cdot d^2} = \frac{2}{d^2}$$

***IV.* Reynolds-Zahl (dimensionslos):$\rightarrow$Strömungseigenschaften**

$$Re = \frac{v \cdot d_{hy}}{\nu} = \frac{2 \cdot d}{d^2 \cdot 10 \cdot 10^{-6}} = 2 \cdot 10^5 \cdot \frac{1}{d}$$

***V.* Relative Sandrauheit(dimensionslos):**
→ Wandungseigenschaften

$$k/d_{hy} = \frac{8\cdot 10^{-4}}{0{,}8} = 1\cdot 10^{-3}$$

***VI.* Einsetzen:**

$$h_v = \lambda \cdot \frac{1000}{0{,}8} \cdot \frac{0{,}497^2}{2\cdot g} \rightarrow h_v = \lambda \cdot 15{,}438$$

***VII.* Moody / Iteration:**

Nicht erforderlich, da alle Größen bekannt, um λ direkt aus dem Moody-Diagramm (siehe Formelsammlung) abzulesen:
$\lambda \approx 0{,}025$

***VIII.* Ergebnis:**

$$h_v = 0{,}025 \cdot 15{,}438 = \underline{\underline{0{,}386\ \text{m}}}$$

***V.* Relative Sandrauheit(dimensionslos):**
→ Wandungseigenschaften

$$k/d_{hy} = \frac{3\cdot 10^{-3}}{0{,}3} = 1\cdot 10^{-2}$$

***VI.* Einsetzen:**

$$6 = \lambda \cdot \frac{300}{0{,}3} \cdot \frac{14{,}15^2 \cdot Q^2}{2\cdot g} \rightarrow Q^2 = \frac{1}{\lambda} \cdot 5{,}99\cdot 10^{-4}$$

***VII.* Moody / Iteration:**

		Iterat. 1	Iterat. 2
λ	0,01 Start	0,038	---
→ *Q*	0,245 m^3/s	**0,126 m^3/s**	---
Re	$9{,}20\cdot 10^5$	$4{,}72\cdot 10^5$	---
k/d	$1{,}00\cdot 10^{-2}$	$1{,}00\cdot 10^{-2}$	---
Moody	0,038	0,038	Konverg.

***VIII.* Ergebnis:**

$$Q = \sqrt{\frac{1}{0{,}038} \cdot 5{,}99\cdot 10^{-4}} = \underline{\underline{0{,}1256\ \ \text{m}^3/\text{s}}}$$

***V.* Relative Sandrauheit(dimensionslos):**
→ Wandungseigenschaften

$$k/d_{hy} = \frac{8\cdot 10^{-4}}{d} = 8\cdot 10^{-4} \cdot \frac{1}{d}$$

***VI.* Einsetzen:**

$$4 = \lambda \cdot \frac{1000}{d} \cdot \frac{4}{d^4 \cdot 2\cdot g} \rightarrow d^5 = \lambda \cdot 50$$

***VII.* Moody / Iteration:**

		Iterat. 1	Iterat. 2
λ	0,01 Start	0,02	---
→ *d*	0,870 m	**1,00 m**	---
Re	$2{,}30\cdot 10^5$	$2{,}00\cdot 10^5$	---
k/d	$9{,}20\cdot 10^{-4}$	$8{,}10\cdot 10^{-4}$	---
Moody	0,020	0,020	Konverg.

***VIII.* Ergebnis:**

$$d^5 = 0{,}02 \cdot 50 \rightarrow d = \underline{\underline{1{,}00\,\text{m}}}$$

Der 8-Punkte-Darcy-Weisbach-Plan

Wenn alle Wege ausweglos scheinen, fangen Politiker meistens an, "n-Punkte-Plänen" zu verfassen. Egal ob es nun ein 5-Punkte-Plan zur Steuersenkung, ein 7-Punkte-Punkte-Plan zur Reform des Gesundheitswesens oder wie wäre es mit einem 10-Punkte-Plan zur Reaktion auf die Pisa-Studie. Bei der Berechnung streckenabhängiger Verluste haben viele von euch absolut keinen Plan und deswegen gibt es jetzt den 8-Punkte-Darcy-Weisbach-Plan. Vorteil gegenüber allen anderen Plänen: er funktioniert.

Am letzten Übungstermin habt ihr ja schon bei den Aufgaben 19, 20 und 21 sehen können, dass die Berechnung streckenabhängiger Verluste immer nach dem gleichen Schema abläuft. Kritisch in der Klausur wird es aber bei vielen von euch, wenn diese Berechnung in eine viel komplexere Aufgabe eingebettet ist. Dann wird erst mal wild gerechnet, dann fehlt plötzlich ein λ, her mit dem Moody-Diagramm, dann kennt man die Reynolds-Zahl nicht und oh weh, wo ist denn der Durchfluss... Das Ergebnis steht dann meistens nirgendwo mehr und endet in Kraut und Rüben. Deswegen nachfolgend der 8-Punkte-Darcy-Weisbach-Plan. Sobald ihr merkt, dass ihr irgendwie einen streckenabhängigen Verlust einbeziehen müsst, dann stoppt eure "Hauptrechnung" und hakt als "Nebenrechnung" die folgenden 8 Punkte ab, deren Reihenfolge ist gut überlegt und in Bezug auf zu erreichende Klausurpunkte ist es für euch ein wirtschaftlicher Weg, a) weil es dann richtig ist und b) weil der Korrektor durch die Ordnung auf den Zetteln wohl gestimmt wird. Die folgenden Punkte kommen in diesem Buch bei allen Aufgaben mit Darcy-Weisbach-Gesetz vor und sind durch kursive römische Zahlen erkennbar:

I.	Gleichungen	Hinschreiben der verwendeten Gleichung (bringt oft auch schon einen Punkt ☺)
II.	hydraulischer Radius	Berechnung des hydraulischen Radius
III.	Geschwindigkeit	Aufstellen einer Funktion für Geschwindigkeit in Abhängigkeit der Vorgaben
IV.	Strömungseigenschaften	Berechnung der Reynoldszahl
V.	Wandungseigenschaften	Berechnung der äquivalenten Sandrauheit
VI.	Einsetzen	Einsetzen der Gleichungen I – V ineinander
VII.	Moody / Iteration	Ablesen des λ-Wertes aus dem Moody-Diagramm, gegebenenfalls iterativ
VIII.	Ergebnis	Ausrechnen des streckenabhängigen Verlustes h_{vs} als Eingangsgröße für Bernoulli-Gleichung

Aufgabe 22:

Vor einigen Jahren ist bei Amrum der Frachter "Pallas" gestrandet. Zum Schutz der Umwelt muss das Restöl aus dem Tank des Schiffes auf eine benachbarte Hubinsel gepumpt werden.

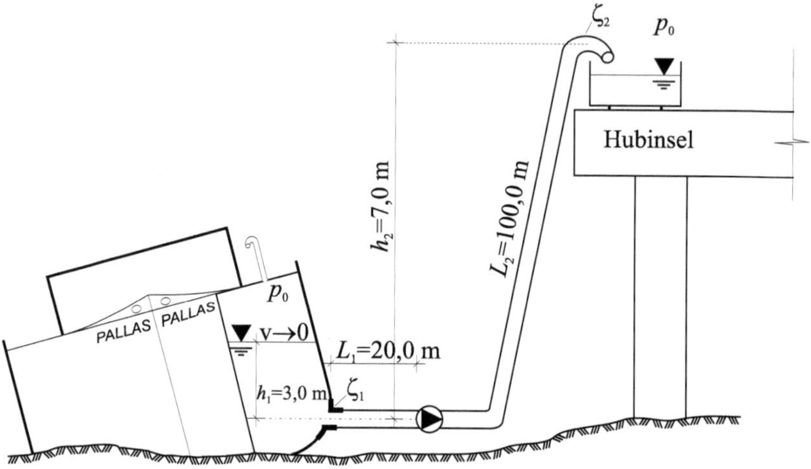

Vorgaben:

$\rho = 800$	kg/m^3	$L_1 = 20$	m	$\eta_P = 0{,}8$
$\nu = 2{,}6 \cdot 10^{-6}$	m^2/s	$L_2 = 100$	m	
$\alpha = \beta = 1{,}0$		$k = 0{,}1$	mm	
$d_{Rohr} = 25$	cm	$\zeta_1 = \zeta_2 = 1{,}0$		
$g = 10$	m/s^2	$p_0 = 100000$ Pa		

a)
Taucher haben in den Rumpf des Schiffes ein Loch gebohrt, einen Einlaufstutzen angeschweißt und die skizzierte Rohrleitung verlegt. Die Meteorologen sagen einen Tag schönes Wetter vorher. Die 12960 m^3 Restöl müssen also in höchstens 24 h abgepumpt werden. Berechne für die abgebildete Rohrkonstruktion und den aus den obigen Angaben resultierenden Durchfluss die gesamte Verlusthöhe. Rechne zur Vereinfachung so, als ob der Durchfluss konstant wäre.

b)
Ein Hubschrauber soll eine Pumpe am Unglücksort abseilen. Welche Leistungsaufnahme muss die Pumpe (Wirkungsgrad η_P) mindestens haben?

c)
Berechne den Überdruck im Rohr unmittelbar vor und unmittelbar hinter der Pumpe für den gegebenen Durchfluss.

zu a)

Vorgaben: siehe Aufgabenstellung

***I.* Gleichungen:**

$$L = 20 + 100 = 120 \text{ m}$$

$$\sum \zeta = 2{,}0$$

$$h_{\text{vges}} = \left(\underbrace{\lambda \cdot \frac{l}{d_{\text{hy}}}}_{\substack{\text{Darcy–Weisbach} \\ \text{Gleichung} \rightarrow \\ \text{streckenabh. Verluste}}} + \underbrace{\sum \zeta}_{\text{konz. Verluste}} \right) \cdot \frac{v^2}{2g}$$

***II.* hydraulischer Durchmesser:**

$$d_{\text{hy}} = d = 0{,}25 \text{ m}$$

***III.* Geschwindigkeit:**

$$Q = \frac{12960}{86400} = 0{,}15 \frac{\text{m}^3}{\text{s}}$$

$$A = \pi \cdot r^2 = \pi \cdot 0{,}125^2 \text{ m}^2$$

$$v = \frac{Q}{A} = 3{,}06 \frac{\text{m}}{\text{s}}$$

$$\dot{m} = Q \cdot \rho = 0{,}15 \cdot 800 = 120 \frac{\text{kg}}{\text{s}}$$

***IV.* Strömungseigenschaften:**

$$\text{Re} = \frac{v \cdot d}{\nu} = \frac{3{,}06 \cdot 0{,}25}{2{,}6 \cdot 10^{-6}} = 2{,}94 \cdot 10^5$$

***V.* Wandungseigenschaften:**

$$\frac{k}{d_{\text{hy}}} = \frac{0{,}10 \cdot 10^{-3}}{0{,}25} = 4 \cdot 10^{-4}$$

VI. **Einsetzen:**

$$h_{\text{vges}} = \left(\lambda \cdot \frac{120}{0,25} + 2 \right) \cdot \frac{3,06^2}{20}$$

VII. **Moody / Iteration:**

Iteration nicht erforderlich, da alle Größen zum Ablesen im Moody-Diagramm bekannt sind.

$$\lambda = 0,018$$

VIII. **Ergebnis:**

$$h_{\text{vges}} = \underline{\underline{4,98\ \text{m}}}$$

zu b)

Leistungsaufnahme der Pumpe:

$$z_{\text{Schiff}} + \frac{p_{\text{Schiff}}}{\rho g} + \frac{v_{\text{Schiff}}^2}{2g} + \frac{P_{\text{P}}}{g \cdot \dot{m}} = z_{\text{Insel}} + \frac{p_{\text{Insel}}}{\rho g} + \frac{v_{\text{Insel}}^2}{2g} + h_{\text{v}}$$

$$3 + \frac{P_{\text{P}}}{g \cdot \dot{m}} = 7 + \frac{3{,}06^2}{20} + 4{,}98$$

$$\frac{P_{\text{P}}}{g \cdot \dot{m}} = 9{,}45 \text{ m}$$

$$P = 9{,}45 \cdot 10 \cdot 120$$

$$= 11340 \text{ W}$$

$$P_{\text{P}} = \frac{P}{\eta} = \frac{11340}{0{,}8} = \underline{\underline{14175 \text{ W}}}$$

zu c)

Überdrücke an der Pumpe:

$$z_{\text{Schiff}} + \frac{p_{\text{Schiff}}}{\rho g} + \frac{v_{\text{Schiff}}^2}{2g} = z_{\text{vor Pumpe}} + \frac{p_{\text{vor Pumpe}}}{\rho g} + \frac{v_{\text{vor Pumpe}}^2}{2g} + h_{\text{v}}$$

$$h_{\text{v}} = \left(0{,}018 \cdot \frac{20}{0{,}25} + 1\right) \cdot \frac{3{,}06^2}{20} = 1{,}14 \text{ m}$$

$$3 = \frac{p_{ü}}{\rho g} + \frac{3{,}06^2}{20} + 1{,}14$$

$$\rightarrow p_{\text{ü vor Pumpe}} = \underline{\underline{11134{,}56 \text{ Pa}}}$$

$$\frac{p_{\text{ü vor Pumpe}}}{\rho g} + \frac{P_{\text{P}}}{g \cdot \dot{m}} = \frac{p_{\text{ü hinter Pumpe}}}{\rho g}$$

$$\left(\frac{11134{,}56}{800 \cdot 10} + 9{,}45\right) \cdot 800 \cdot 10 = p_{\text{ü hinter Pumpe}}$$

$$p_{\text{ü hinter Pumpe}} = \underline{\underline{86734{,}56 \text{ Pa}}}$$

Aufgabe 23:

In einer Raffinerie soll zur Verbindung von zwei Anlagen eine kleine Öl-Pipeline mit einem Kreisdurchmesser von $d = 200$ mm gebaut werden:

Draufsicht:

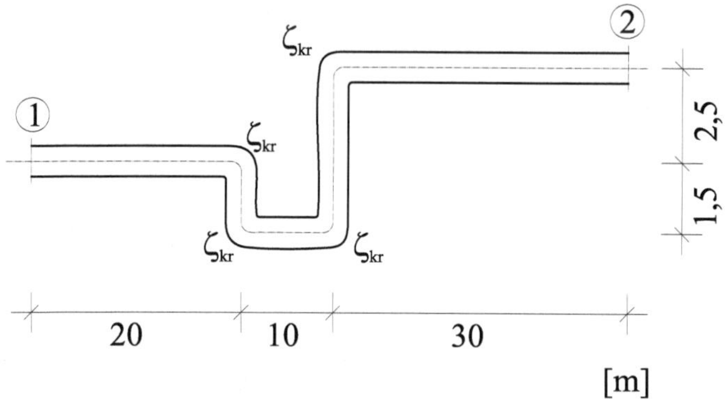

Vorgaben:

$\rho = 860$	kg/m^3	
$p_1 = 2{,}9 \cdot 10^5$	N/m^2	
$p_2 = 2{,}5 \cdot 10^5$	N/m^2	
$g = 10$	m/s^2	$\zeta_{Kr} = 1{,}0$
$\nu = 8 \cdot 10^{-6}$	m^2/s	$\alpha = 1{,}0$
$k = 0{,}2$	mm	$\lambda_{Start} = 0{,}018$

a)
Ermittelt bitte den Volumenstrom Q unter Berücksichtigung von streckenabhängigen und konzentrierten Verlusten!

b)
Wie groß ist die Wandschubspannung und die resultierende Schubkraft pro Meter Rohr?

a)

I. **Gleichungen:**

$$L = 20 + 10 + 30 + 2 \cdot 1{,}5 + 2{,}5 = 65{,}5 \text{ m}$$

$$\sum \zeta = 4{,}0$$

$$h_{\text{vges}} = \left(\underbrace{\lambda \cdot \frac{l}{d_{\text{hy}}}}_{\substack{\text{Darcy–Weisbach} \\ \text{Gleichung} \rightarrow \\ \text{streckenabh. Verluste}}} + \underbrace{\sum \zeta}_{\text{konz. Verluste}} \right) \cdot \frac{\text{v}^2}{2g}$$

II. **hydraulischer Durchmesser:**

$$d_{\text{hy}} = d = 0{,}20 \text{ m}$$

III. **Geschwindigkeit:**

$$\text{v} = \frac{Q}{A} = \frac{Q \cdot 4}{\pi \cdot d^2} = 31{,}83 \cdot Q$$

IV. **Strömungseigenschaften**:

$$\text{Re} = \frac{\text{v} \cdot d_{\text{hy}}}{\nu} = \frac{4 \cdot Q}{\pi \cdot d_{\text{hy}} \cdot \nu} = \frac{4 \cdot Q}{\pi \cdot 0{,}2 \cdot 8 \cdot 10^{-6}}$$

$$\approx 8 \cdot 10^5 \cdot Q$$

V. **Wandungseigenschaften**:

$$\frac{k}{d_{\text{hy}}} = \frac{0{,}2}{200} = 1 \cdot 10^{-3}$$

VI. **Einsetzen:**

$$h_{\text{vges}} = \left(\lambda \frac{65{,}5}{0{,}2} + 4 \right) \cdot \frac{(31{,}831 \cdot \text{Q})^2}{2g}$$

?

Nach Einsetzen des Startwertes für λ erhalte ich eine unlösbare Gleichung mit zwei Unbekannten.

!

An dieser Stelle wird von Anfängern in Prüfungen die Rechnung häufig abgebrochen. Die Studierenden betrachten häufig die Verlustgesetze wie das von Darcy-Weisbach völlig isoliert. Die berechnete Verlusthöhe ist aber ein Bestandteil des Verlustterms der Bernoulligleichung. Um ein lösbares System mit zwei Gleichungen und zwei Unbekannten zu erhalten, muss also nur die Bernoulli-Gleichung aufgestellt werden. Durch Einsetzen erhält man sofort eine lösbare Gleichung mit einer Unbekannten.

unlösbar → 2.Gleichung: Bernoulli-Gleichung

$$z_1 + \frac{v_1^2}{2g} + \frac{p_1}{\rho \cdot g} + \frac{P_P}{g \cdot \dot{m}} = z_2 + \frac{v_2^2}{2g} + \frac{p_2}{\rho \cdot g} + h_{vges}$$

Annahme:

$$z_1 = z_2 \quad \text{da Draufsicht}$$

$$v_1 = v_2 \quad \text{da} \quad d_1 = d_2$$

$$\frac{P_P}{g \cdot \dot{m}} = 0$$

Übrig bleibt:

$$\frac{p_1 - p_2}{\rho \cdot g} = h_{vges}$$

$$\frac{p_1 - p_2}{\rho \cdot g} = \left(\lambda \frac{65{,}5}{0{,}2} + 4 \right) \cdot \frac{(31{,}831 \cdot Q)^2}{2g}$$

$$\frac{0{,}4 \cdot 10^5}{860} = (\lambda \cdot 327{,}5 + 4) \cdot \frac{1013{,}21 \cdot Q^2}{2}$$

$$Q = \frac{0{,}303}{\sqrt{\lambda \cdot 327{,}5 + 4}}$$

***IIV.* Moody / Iteration:**

		Iteration 1	**Iteration 2**
λ	0,018 (Startwert)	0,023	---
$\rightarrow$ ***Q***	0,10 m³/s	**0,089 m³/s**	---
Re	$8{,}00 \cdot 10^4$	$0{,}72 \cdot 10^4$	---
k/d	$1{,}00 \cdot 10^{-3}$	$1{,}00 \cdot 10^{-3}$	---
$\rightarrow$ ***Moody*** $\rightarrow$	0,023	0,023	Konvergenz

VIII. **Ergebnis:**

$$Q = \frac{0{,}303}{\sqrt{0{,}023 \cdot 327{,}5 + 4}} = \underline{\underline{0{,}089\ \frac{\text{m}^3}{\text{s}}}}$$

zu b)

Berechnung der Schubspannung bzw. der Schubkraft pro Meter Rohr

Grundlagen

Durch die Wandreibung wird eine Kraft auf die Oberfläche des durchströmten Objektes ausgeübt. Wir geben sie als Schubspannung an. Wenn wir diese Schubspannung mit dem benetzten Umfang multiplizieren, resultiert die Schubkraft pro laufendem Meter des durchströmten Objektes.

$$\tau_0 = \frac{\rho \cdot g}{L} \cdot \frac{A}{U_{\text{ben}}} \cdot h_{\text{vs}}$$

$$A = \frac{\pi \cdot d^2}{4} = 0{,}0314\ \text{m}^2$$

$$U_{\text{ben}} = \pi \cdot d = 0{,}6283\ \text{m}$$

$$\tau_0 = \frac{\rho \cdot g}{L} \cdot \frac{A}{U} \cdot \lambda \cdot \frac{L}{d_{\text{hy}}} \cdot \frac{\text{v}^2}{2g}$$

$$= \frac{\rho \cdot A \cdot \lambda \cdot \text{v}^2}{U \cdot d \cdot 2} = \frac{\rho \cdot \lambda \cdot \text{Q}^2}{U \cdot d \cdot 2 \cdot A}$$

Schubspannung: $$\tau_0 = \frac{860 \cdot 0{,}023 \cdot 0{,}089^2}{0{,}6283 \cdot 0{,}2 \cdot 2 \cdot 0{,}0314} = \underline{\underline{19{,}85\ \text{N/m}^2}}$$

Schubkraft: $$T = \tau_0 \cdot U = 19{,}85 \cdot \pi \cdot 0{,}2 = \underline{\underline{12{,}48\ \text{N/m}}}$$

Zeichnen von Druck- und Energielinien

Um das Verhältnis der einzelnen Terme der Bernoulligleichung zueinander besser zu veranschaulichen, kann es hilfreich sein, die berechneten Druck- und Energiehöhen parallel zur Rohrachse in Form sogenannter Druck- und Energielinien aufzutragen. Dazu muss für alle signifikanten Punkte jeweils die Höhe jedes einzelnen Terms der Bernoulligleichung berechnet werden. In den meisten Fällen ist jedoch eine qualitative Betrachtung schon ausreichend. Mit den nachfolgenden Grundsätzen kann man schnell die Verläufe der Druck- und Energielinie qualitativ skizzieren:

- Betrachtung in Fließrichtung
- Trage zur Orientierung ein Bezugsniveau auf
- Die Geschwindigkeitshöhe ist der Abstand der Druck- und Energielinie
- Konzentrierte Verluste, wie Ein- und Ausläufe, Rohrkrümmer, Reduzierstücke: negativer Sprung von Energie- und Drucklinie
- Pumpen: Positiver Sprung von Druck- und Energielinie
- Turbine: negativer Sprung von Druck- und Energielinie
- Wenn streckenabhängige Verluste berücksichtigt werden sollen: gleiche, lineare Abnahme von Druck- und Energielinie (wenn Querschnittsfläche konstant)
- Änderung der Querschnittsfläche:
  Verengung: konstante Energielinie, abnehmende Drucklinie
  Aufweitung: konstante Energielinie, zunehmende Drucklinie

!

Der Sachverhalt „Es wird enger und der Druck nimmt ab" ist für Anfänger oft schwer einsichtig, aber ganz einfach zu erklären. Die Massenerhaltung erzwingt bei einer Verengung, also Abnahme des Fließquerschnitts, eine Zunahme der Fließgeschwindigkeit. Betrachten wir jetzt die Bernoulligleichung, ist das Bezugsniveau konstant und die Geschwindigkeitshöhe steigt. Neben der Massenerhaltung muss aber auch die Energieerhaltung gewährleistet sein. Die Energiehöhe, die Summe aus Bezugsniveau, Geschwindigkeitshöhe und Druckhöhe ist also im Verlauf der Verengung ebenfalls konstant. Demzufolge muss die Druckhöhe und damit der Druck sinken. Der Funktionsverlauf der Abnahme ist abhängig von der Änderung der Funktion des Rohrdurchmessers in Fließrichtung. Aus einer linearen Abnahme des Durchmessers resultiert bereits eine Abnahme der Druckhöhe in Form einer Parabel 4.Ordnung:

$$A = \frac{\pi \cdot d^2}{4} \qquad E = z + \frac{p}{\rho \cdot g} + \frac{\mathrm{v}^2}{2g}$$

$$\mathrm{v} = \frac{Q}{A} = \frac{4Q}{\pi \cdot d^2} \qquad \rightarrow E = f\left(\frac{1}{d^4}\right)$$

Aufgabe 24:

Durch die dargestellte horizontal liegende Rohrverengung wird mit einer Pumpe, die von einem Elektromotor betrieben wird und deren elektrische Leistungsaufnahme N_P beträgt, Wasser gefördert. Als Wirkungsgrad ist für den Elektromotor $\eta_M = 0{,}80$ und für die Pumpe $\eta_p = 0{,}75$ anzusetzen. Stelle die Energie- und Drucklinie dar (Streckenabhängige Verluste im Rohr sind in der Auftragung zu vernachlässigen).

Vorgabe:

$N_P = 1200$ W

$A_1 = 0{,}005$ m²

$p_1 = 0{,}6\ 10^5$ N/m²

$A_2 = 0{,}0025$ m²

$v_2 = 12$ m/s

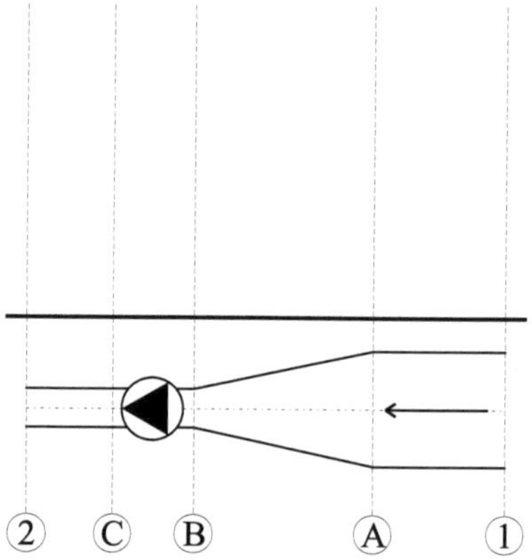

Exakte Bestimmung der Druck- und Energielinie:

Berechnung der Druckhöhen:

$$p_1 = 0{,}6 \cdot 10^5 \frac{\text{N}}{\text{m}^2}$$

$$\frac{p_1}{\rho \cdot g} = \frac{0{,}6 \cdot 10^5}{1000 \cdot 10} = \underline{\underline{6\ \text{m}}}$$

Berechnung der Geschwindigkeitshöhen:

$$v_1 = \frac{A_2 \cdot v_2}{A_1} = \frac{0{,}0025}{0{,}005} \cdot 12 = 6\ \text{m/s}$$

$$\frac{v_1^2}{2g} = \frac{36}{20} = \underline{\underline{1{,}8\ \text{m}}}$$

$$\frac{v_2^2}{2g} = \frac{144}{20} = \underline{\underline{7{,}2\ \text{m}}}$$

Berechnung der Verlusthöhen:

Einzelverluste: entfallen, da keine vorhanden

streckenabhängige Verluste: nach Aufgabentext nicht zu berücksichtigen

Berechnung der Pumpenhöhe:

$$P_P = P_M \cdot \eta_M \cdot \eta_P = 1200 \cdot 0{,}8 \cdot 0{,}75 = 720 \text{ W}$$

$$1 \text{ W} = 1 \frac{\text{N m}}{\text{s}} = 1 \frac{\text{kg m}^2}{\text{s}^3}$$

$$\frac{P_P}{g \cdot \dot{m}} = \frac{P}{g \cdot \rho \cdot A_2 \cdot v_2} = \frac{720}{10 \cdot 1000 \cdot 0{,}0025 \cdot 12} = \underline{\underline{2{,}4 \text{ m}}}$$

Berechnung der Energiehöhen:

$$E_1 = 6 + 1{,}8 \text{ m} = \underline{\underline{7{,}8 \text{ m}}} = E_A = E_B$$

$$E_C = E_B + \frac{P_P}{g \cdot \dot{m}} = 7{,}8 + 2{,}4 = \underline{\underline{10{,}2 \text{ m}}} = E_2$$

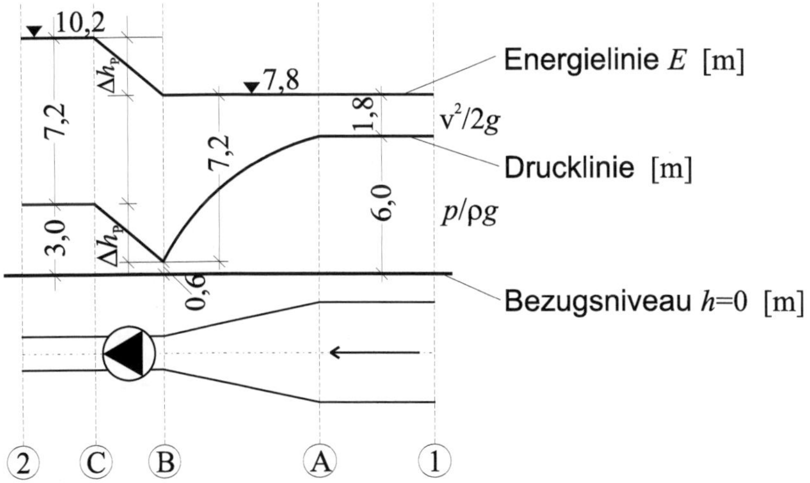

Pumpen
Grundlagen

Unter Pumpen verstehen wir Geräte, die zur Förderung eines Fluids eingesetzt werden. Sie führen dem Fluid Energie zu und wir unterscheiden den Bereich vor dem Einlauf der Pumpe, den sogenannten Saugbereich und den Bereich jenseits des Auslaufs, den Druckbereich.

Die Höhendifferenz, über die eine Pumpe eine Flüssigkeit ansaugen kann (die **Saughöhe**), wird durch die Stoffeigenschaften des Fluids stark begrenzt. Von der Pumpe reicht ein Saugrohr in einen tiefer liegenden Behälter mit dem zu fördernden Fluid. Vor Inbetriebnahme der Pumpe könnt Ihr Euch einen Zustand vorstellen, vergleichbar unserer allerersten Aufgabe in diesem Buch, in welcher wir ein U-Rohr untersucht haben. Gemäß dem Prinzip der kommunizierenden Röhren steht das Fluid im Saugrohr natürlich genau so hoch wie im umgebenden Behälter. Wird die Pumpe jetzt in Betrieb gesetzt, resultiert am Einlauf der Pumpe ein Unterdruck und der Luftdruck ist in der Lage, das Fluid in das Saugrohr hineinzuschieben. Je höher das Saugrohr über den Flüssigkeitsspiegel im Behälter hinausragt, umso länger wird auch die Flüssigkeitssäule im Saugrohr und desto höher wird dementsprechend auch der Druck am unteren Ende des Saugrohrs. Wenn dieser Druck den atmospärischen Druck erreicht oder überschreitet, ist der Außendruck nicht mehr im Stande, das Fluid in das Saugrohr hineinzuschieben und das Fluid im Saugrohr "reißt" bildlich ab. In einfachster Form können wir diese maximale Saughöhe mit der folgenden Form der Bernoulli-Gleichung abschätzen:

$$z_{\text{Saugrohreinlauf}} + \frac{p_{\text{Saugrohreinlauf}}}{\rho \cdot g} = z_{\text{Pumpe}} + \frac{p_{\text{Pumpe}}}{\rho \cdot g}$$

$$z_{\text{Pumpe}} - z_{\text{Saugrohreinlauf}} = \frac{p_{\text{Saugrohreinlauf}} - p_{\text{Pumpe}}}{\rho \cdot g}$$

$$z_{\text{Pumpe}} - z_{\text{Saugrohreinlauf}} = \frac{101325 - 0}{998{,}21 \cdot 9{,}81}$$

$$z_{\text{Pumpe}} - z_{\text{Saugrohreinlauf}} = \underline{\underline{10{,}35\ \text{m}}}$$

Aber vollständig ist die Erklärung so leider noch lange nicht. Schon vorher lauert eine für einen Einsteiger in die Thematik nicht sofort zu erkennende Gefahr, die zur vollständigen Zerstörung der Pumpe führen kann. Je größer die Saughöhe wird, umso stärker ist der Unterdruck an der Grenzfläche Fluid/Pumpeneinlauf. Irgendwann ist der Druck so gering, das dort der sogenannte Dampfdruck des Fluids unterschritten wird. Dann beginnt das Fluid vom flüssigen Zustand in die Gasphase überzutreten und es bilden sich Dampfblasen. Steigt der Druck wieder leicht an, kondensiert das Fluid, die Blasen implodieren und das Wasser prallt mit unvorstellbarer Geschwindigkeit auf die Bauteile der Pumpe. Die Oberfläche selbst hochwertigster Werkstoffe platzt dabei ab. Dieses in der Technik gefürchtete Phänomen heißt **Kavitation**. Man kann also im Saugrohr den Luftdruck nicht voll ausnutzen, sondern das theoretische Maximum der Saughöhe resultiert somit aus der Differenz zwischen dem Luftdruck und dem Dampfdruck. Unter Normalbedingungen beträgt der Dampfdruck p_D von Wasser 2337 Pa.

$$z_{\text{Saugrohreinlauf}} + \frac{p_{\text{Saugrohreinlauf}}}{\rho \cdot g} = z_{\text{Pumpe}} + \frac{p_{\text{Pumpe}} + p_D}{\rho \cdot g}$$

$$z_{\text{Pumpe}} - z_{\text{Saugrohreinlauf}} = \frac{p_{\text{Saugrohreinlauf}} - p_{\text{Pumpe}} - p_D}{\rho \cdot g}$$

$$z_{\text{Pumpe}} - z_{\text{Saugrohreinlauf}} = \frac{101325 - 0 - 2337}{998{,}21 \cdot 9{,}81}$$

$$z_{\text{Pumpe}} - z_{\text{Saugrohreinlauf}} = \underline{\underline{10{,}11 \text{ m}}}$$

Doch auch diesen Wert müssen wir weiter nach unten korrigieren. Wie oben schon gesagt, wird das Fluid über ein Saugrohr bis unmittelbar an die Pumpe herangeführt. Am Saugrohr treten Einzelverluste (z.B. Einlauf) und bedingt durch die Wandreibung streckenabhängige Verluste auf, die ihr über die Verlusthöhe h_v berücksichtigen könnt. Die Größe dieser Verluste hängt natürlich ganz individuell vom betrachteten System ab.

$$z_{\text{Pumpe}} - z_{\text{Saugrohreinlauf}} = 10{,}11 \text{ m} - h_v$$

Die klassischen Kolbenpumpen, zu denen in einfachster Form die Handpumpe (von Oma manchmal auch "Schwengelpumpe" genannt) bei euch im Garten zählt, können in sehr guter Ausführung ziemlich nah an diese theoretischen Saughöhen heranreichen. Durch das Bewegen des Kolbens im Zylinder wird im hydrostatischen Sinne ein Unterdruck aufgebaut. Wie beim Aufziehen einer Spritze beim Arzt, reißt die Wassersäule bei einer guten Pumpe beim Stehenbleiben des Kolbens nicht ab. Beeinflusst wird die erreichbare Saughöhe in diesem Fall nur noch durch die Dichtigkeit, mit welcher der Kolben am Zylinder abschließt, aber eben gerade noch beweglich bleibt. Im Idealfall können mit Kolbenpumpen Saughöhen bis zu 9 m erreicht werden. Der Nachteil von Kolbenpumpen ist der geringe Förderstrom (Durchfluss).

Bei anderen Pumpen, z.B. den weit verbreiteten Kreiselpumpen wird der Unterdruck hydrodynamisch durch die Rotation eines profilierten Laufrades im Innern der Pumpe erzeugt. In einem solchen Fall ist es schnell einsichtig, dass der minimale Druck nicht zwangsläufig direkt am Einlauf des Pumpenkörpers liegt. Durch alle Faktoren, die die Hydrodynamik und damit das Druckfeld im Innern der Pumpe beeinflussen, wie die Geometrie des Pumpengehäuses, die Lage der Pumpe und das Profil des Laufrades, verschiebt sich das Minimum des Druckes in die Pumpe hinein. Die dadurch bedingte Druckdifferenz wird **Haltedruck** einer Pumpe genannt. Die **Haltedruckhöhe** h_H müssen wir von unseren oben bereits bestimmten Saughöhen auch noch abziehen.

$$z_{\text{Pumpe}} - z_{\text{Saugrohreinlauf}} = 10{,}11 \text{ m} - h_v - h_H$$

Oder ganz allgemein:

$$z_{\text{Pumpe}} - z_{\text{Saugrohreinlauf}} = \frac{p_{\text{Saugrohreinlauf}} - p_D}{\rho \cdot g} - h_{\text{v}} - h_{\text{H}}$$

Je höher also der Haltedruck einer Pumpe ist, umso schlechter ist die erreichbare Saughöhe. Hier lasst euch bloß nicht verwirren. Manchmal findet ihr die Abkürzung "**NPSH**", das bedeutet "**net positiv suction head**" und hat absolut die gleiche Bedeutung wie der Haltedruck, der bestimmte Wert wird nur auf ein anderes Niveau bezogen. Die Bestimmung des Haltedrucks ist ein schwieriges Unterfangen, bei dem man auf Messungen angewiesen ist. Mit weiteren Details solltet ihr euch als Anfänger nicht belasten.

Kreiselpumpen haben eine Saughöhe von bis zu etwa 7 m. Ein ganze wichtige Geschichte z.B. für Feuerwehrleute (die ihr Löschwasser mit einer Pumpe aus einem Feuerlöschteich saugen müssen) ist die Beeinflussung der Saughöhe durch die Stoffwerte der angesaugten Flüssigkeit und der Luft (die ja das Fluid in das Saugrohr hineinschiebt). Ein und dieselbe Pumpe, die in Hamburg das Wasser aus einer Tiefe von 7 m ansaugen könnte, könnte das Wasser auf der Zugspitze nur noch aus etwa 4 m Tiefe saugen.

Jetzt ist der Spuk mit der Saughöhe aber auch endgültig vorbei und wir kommen auf die andere Seite der Pumpe. Die Höhendifferenz von der Pumpe bis zum Ende des am Auslauf der Pumpe angeschlossenen Rohres (die **Förderhöhe**) muss von Seiten der Stoffeigenschaften des Fluids nicht so differenziert betrachtet werden. Sie könnte von diesem Gesichtspunkt her nahezu unbegrenzt hoch sein, wird allerdings durch die Grenzen der Technik des jeweiligen Pumpenmodells beschränkt. Bei einer immer größeren Förderhöhe wäre der Druck in der Pumpe irgendwann so hoch, dass er nicht mehr zu handhaben ist und die Pumpe zerstören würde. Der Durchfluss, der von der Pumpe bewerkstelligt wird, wird auch **Förderstrom** genannt.

Beide Größen, Förderhöhe und Förderstrom stellen die zentralen Kenngrößen einer Pumpe dar, ihre Abhängigkeit wird in Form einer sogenannten **Pumpenkennlinie** aufgetragen. Die Pumpenkennlinien für verschiedene Pumpenmodelle können sehr unterschiedlich aussehen und charakterisieren deren Einsatzbereich. Eine Auflistung all dieser Pumpenkennlinien für verschiedene Pumpentypen könnte nur den Sinn langweiligen Auswendiglernens haben und soll an dieser Stelle vermieden werden. Umfangreiche Auflistungen und Abbildungen verschiedenster Pumpen und deren Pumpenkennlinien findet ihr in diversen Lehrbüchern, in Tabellenwerken oder den Prospekten und Internetseiten von Pumpenherstellern. Ein sehr weit verbreitetes Pumpenmodell, gerade auch durch den Einsatz im Bereich der Wasserversorgung, sind Kreiselpumpen. Daher greifen wir bei unseren **nachfolgenden Auftragungen und Rechnungen immer exemplarisch** auf diese **Kreiselpumpen** zurück. Die Prinzipien könnt ihr aber natürlich auch auf alle anderen Pumpentypen jederzeit übertragen.

Eine Pumpenkennlinie für solche eine Kreiselpumpe findet ihr in der Tabelle auf der nächsten Seite in der oberen Zeile.

Pumpenkennlinie bei einer Pumpe	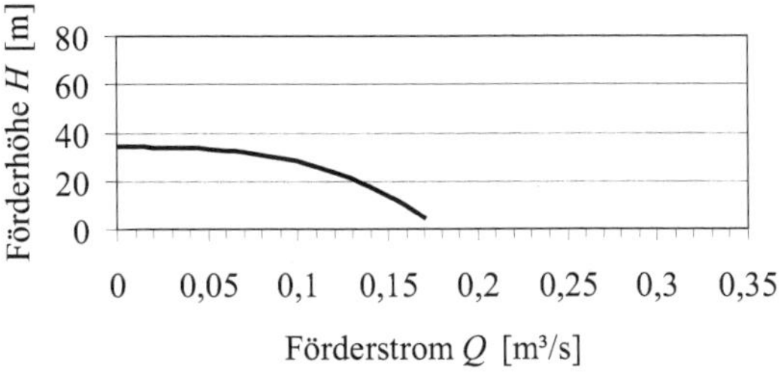
Pumpenkennlinie bei **Parallel**schaltung von zwei Pumpen: **Addition** der **Förderströme**	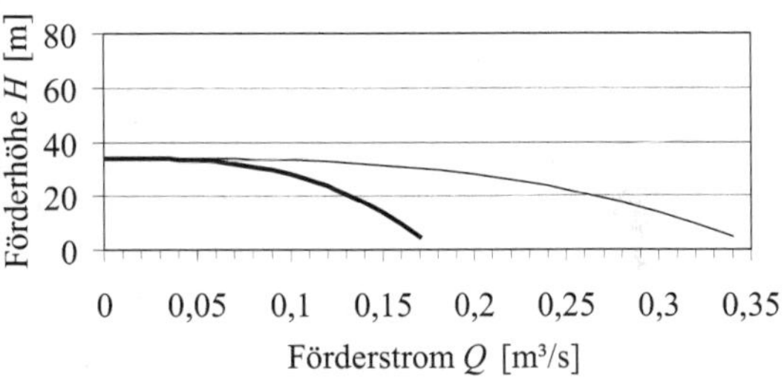
Pumpenkennlinie bei **Reihen**schaltung von zwei Pumpen: **Addition** der **Förderhöhen**	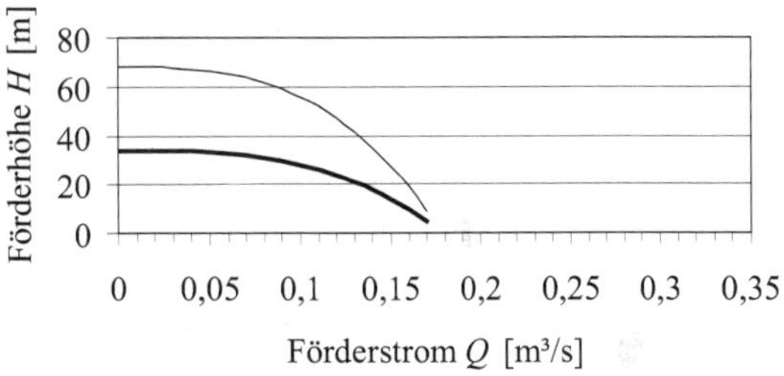

Schalten wir jetzt zwei Pumpen parallel, bekommen wir die Kennlinie des Gesamtsystems durch Addition der Förderströme (mittlere Zeile). Schalten wir hingegen zwei Pumpen in Reihe, ergibt sich die Kennlinie durch Addition der Förderhöhen.

Auch der Sohn eines Öl-Milliardärs hat diesen Sachverhalt aus seinem mit wenig Leidenschaft betriebenen Studium zum Bachelor behalten. Als nun die Förderströme des elterlichen Unternehmens gesteigert werden sollten, hoffte der gute Junge, der sonst mehr den Mädels und dem Alkohol zusprach, auf den Tag seines Lebens, an dem er seinem Übervater endlich zeigen konnte, was für ein wahrer Erdölfachmann in ihm steckt. Warum die teuren Experten aus dem alten Europa bezahlen: Parallelschaltung von Pumpen bedeutet doch die Addition der Förderströme – warum also neue Pipelines quer durch die Wüste legen – einfach Daddys gute alte Pipeline an der Pumpstation aufsägen – und jede Menge weitere Pumpen parallel schalten – und schon sprudelt die doppelte –

dreifache – zehnfache – hundertfache - ... - Menge des schwarzen Goldes durch das Rohr. Doch dann traf er da bei seinen Arbeiten in der Wüste plötzlich die beiden Söhne des Freundes und Geschäftspartners von Daddy, die die Arbeiten sofort stoppen wollten. Was waren das nun wieder für Langweiler und Spielverderber? Wie war es anders zu erwarten: die sind von ihrem Vater zum Ingenieurstudium natürlich nach Deutschland geschickt worden und auch immer schön fleißig zur Vorlesung gestiefelt.

So wussten die beiden dann auch sofort, dass man die Pumpen natürlich nicht isoliert betrachten darf, sondern dass diese stets eine Einheit mit dem Rohr bilden und erst die gemeinsame Betrachtung von Pumpenkennlinie und Rohrkennlinie wirklich zum Ziel führt.

Wir haben uns schon vor einigen Seiten mit dem Thema Wandreibung und den daraus resultierenden streckenabhängigen Verlusten beschäftigt. Aus diesen Überlegungen resultierte ein quadratischer Zusammenhang zwischen der Verlusthöhe (also dem Energieverlust angegeben in Meter Wassersäule) und dem Durchfluss, den wir ja bei Pumpen Förderstrom nennen. Diese Abhängigkeit wird auch als **Rohrkennlinie** bezeichnet. Und wo haben beide Zusammenhänge, also die Pumpenkennlinie und die Rohrkennlinie gemeinsam ihre Gültigkeit? Natürlich in deren Schnittpunkt, der wie alles natürlich auch wieder einen "schicken" neuen Namen bekommt: er ist der **Betriebspunkt**.

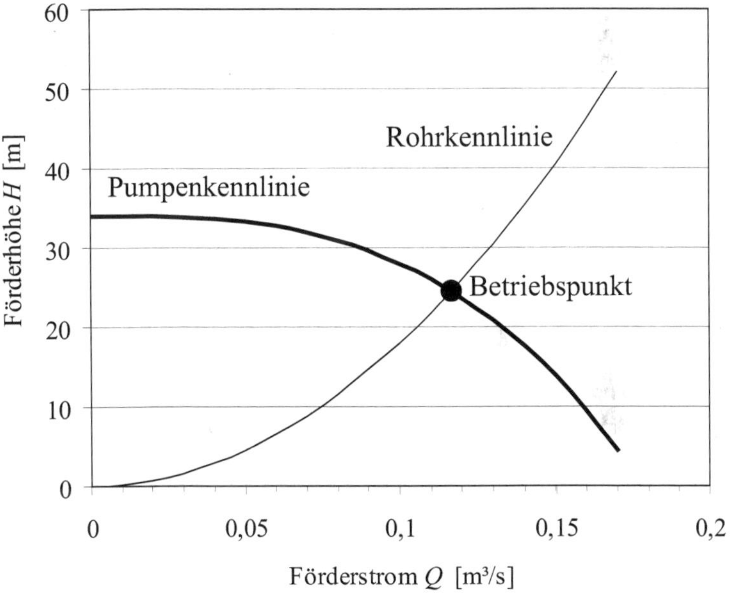

Schalten wir jetzt eine zweite Pumpe parallel und addieren somit in unserer Auftragung die Förderströme, sieht man sofort, wie uns die Parabel der Rohrkennlinie im wahrsten Sinne des Wortes einen Riegel davor schiebt. Es stellt sich ein neuer Betriebspunkt ein, der Förderstrom nimmt auch zu, aber er verdoppelt sich natürlich nicht, weil im Rohr bei der Zunahme des Durchflusses eben eine quadratische Steigerung des streckenabhängigen Verlustes eintritt.

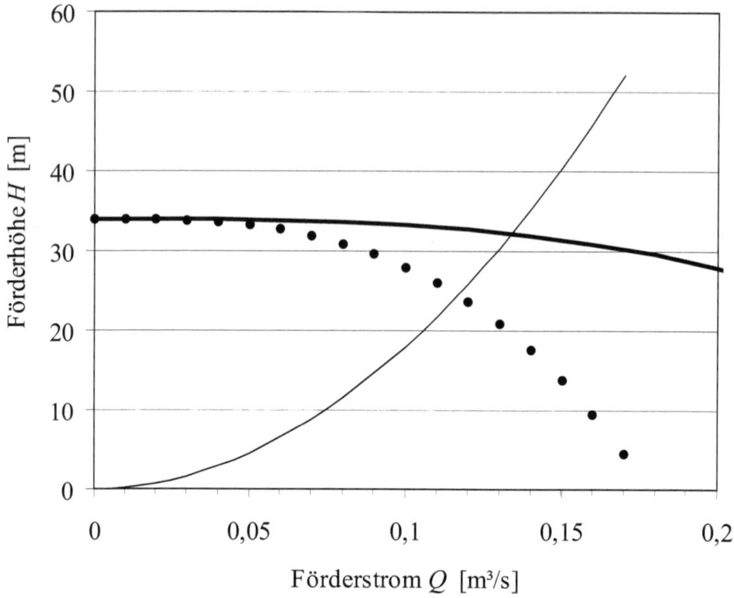

Aufgabe 25:

Eine Ölgesellschaft betreibt zwischen einer Bohrung und dem nächstgelegenen Hafen an der Küste eine 2,5 Kilometer lange Pipeline mit einem Durchmesser von 50 cm. Für das Stahlrohr ist ein *k*-Wert von 0,125 mm anzunehmen. Die Stoffwerte des Erdöls könnt ihr der kleinen Formelsammlung entnehmen. Die Pumpstation ist mit einer Pumpe ausgerüstet, für die der Hersteller die folgende Pumpenkennlinie angibt:

$$H = 42 - 8100 \cdot Q^3$$

a)
Bestimmt bitte den Betriebspunkt für das System.

b)
Die Ölgesellschaft möchte durch eine Erweiterung der Pumpstation mindestens 500 Kubikmeter Öl pro Stunde transportieren. Reicht dazu der Einbau einer zweiten Pumpe gleicher Bauart?

Vorgaben:

$\rho = 824$	kg/m³	$l = 2500$	m
$\nu = 2{,}6 \cdot 10^{-6}$	m²/s	$d = 0{,}5$	m
$k = 5 \cdot 10^{-5}$	m	$Re = 4 \cdot 10^{5}$	

a)

***I.* Gleichungen:**

$$h_v = \lambda \cdot \frac{l}{d_{hy}} \cdot \frac{v^2}{2g}$$

***II.* hydraulischer Durchmesser:**

$$d_{hy} = d = 0{,}5 \text{ m}$$

***III.* Geschwindigkeit:**

$$v = \frac{Q}{A} = \frac{Q \cdot 4}{\pi \cdot d^2} = 5{,}093 \cdot Q \frac{\text{m}}{\text{s}}$$

***IV.* Strömungseigenschaften:**

$$\text{Re} = 4 \cdot 10^5$$

***V.* Wandungseigenschaften:**

$$\frac{k}{d_{hy}} = \frac{5 \cdot 10^{-5}}{0{,}5} = 1 \cdot 10^{-4}$$

***VI.* Einsetzen:**

$$h_v = \lambda \cdot \frac{2500}{0{,}5} \cdot 25{,}939 \cdot Q^2$$

$$h_v = \lambda \cdot 129693{,}25 \cdot Q^2$$

***VII.* Moody / Iteration:**
Iteration nicht erforderlich, da alle Größen zum Ablesen im Moody-Diagramm bekannt sind.

$$\lambda = 0{,}015$$

VIII. **Ergebnis:**
Der resultierende quadratische Zusammenhang zwischen Verlusthöhe und Durchfluss ist unsere **Rohrkennlinie**.

$$h_v = 1945{,}399 \cdot Q^2$$

Bestimmung des Betriebspunkts:
Im nachfolgenden Diagramm ist diese Rohrkennlinie (dünn) gemeinsam mit der vom Hersteller vorgegebenen Pumpenkennlinie (dick) aufgetragen.
Jetzt können wir den Betriebspunkt direkt ablesen:

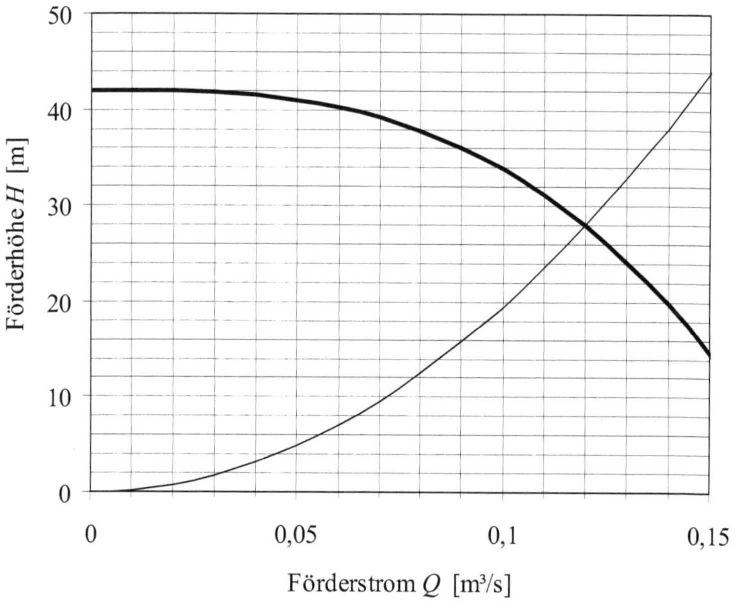

Am Betriebspunkt resultiert für unser System ein Strömungszustand mit einem Förderstrom von $Q = 0{,}12$ m³/s bei einer Förderhöhe von $H = 28$ m.

b)
Betriebspunkt bei Einsatz von zwei Pumpen gleicher Bauart:
Eine Addition der Förderströme erfolgt bei einer Parallelschaltung der Pumpen.

Gewünschter Förderstrom:

$$500\ m^3/h \quad = \quad 0{,}139\ m^3/s$$

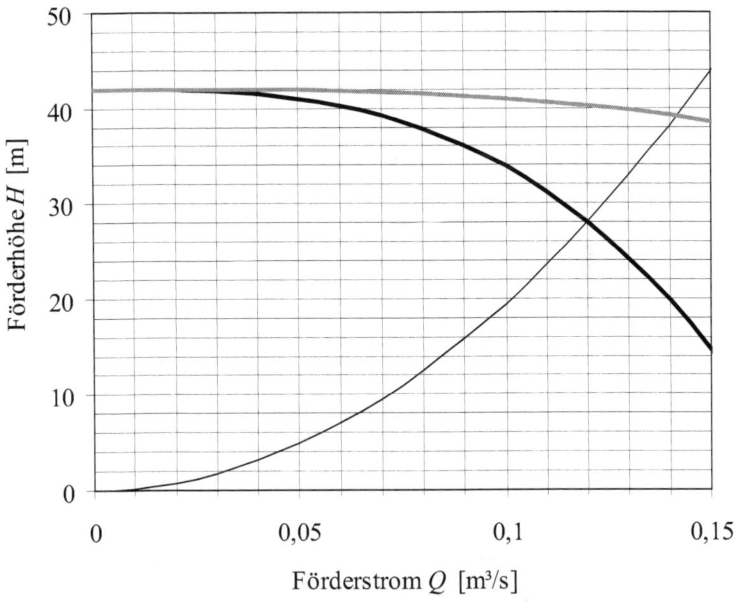

Am neuen Betriebspunkt resultiert ein Förderstrom von

$$Q = 0{,}142\ m^3/s > 0{,}139\ m^3/s$$

Ergebnis:
Der Einbau einer zweiten Pumpe gleicher Bauart ist ausreichend.

Thema 4
Gerinneströmungen

Stichworte

Grundlagen
- spezifische Energiehöhe, das E/h - Diagramm
- strömen, schießen
- Normalabfluss
- streckenabhängige Verluste beim Gerinne

Berechnungen bei konstantem Querschnitt
- Bestimmung des Sohlgefälles
- Berechnung der Querschnittsabmessungen
- hydraulische Optimierung der Querschnittsabmessungen

Querschnittsveränderungen
- Querschnittsaufweitung
- Querschnittsverengung
- Sohlvertiefung
- Sohlschwelle

Einbauten
- Überfall
- Schütz
- Wechselsprung

Spiegellinien
- Berechnung stromauf und stromab eines Schützes

Gerinneströmung

Wozuseite

Wehr bei Kassel Foto: BAW, M. Gebhardt

In diesem Kapitel wenden wir uns erstmals der Berechnung von Strömungen in Fließgewässern zu. Bei unseren Betrachtungen werden wir uns zunächst auf künstliche Gerinne mit einfachen technischen Querschnitten wie Rechteck-, Dreieck-, Halbkreis- oder Trapezprofilen beschränken. In den meisten Fällen lassen sich auch mit diesen Ansätzen akzeptable Ergebnisse bei natürlichen Gewässern wie Flüssen und Bächen erzielen, die in grober Näherung häufig den genannten Querschnittsformen sehr ähnlich sind. Im englischsprachigen Raum wird meistens unter dem Titel „Open Channel Flow" ein ganzes Semester lang eine spezielle Vorlesung nur zu diesem Thema gehalten. Die Palette möglicher Anwendungen reicht vom Abwasserkanal unter der Straße bis zu Rhein oder Elbe. Eine Toilettenspülung gibt etwa 6l Wasser in die unterirdischen Gerinne des Abwasserkanals. Beim höchsten je gemessenen Hochwasser wurde am Rheinpegel Köln im Jahr 1995 ein Abfluss von 10939 m^3/s gemessen. Solche Spitzenwerte treten in der Regel nur sehr kurzzeitig auf. Ein unrealistisches Zahlenspiel: Wenn dieser Abfluss 47 Tage lang angehalten hätte, wäre Köln von einer Wassermenge durchflossen worden, die dem Inhalt des Bodensees entspricht, nämlich 48,5 Kubikkilometer. Im Regelfall soll an Gerinnen untersucht werden, welche strömungsmechanischen Zustandsgrößen unter bestimmten Bedingungen zu erwarten sind und wie sich diese Größen ändern, wenn das Fließgewässer zum Beispiel durch eine ökologisch orientierte Umgestaltung des Profils oder durch Einbauten wie Brückenpfeiler verändert wird. In diesem Kapitel werden die Berechnungswege sehr systematisch für eine katalogartige Auflistung typischer Probleme aus der Praxis vorgestellt.

Gerinneströmung

Grundlagen

Wo liegt nun die entscheidende Veränderung unserer Betrachtung bei Gerinneströmungen im Vergleich zu den bisher behandelten Rohrströmungen? Gerinneströmungen sind sogenannte Strömungen mit freier Oberfläche. Und genau an dieser freien Oberfläche herrscht der atmosphärische Druck und in entsprechender Wassertiefe des untersuchten Systems der hydrostatische Druck. Im Gegensatz zu einer Rohrströmung ist es also im Gerinne nicht möglich, einen Überdruck aufzubringen. Damit vereinfacht sich die Bernoulligleichung und wir definieren die sogenannte spezifische Energiehöhe als wichtige Größe zur Beschreibung von Gerinneströmungen.

- **Bernoulli beim Gerinne: (zunächst verlustfreie Betrachtung)**

$$z_1 + \frac{p_1}{\rho \cdot g} + \frac{v_1^2}{2g} = z_2 + \frac{p_2}{\rho \cdot g} + \frac{v_2^2}{2g}$$

freie Oberfläche → hydrostatischer Druck

$$p = \rho \cdot g \cdot h$$

$$z_1 + \frac{\rho \cdot g \cdot h_1}{\rho \cdot g} + \frac{v_1^2}{2 \cdot g} = z_2 + \frac{\rho \cdot g \cdot h_2}{\rho \cdot g} + \frac{v_2^2}{2 \cdot g}$$

$$\underbrace{z_1 + h_1 + \frac{v_1^2}{2 \cdot g}}_{\text{Energielinie}} = z_2 + h_2 + \frac{v_2^2}{2 \cdot g}$$

Wir betrachten einen bestimmten Gerinneabschnitt: Die Summe aus Wassertiefe und Energiehöhe nennen wir spezifische Energiehöhe:

$$\Delta z \rightarrow 0$$

- **Definition der spezifischen Energiehöhe**

$$E = h + \frac{v^2}{2 \cdot g}$$

- **Bei Annahme eines Rechteckgerinnes**

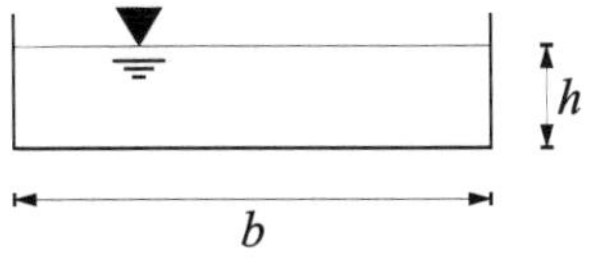

folgt ...

- **Abfluss pro Breitenmeter**

Durchfluss: Q [m³/s]

Abfluss pro Breitenmeter: $\frac{Q}{b} = q$ [m²/s]

$$E = h + \frac{v^2}{2 \cdot g} = h + \frac{Q^2}{2 \cdot g \cdot h^2 \cdot b^2} = h + \frac{q^2}{2 \cdot g \cdot h^2}$$

- **Verlusthöhe beim Gerinne**

Selbstverständlich geht auch bei der Berechnung eines Gerinnes eine Verlusthöhe h_{ges} in die Bernoulligleichung ein. Die Berechnung erfolgt analog zu den Erläuterungen im Kapitel Rohrströmungen.

- **Hydraulischer Durchmesser d_{hy} (Definition siehe Rohrströmungen)**

Bei einem volldurchströmten, kreisförmigen Rohrquerschnitt gilt $d_{hy} = d$. In diesem Fall entspricht der Gesamtumfang des Querschnittes dem benetzten Umfang desselben. Bei Gerinnen ist der hydraulische Durchmesser stets zu berechnen, da durch den Freispiegel der benetzte Umfang stets vom Gesamtumfang des Querschnittes abweicht. Es geht nur der Teil des Profilumfangs ein, an welchem Reibung zwischen dem Gerinneboden und dem Wasser auftritt, die Grenzschicht zwischen Wasser und Luft gehört nicht zum benetzten Umfang.

$$d_{hy} = \frac{4 \cdot A}{U_{ben}}$$

- **„Breite" Gerinne**

Teilweise können Fragestellungen bei Gerinnen sehr schnell und einfach unter Einbeziehung der Manning-Strickler-Formel gelöst werden. Dieses Vorgehen führt zu einer zunächst nicht ohne weiteres lösbaren Gleichung. Die einfache Lösung ergibt sich nur über einen „Trick". Wir nehmen ein „sehr breites" Gerinne an. Dann gilt näherungsweise:

$$r_{hy} \approx h$$

?

Jetzt stellt sich natürlich sofort die Frage „Wann ist ein Fließgewässer breit?“.

!

In Übungs- und Prüfungsaufgaben sollte in der Fragestellung vermerkt sein, ob diese Annahme zu treffen ist. Wenn man es in der Praxis selbst entscheiden muss, kann die folgende Überschlagsrechnung beim richtigen Einschätzen helfen. Die Annahme eines „breiten“ Rechteckgerinnes wäre im ...

Fall 1: nicht vertretbar

$$h = 1\text{ m} \qquad b = 2\text{ m}$$

$$r_{\text{hy}} = \frac{A}{U} = \frac{2}{4} = 0{,}50\text{ m} \neq 1\text{ m}$$

Fall 2: vertretbar

$$h = 1\text{ m} \qquad b = 100\text{ m}$$

$$r_{\text{hy}} = \frac{A}{U} = \frac{100}{102} = 0{,}98\text{ m} \approx 1\text{ m}$$

- **Manning-Strickler**

$$\text{v} = k_{\text{St}} \cdot r_{\text{hy}}^{2/3} \cdot I_E^{1/2}$$

Das Gesetz von Manning-Strickler ist für Gerinne gleichwertig dem Gesetz von Darcy-Weisbach und im angelsächsischen Raum weit verbreitet. Die Anwendung ist unkompliziert. Im Einzelnen wird ein Zusammenhang zwischen der Fließgeschwindigkeit v, einem empirischen und **tabellierten Parameter** $\boldsymbol{k}_{\text{St}}$, dem hydraulischen Radius r_{hy} und dem sogenannten Energieliniengefälle I_{E} aufgestellt.

- **Gleichförmiger bzw. ungleichförmiger Abfluss**

Unter einem gleichförmigen Abfluss versteht man einen Strömungszustand, bei welchem sich die Zustandsgrößen in Strömungsrichtung nicht ändern. Bei ungleichförmigem Abfluss sind die Zustandsgrößen über den Ort veränderlich. Du misst Zustandsgrößen an einem Gewässer (z.B. Wasserstand und Geschwindigkeit), ein zweiter Beobachter, der etwas entfernt von dir steht, misst zur gleichen Zeit andere Werte für diese Zustandsgrößen.

- **gleichförmig:** $\rightarrow \dfrac{\partial ...}{\partial x} = 0$
- **ungleichförmig:** $\rightarrow \dfrac{\partial ...}{\partial x} \neq 0$

- **Normalabfluss**

Um die Berechnungen zu vereinfachen, nehmen wir einen gleichförmigen Abfluss an. An verschiedenen Orten finden wir also die gleichen Strömungszustände vor. Dieser Sachverhalt wird bei Gerinnen als Normalabfluss bezeichnet und es gilt:

$$I_\mathrm{E} = I_\mathrm{W} = I_\mathrm{So}$$

- **Sohlgefälle I_So (im Zusammenhang mit der Darcy-Weisbach Gleichung)**

$$h_\mathrm{v} = \lambda \cdot \frac{L}{d_\mathrm{hy}} \cdot \frac{\mathrm{v}^2}{2g}$$

$$\frac{h_\mathrm{v}}{L} = I_\mathrm{E} = I_\mathrm{W} = I_\mathrm{So}$$

$$I_\mathrm{E} = I_\mathrm{W} = I_\mathrm{So} = \lambda \cdot \frac{1}{d_\mathrm{hy}} \cdot \frac{\mathrm{v}^2}{2g}$$

- **Orientierung im Gerinne**

Wir stehen an einem Punkt am Gerinne. Schauen wir in Fließrichtung, dann nennen wir das stromab, die Richtung gegen die Fließrichtung wird als stromauf bezeichnet. Die Zone stromauf einer betrachteten Struktur im Gewässer ist das Oberwasser, die Zone stromab das Unterwasser. Wird vom rechten oder linken Ufer gesprochen, handelt es sich immer um das in Fließrichtung rechte bzw. linke Ufer. Der Boden eines Fließgewässers wird Sohle genannt.

Berechnung des Sohlgefälles

Aufgabe 26:

Ein regulierter Wasserlauf mit trapezförmigem Querschnitt und einem Böschungswinkel von $\varphi = 45°$ hat eine Sohlenbreite von b = 1,5 m und eine Wassertiefe von h = 1,2 m. Böschung und Sohle haben die äquivalente Rauheit k = 1 mm. Bei welchem Gefälle I_{So} beträgt die Strömungsgeschwindigkeit v = 0,7 m/s ?

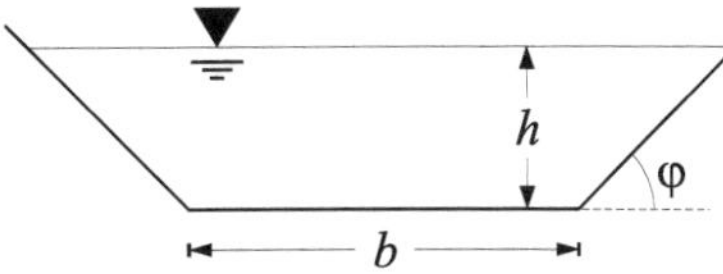

Vorgaben:

$k = 1 \text{ mm} = 1 \cdot 10^{-3}$ m

$\nu = 1 \cdot 10^{-6}$ m²/s

I. **Gleichungen:**

$$h_v = \lambda \cdot \frac{L}{d_{hy}} \cdot \frac{v^2}{2g} \qquad \frac{h_v}{L} = I_E = I_W = I_{So}\text{ , da Normalabfluss}$$

II. **hydraulischer Durchmesser:**

$$d_{hy} = \frac{4A}{U} = \frac{4\left(b \cdot h + h^2\right)}{b + 2 \cdot \sqrt{2} \cdot h} = 2{,}65 \text{ m}$$

III. **Geschwindigkeit:**

$$v = \frac{Q}{A} = 0{,}7 \text{ m/s}$$

IV. **Strömungseigenschaften:**

$$\text{Re} = \frac{v \cdot d_{hy}}{\nu} = \frac{0{,}7 \cdot 2{,}65}{10^{-6}} = 1{,}85 \cdot 10^{6}$$

V. **Wandungseigenschaften:**

$$\frac{k}{d_{hy}} = \frac{1 \cdot 10^{-3}}{2{,}65} = 3{,}77 \cdot 10^{-4}$$

VI. **Einsetzen:**

$$I_{So} = \lambda \cdot \frac{1}{d_{hy}} \cdot \frac{v^2}{2g} = \frac{\lambda}{2{,}65} \cdot \frac{0{,}7^2}{20} = \lambda \cdot 9{,}245 \cdot 10^{-3}$$

VII. **Moody / Iteration:**

nicht erforderlich; alles bekannt um λ direkt aus dem Moody – Diagramm abzulesen:

$$\lambda \approx 0{,}016$$

VIII. **Ergebnis:**

$$I_{So} = 0{,}016 \cdot 9{,}245 \cdot 10^{-3} = 1{,}479 \cdot 10^{-4} \qquad \underline{\underline{I_{So} \approx 0{,}15\,‰}}$$

Berechnung der Querschnittsabmessungen

Aufgabe 27:

Es soll eine kleinere Menge Wasser (Q = 0,1 m³/s) in einem glatten Holzgerinne gleichförmig abgeleitet werden. Das Gelände lässt ein Sohlgefälle I_{So} = 0,005 zu. Gebe das für die Bemessung des Gerinnes notwendige Maß a an. Führe die Berechnung nach a) Manning-Strickler und nach b) Darcy-Weisbach durch.

Vorgaben:

$g = 10$ m/s²

$\nu = 10^{-6}$ m²/s

$I_{So} = I_W = I_E$

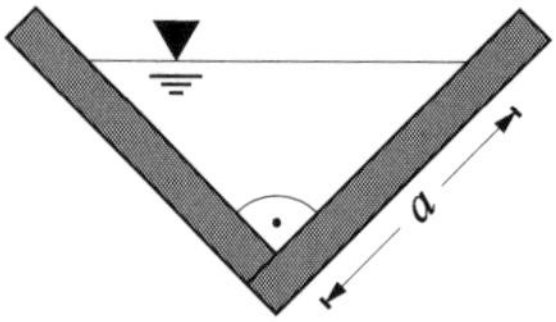

a)

Vergleichende Berechnung nach Manning-Strickler (die Punkte *IV.* und *VII.* entfallen, da keine Abhängigkeit zu *Re*):

***I.* Gleichungen: Manning – Strickler (nur für Gerinne anwendbar)**

$$v = k_{St} \cdot r_{hy}^{2/3} \cdot I_E^{1/2}$$

***II.* hydraulischer Radius:**

$$r_{hy} = \frac{A}{U} = \frac{a^2/2}{2 \cdot a} = \frac{a}{4}$$

***III.* Geschwindigkeit:**

$$v = \frac{Q}{A} = \frac{Q}{a^2/2} = \frac{0{,}1 \cdot 2}{a^2} = \frac{0{,}2}{a^2}$$

***V.* Wandungseigenschaften:**

$$k_{St} = 90 \left[m^{\frac{1}{3}}/s \right]$$

***VI.* Einsetzen:**

$$\frac{2 \cdot Q}{a^2} = \frac{0{,}2}{a^2} = 90 \cdot \left(\frac{a}{4}\right)^{\frac{2}{3}} \cdot (0{,}005)^{\frac{1}{2}}$$

$$a^{\frac{8}{3}} = \frac{0{,}2 \cdot 4^{\frac{2}{3}}}{(0{,}005)^{\frac{1}{2}} \cdot 90} = 0{,}079$$

***VIII.* Ergebnis:** $\underline{\underline{a \approx 0{,}386 \text{ m}}}$

!

Der k_{st} – Wert beim Ansatz von Manning–Strickler ist ein Wert, der sowohl die Fluideigenschaften als auch die Wandungseigenschaften enthält. Die Tabellen in der Formelsammlung gelten also nur für das Fluid Wasser. Für jedes weitere Fluid müssen ergänzende Tabellenwerke erstellt werden.

b)

Berechnung nach 8-Punkte-Darcy-Weisbach-Plan:

***I.* Gleichungen:**

$$I_E = \lambda \frac{1}{d_{hy}} \cdot \frac{v^2}{2g} = I_{So} \text{ , da Normalabfluss}$$

***II.* hydraulischer Radius:**

$$d_{hy} = \frac{4A}{U} = \frac{4\left(a^2/2\right)}{2 \cdot a} = a$$

***III.* Geschwindigkeit:**

$$v = \frac{Q}{A} = \frac{Q \cdot 2}{a^2} = \frac{0{,}1 \cdot 2}{a^2} = \frac{0{,}2}{a^2}$$

***IV.* Strömungseigenschaften:**

$$Re = \frac{v \cdot d_{hy}}{\nu} = \frac{0{,}2}{a^2} \cdot \frac{a}{\nu} = \frac{2 \cdot 10^5}{a}$$

***V.* Wandungseigenschaften:**

$$\frac{k}{d_{hy}} = \frac{0{,}6}{a} \cdot 10^{-3} = \frac{6 \cdot 10^{-4}}{a}$$

***VI.* Einsetzen:**

$$0{,}005 = \frac{\lambda}{a} \cdot \frac{(0{,}2)^2}{a^4} \cdot \frac{1}{2g}$$

$$0{,}005 = \frac{\lambda}{a^5} \cdot 0{,}002$$

$$a^5 = 0{,}4 \cdot \lambda$$

***VII.* Moody / Iteration:**

		Iteration 1	**Iteration 2**	**Iteration 3**
λ	0,01 (Startwert)	0,023	0,0225	0,0224
$\rightarrow$ ***a***	0,331 m	0,392 m	0,390 m	**0,389 m**
Re	$6{,}03 \cdot 10^5$	$5{,}11 \cdot 10^5$	$5{,}13 \cdot 10^5$	---
k/d	$1{,}81 \cdot 10^{-3}$	$1{,}53 \cdot 10^{-3}$	$1{,}54 \cdot 10^{-3}$	---
$\rightarrow$ ***Moody*** $\rightarrow$	0,023	0,0225	0,0224	Konvergenz

***VIII.* Ergebnis:**

$$\underline{\underline{a \approx 0{,}389 \text{ m}}}$$

Hydraulisch günstige Optimierung der Querschnittsabmessungen

Aufgabe 28:

Ein Kanal aus Bruchsteinmauerwerk soll 25 m³/s mit 0,8 m/s Fließgeschwindigkeit fördern. Versucht bitte, den günstigsten Trapezquerschnitt (d.h. den Trapezquerschnitt mit minimaler Wandreibung), der für eine Böschungsneigung von 1:2 möglich ist, zu berechnen.

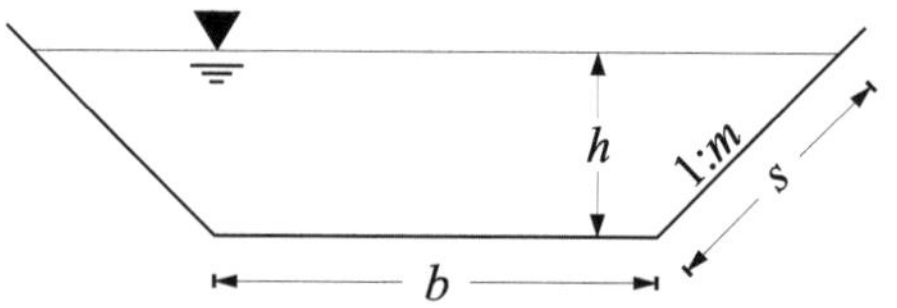

!

Der hydraulisch günstigste Trapezquerschnitt liegt dann vor, wenn bei vorgegebener Querschnittsfläche die Breite und Höhe so gewählt werden, dass der benetzte Umfang möglichst klein wird. Die Fläche, an der Wandreibung auftritt, wird auf diese Weise minimiert, der Querschnitt ist „hydraulisch optimal".

Allgemeine Lösung für beliebige Böschungsneigungen:

I. Geometrische Betrachtung:

$$U = b + 2s$$

$$\text{Pythagoras}: h^2 + m^2 \cdot h^2 = s^2 \rightarrow s = \sqrt{h^2 + m^2 h^2}$$

$$\text{I.} \quad U = b + 2 \cdot \sqrt{h^2 + m^2 h^2}$$

$$A = b \cdot h + m \cdot h^2$$

$$\text{II.} \quad \mathrm{b} = \frac{A}{h} - m \cdot h$$

II. Funktion des benetzten Umfangs in Abhängigkeit von der Querschnittsfläche und der Querschnittsabmessungen:

II. → I. $U = \frac{A}{h} - m \cdot h + 2h \cdot \sqrt{1+m^2}$

$$U = A \cdot h^{-1} + \left(2\sqrt{1+m^2} - m\right) \cdot h$$

III. Optimierung → Bedingungen für Minimum:

$$\underbrace{\frac{dU}{dh} = 0}_{\text{notwendig}} \quad \text{und} \quad \underbrace{\frac{d^2U}{dh^2} > 0}_{\text{hinreichend}}$$

→ Extremum → Minimum

Notwendige Bedingung:

$$\frac{dU}{dh} = -\frac{A}{h^2} + \left(2\sqrt{1+m^2} - m\right) = 0$$

$$h = \sqrt{\left(\frac{2\sqrt{1+m^2} - m}{A}\right)^{-1}}$$

$$h = \frac{\sqrt{A}}{\sqrt{2\sqrt{1+m^2} - m}}$$

Hinreichende Bedingung:

$$\frac{d^2U}{dh^2} = \frac{2A}{h^3} > 0 \quad \text{ist erfüllt}$$

IV. Einsetzen + Ergebnis:

$$A = \frac{Q}{\mathrm{v}} = \frac{25}{0{,}8} = 31{,}25 \text{ m}^2$$

$$m = 2$$

$$\underline{\underline{h}} = \frac{\sqrt{31{,}25}}{\sqrt{2 \cdot \sqrt{5} - 2}} = \underline{\underline{3{,}56 \text{ m}}}$$

$$\underline{\underline{b}} = \frac{31{,}25}{3{,}56} - 2 \cdot 3{,}56 = \underline{\underline{1{,}66 \text{ m}}}$$

Das E / h - Diagramm

Grundlagen

Es wurde die spezifische Energiehöhe eingeführt:

$$E = h + \frac{v^2}{2 \cdot g} = h + \frac{Q^2}{2 \cdot g \cdot h^2 \cdot B^2} = h + \frac{q^2}{2 \cdot g \cdot h^2}$$

Schaut man sich diese Gleichung an, beinhaltet sie alle Größen, die notwendig sind, um den Strömungszustand an einem betrachteten Querschnitt eines Fließgewässers zu beschreiben. Die Gleichung wird daher Zustandsgleichung genannt. Größen wie die Wassertiefe, Geschwindigkeit, der Abfluss und die spezifische Energiehöhe werden dementsprechend auch als Zustandsgrößen bezeichnet. Eine sehr praktische Möglichkeit, Strömungszustände in einem Gerinne und die Auswirkung einer Umgestaltung des Gerinneprofils zu veranschaulichen, ist die Auftragung der Zustandsgrößen in einem sogenannten E / h – Diagramm.

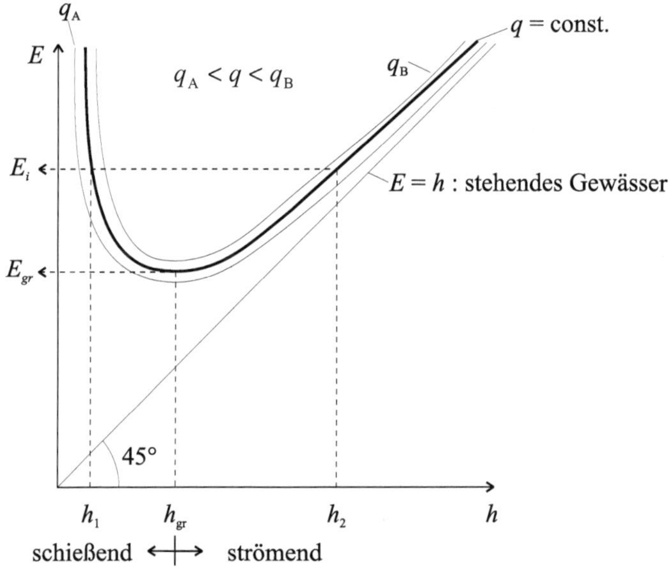

In diesem Diagramm wird für jeweils konstanten Abfluss die spezifische Energiehöhe in Abhängigkeit der Wassertiefe aufgetragen. Der Abfluss mit dem Minimum der spezifischen Energiehöhe wird als Grenzzustand bezeichnet, die dazugehörige Wassertiefe wird Grenzwassertiefe genannt.

- **Der Grenzzustand**

$$h_{gr} = \sqrt[3]{\frac{q^2}{g}} = \frac{2}{3} E_{gr} \qquad v_{gr} = \sqrt{g \cdot h_{gr}}$$

Die spezifische Energiehöhe beinhaltet einen Term der Lageenergie und einen Term der Bewegungsenergie. Immer wenn gilt $E > E_{gr}$ existieren für ein Energieniveau jeweils zwei mögliche Fließzustände im Gerinne. Ein Zustand mit geringer Wassertiefe und hoher Geschwindigkeit, den wir schießend nennen und ein Zustand mit großer Wassertiefe und geringerer Geschwindigkeit, den strömenden Abfluss.

$$h_1 < h_{gr} \, (v > v_{gr}) \rightarrow \text{schießen}$$
$$h_2 > h_{gr} \, (v < v_{gr}) \rightarrow \text{strömen}$$

Die beiden zu einem Energieniveau und Abfluss pro Breitenmeter gehörenden Wassertiefen heißen **konjugierte Wassertiefen**. Die genaue Erklärung der Zustände strömend und schießend folgt auf der nächsten Seite. Eine aufgetragene Funktion gilt jeweils für einen konstanten "Abfluss pro Breitenmeter" q. Auf das „pro Breitenmeter" ist dabei besonders zu achten und das q ist nicht mit dem Q zu verwechseln. Bei konstantem Abfluss Q kann entlang des Gerinnes selbstverständlich durch Verengungen und Aufweitungen des Querschnittes der "Abfluss pro Breitenmeter" q stark variieren. Ein bestimmtes q wird jeweils nur vom Gerinne abgeführt, wenn die spezifische Energiehöhe E größer ist als die spezifische Energiehöhe des Grenzzustandes E_{gr}. Führt die

Umgestaltung eines Querschnitts dazu, dass ein Zustand eintritt, der nicht durch die aufgetragene Funktion beschrieben wird, existiert die vorliegende Kombination von Zustandsgrößen nicht. Es stellt sich ein neuer Gleichgewichtszustand mit einem anderen q ein, für welchen dann wieder gilt $E > E_{gr}$. Das E / h – Diagramm beinhaltet also eine Kurvenschar in Abhängigkeit des Abflusses pro Breitenmeter. In den folgenden Unterkapiteln werden standardisierte Berechnungen an Querschnittsänderungen vorgenommen und jeweils der Übergang vom ungestörten Bereich zur Störstelle anhand einer qualitativen Auftragung in einem E / h – Diagramm demonstriert. In einem stehenden Gewässer ist die Geschwindigkeit gleich Null, der Term der kinetischen Energie bei der Berechnung der spezifischen Energiehöhe wird damit zu Null und es verbleibt $E = h$, was der Winkelhalbierenden im E / h – Diagramm entspricht.

- **strömender und schießender Abfluss**

Die anschauliche Bedeutung dieser Strömungszustände lässt sich anhand eines einfachen Experiments demonstrieren. Dazu werfen wir einen extrem großen Stein ins Wasser und beobachten den von dieser Störung ausgehenden Wellenfortschritt. Habt ihr keinen Stein passender Abmessung zur Hand, könnt ihr euch natürlich (wie unser Freund auf der vorigen Seite) auch selbst in die Fluten stürzen, ihr müsst halt nur schwer genug sein bzw. das Gewässer flach genug, um eine Welle zur erzeugen, die über die Tiefe den gesamten Wasserkörper in Schwingung versetzt. In einem stehenden Gewässer kommt es zu einer rotationssymmetrischen Ausbreitung der Welle mit der Wellenfortschrittsgeschwindigkeit c.

$$c = \sqrt{g \cdot h}$$

Ist eine Fließbewegung des Gewässers vorhanden, werden diese rotationssymmetrischen Wellen von einer Translation überlagert. Die kreisförmigen Wellen werden also aus ihrem gemeinsamen Mittelpunkt (dem „Eintauchort" von euch selbst) verschoben. Die relative Wellenfortschrittsgeschwindigkeit ist also stromab (in Fließrichtung) die Summe aus Wellenfortschrittsgeschwindigkeit und Fließgeschwindigkeit und stromauf (gegen Fließrichtung) die Differenz der beiden Geschwindigkeiten. Mit zunehmender Fließgeschwindigkeit verstärkt sich diese Ablenkung der Wellen, bis die Differenz beider Geschwindigkeiten nach stromauf gleich Null ist. Dieser Fall ist der Grenzzustand (im E / h – Diagramm). Eine Ausbreitung der Störung nach stromauf unterbleibt. Nimmt die Fließgeschwindigkeit noch weiter zu, sprechen wir von schießendem Abfluss. Das Verhältnis von Fließgeschwindigkeit und Wellenfortschrittsgeschwindigkeit wird mit einer dimensionslosen Kennzahl, der Froudezahl Fr beschrieben.

$$Fr = \frac{v}{\sqrt{g \cdot h}} \begin{cases} Fr < 1 & \rightarrow \text{strömen} \\ Fr = 1 & \rightarrow \text{Grenzzustand} \\ Fr > 1 & \rightarrow \text{schießen} \end{cases}$$

Mit der folgenden Tabelle bewaffnet könnt ihr euch dann an die Analyse eurer Sprungergebnisse machen.

stehendes Gewässer
v = 0
Störungen **wirken** stromauf

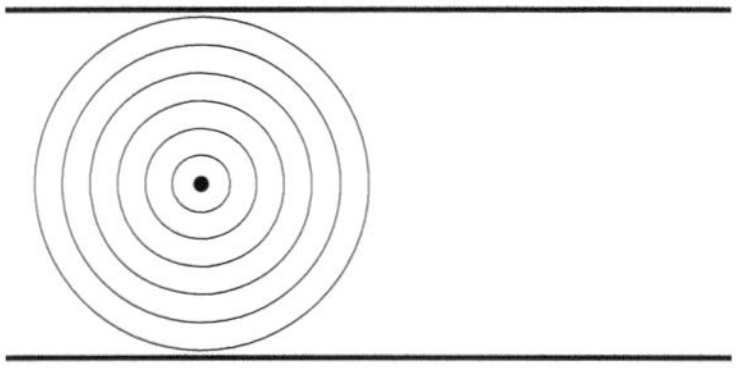

Strömen
v < c → *Fr* < 1
Störungen **wirken** stromauf

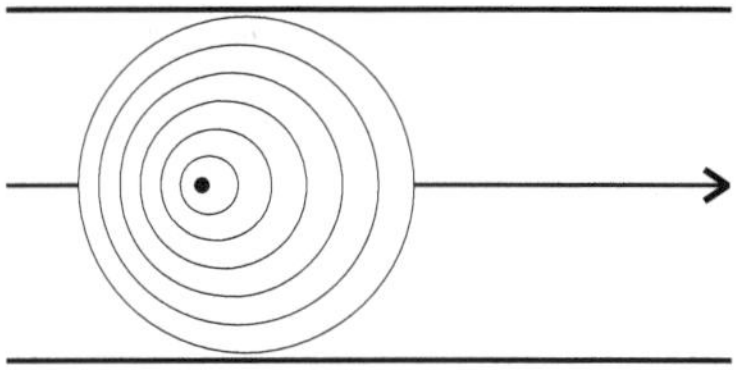

Grenzzustand
v = *c* → *Fr* = 1
Störungen **wirken nicht** stromauf

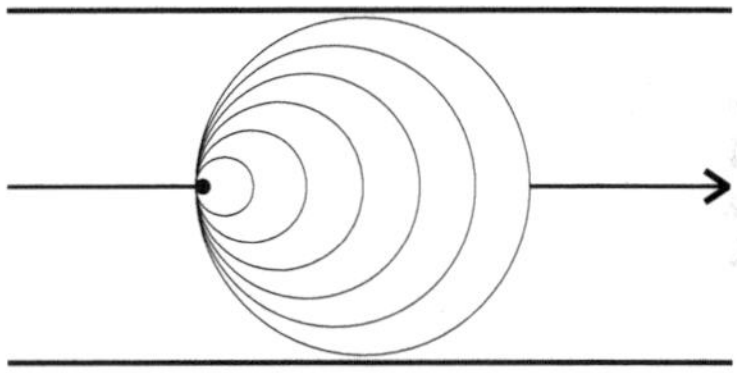

Schießen
v > *c* → *Fr* > 1
Störungen **wirken nicht** stromauf

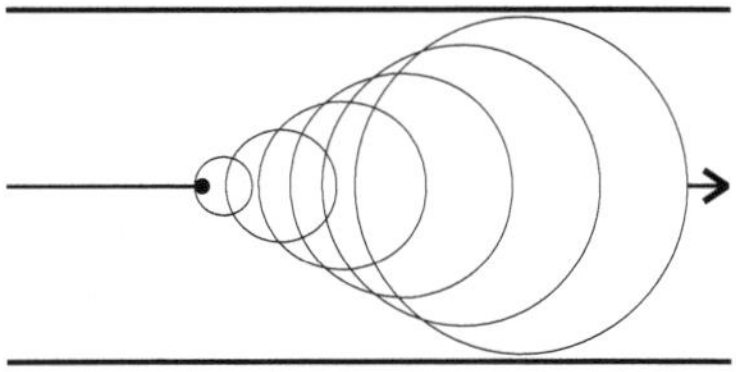

Querschnittsaufweitung

Aufgabe 29:

An einem Fluss soll ein kleiner Parallelhafen für Binnenschiffe angelegt werden. Dazu wird der sehr breite Rechteckquerschnitt aufgeweitet. Weit stromauf und stromab der Aufweitung ist Normalabfluss anzunehmen. Nehme an, dass die Aufweitung keine Verluste hervorruft. Berechne die Normalwassertiefe h_n weit oberhalb bzw. unterhalb des Parallelhafens. Berechne die Wassertiefe h_2 im Bereich der Aufweitung b_2 .

Vorgaben:

$Q = 336{,}0\ \text{m}^3/\text{s}$
$b_1 = 56{,}0\ \text{m}$
$b_2 = 80{,}0\ \text{m}$
$k_{St} = 40{,}0\ \text{m}^{1/3}/\text{s}$
$I_{So} = 3{,}64 \cdot 10^{-4}$

Skizze (Draufsicht):

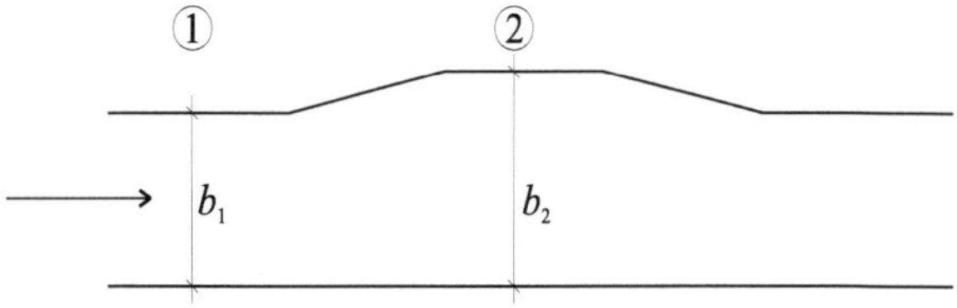

Nebenrechnungen:

a) Normalwassertiefe h_n

$$v = k_{St} \cdot r_{hy}^{2/3} \cdot I^{1/2}$$

$$\text{Normalabfluß} \rightarrow I_E = I_{So}$$

$$\text{sehr breites Gerinne} \rightarrow r_{hy} = h_n$$

$$\frac{Q}{b \cdot h_n} = k_{St} \cdot h_n^{2/3} \cdot \sqrt{I_{So}}$$

$$\frac{336}{56 \cdot h_n} = 40 \cdot h_n^{2/3} \cdot \sqrt{3{,}64 \cdot 10^{-4}}$$

$$h_n^{5/3} = \frac{0{,}15}{\sqrt{3{,}64 \cdot 10^{-4}}} = 7{,}862$$

$$\underline{\underline{h_n = 3{,}446\ \text{m}}}$$

b) Breite b_2

E / h – Diagramm:

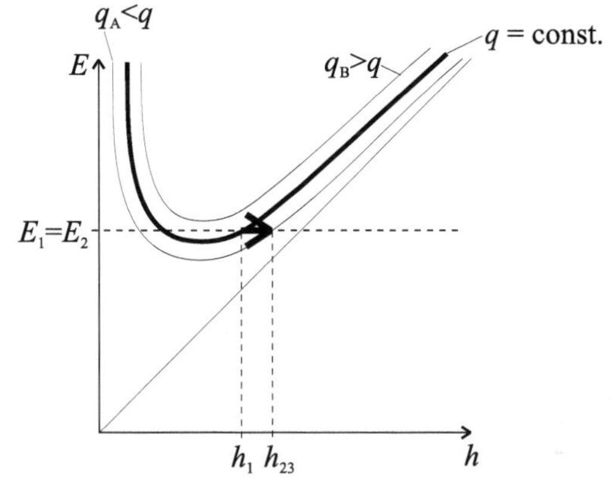

Berechnung:

$$E_1 = E_2$$

$$h_1 + \frac{v_1^2}{2g} = h_2 + \frac{v_2^2}{2g}$$

$$h_1 + \frac{Q^2}{b_1^2 \cdot h_1^2 \cdot 2g} = h_2 + \frac{Q^2}{b_2^2 \cdot h_2^2 \cdot 2g}$$

$$3{,}446 + \frac{336^2}{56^2 \cdot 3{,}446^2 \cdot 2g} = h_2 + \frac{336^2}{80^2 \cdot h_2^2 \cdot 2g}$$

$$3{,}598 = h_2 + \frac{0{,}882}{h_2^2}$$

$$h_2^3 - 3{,}598 \cdot h_2^2 + 0{,}882 = 0$$

Polynom 3. Grades → drei mögliche Lösungen:

$h_{21} = -0{,}466$ m unbrauchbar, da negative Wassertiefe

$h_{22} = 0{,}537$ m Lösung im Schießen, da $h_{22} < h_{gr} = \sqrt[3]{\frac{Q^2}{g \cdot b_2^2}} = 1{,}208$ m

$h_{23} = 3{,}527$ m physikalisch hier sinnvolle Lösung

Ergebnis:

$$\underline{\underline{h_2 = h_{23} = 3{,}527 \text{ m}}}$$

Querschnittsverengung

Aufgabe 30:

In Kanalmitte (Rechteckquerschnitt) soll ein Brückenpfeiler gegründet werden. Wie breit darf die Spundwandumfassung höchstens werden, wenn die Entstehung eines Wechselsprungs vermieden werden soll ? Annahmen: Normalabfluss, verlustfrei

Vorgaben:

$Q = 16{,}0\ m^3/s$
$b_1 = \ 8{,}0\ m$
$h_1 = \ 1{,}33\ m$

Skizze (Draufsicht):

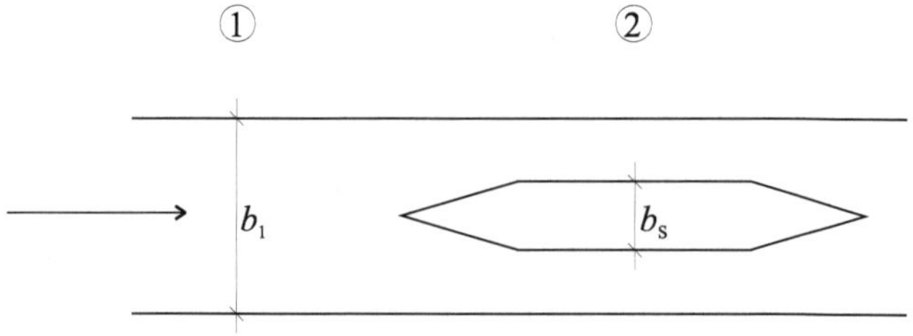

E / h – Diagramm:

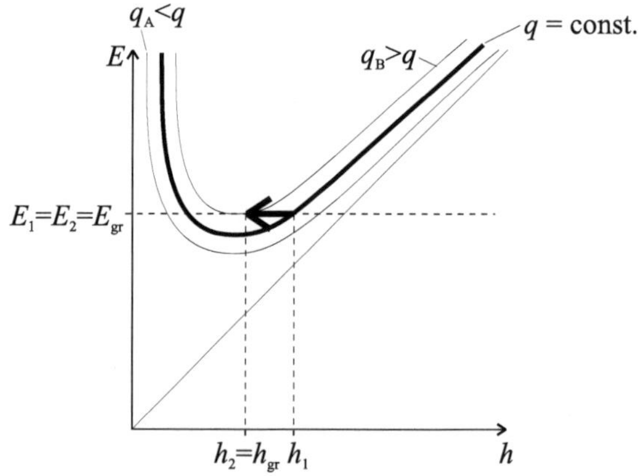

Berechnung:

$$\text{v}_1 = \frac{Q}{b_1 \cdot h_1} = 1{,}5 \text{ m/s}$$

$$E_1 = h_1 + \frac{\text{v}_1^2}{2 \cdot g}$$

$$E_1 = 1{,}33 + \frac{1{,}5^2}{2 \cdot g} = 1{,}4425 \text{ m}$$

$$h_{gr} = \frac{2}{3} E_{gr} = 0{,}961\overline{6} \text{ m}$$

$$h_{gr} = \sqrt[3]{\frac{q^2}{g}} = \sqrt[3]{\frac{Q^2}{g \cdot b_2^{\,2}}}$$

$$0{,}961\overline{6} = \sqrt[3]{\frac{16^2}{g \cdot b_2^2}}$$

$$b_2 = 5{,}3657 \text{ m}$$

Ergebnis:

$$b_1 - b_2 = b_S$$

$$8 \text{ m} - 5{,}37 \text{ m} = \underline{\underline{2{,}63 \text{ m} = b_S}}$$

Sohlvertiefung

Aufgabe 31:

In einem rechteckigen Kanal fließt Wasser mit der Wassertiefe h_1= 3 m und der Geschwindigkeit v_1 = 3 m/s. Berechne die Änderung der Wasserspiegellage Δh, welche durch eine sanfte Sohlvertiefung von Δz = 0,6 m hervorgerufen wird.
Vernachlässige alle Verluste.

Vorgaben:

h_1 = 3,0 m
v_1 = 3,0 m/s
Δz = - 0,6 m

Skizze:

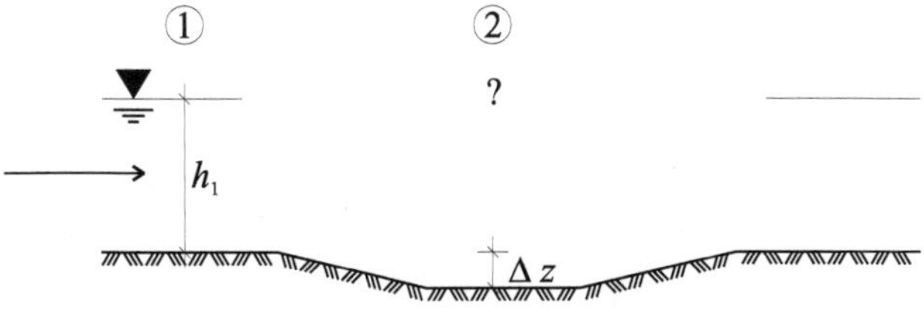

E / h – Diagramm:

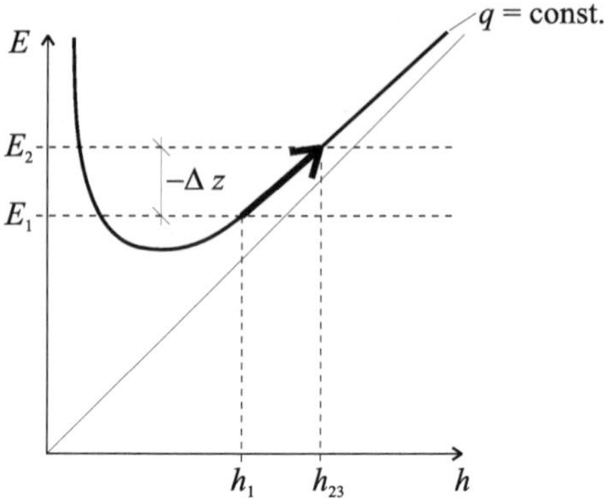

Berechnung:

$$z_1 + h_1 + \frac{v_1^2}{2g} = z_2 + h_2 + \frac{v_2^2}{2g}$$

$$3 + \frac{9}{20} = -0{,}6 + h_2 + \frac{81}{h_2^2 \cdot 20}$$

$$4{,}05 = h_2 + \frac{4{,}05}{h_2^2}$$

$$4{,}05 \cdot h_2^2 = h_2^3 + 4{,}05$$

$$0 = h_2^3 - 4{,}05\, h_2^2 + 4{,}05$$

Polynom 3. Grades → drei mögliche Lösungen:

$h_{21} = -0{,}904$ m unbrauchbar, da negative Wassertiefe

$h_{22} = 1{,}190$ m Lösung im Schießen, da $h_{22} < h_{gr} = \sqrt[3]{\frac{q^2}{g}} = 2{,}008$ m

$h_{23} = 3{,}764$ m physikalisch sinnvolle Lösung

Ergebnis:

$\underline{\underline{\Delta h}} = h_2 - h_1 - \Delta z = 3{,}76 \text{ m} - 3{,}00 \text{ m} - 0{,}60 \text{ m} \underline{\underline{= +\,0{,}16 \text{ m}}}$

Sohlschwelle

Aufgabe 32:

In einem Entwicklungsland sollen die LKW eines Hilfsprojektes einen Fluss im Bereich einer Sohlschwelle passieren. Der Fluss wird näherungsweise als ein sehr breites Rechteckgerinne betrachtet. Wir rechnen ohne konzentrierte Verluste an der Sohlschwelle.

a)
Berechne die Wassertiefe $h_1 = h_n$ weit oberhalb bzw. unterhalb der Sohlschwelle.

b)
Berechne jetzt bitte h_{gr}.

c)
Wie groß ist die Wassertiefe h_2 im Bereich der Sohlschwelle?

Vorgaben:

$Q = 75{,}0 \quad m^3/s$
$b = 50{,}0 \quad m$
$k_{St} = 40 \quad m^{1/3}/s$
$I_{So} = 3{,}64 \cdot 10^{-4}$
$\Delta z = 0{,}5 \quad m$

Skizze:

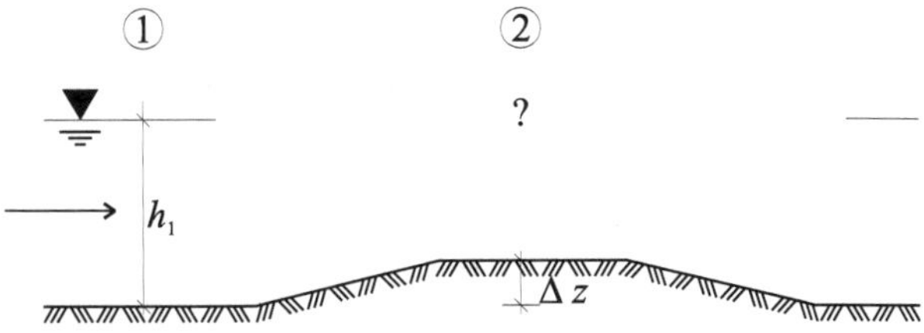

Nebenrechnungen:

a) Normalwassertiefe

$$v = k_{St} \cdot r_{hy}^{2/3} \cdot I_E^{1/2}$$

Normalabfluss $\rightarrow I_E \approx I_{So}$

sehr breites Gerinne $\rightarrow r_{hy} \approx h_n$

$$\frac{75}{50 \cdot h_n} = 40 \cdot h_n^{2/3} \cdot \sqrt{3{,}64 \cdot 10^{-4}}$$

$$\frac{Q}{b \cdot h_n} = k_{St} \cdot h_n^{2/3} \cdot \sqrt{I_{So}}$$

$$h_n^{5/3} = \frac{3{,}75 \cdot 10^{-2}}{\sqrt{3{,}64 \cdot 10^{-4}}}$$

$$h_n = 1{,}9655^{3/5} = \underline{\underline{1{,}50\ m = h_1}}$$

b) Grenzwassertiefe

$$\underline{\underline{h_{gr}}} = \sqrt[3]{\frac{q^2}{g}} = \sqrt[3]{\frac{(75/50)^2}{10}} \underline{\underline{= 0{,}61 \text{ m}}}$$

c) Wassertiefe h_2

E / h - Diagramm:

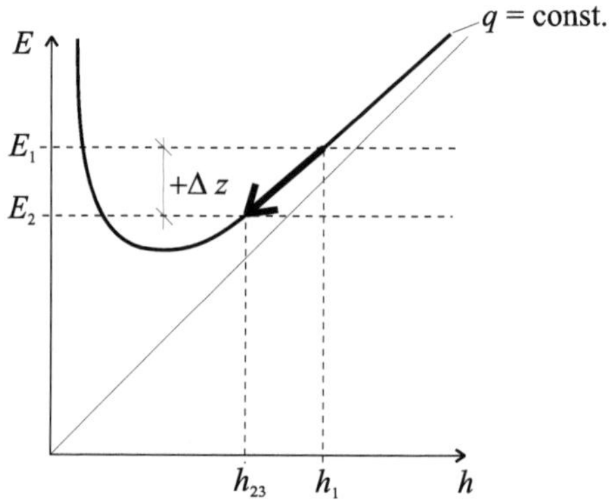

Berechnung:

$$v_1 = \frac{Q}{b_1 \cdot h_1} = 1 \text{ m/s}$$

$$z_1 + h_1 + \frac{v_1^2}{2g} = z_2 + h_2 + \frac{v_2^2}{2g}$$

$$1{,}5 + \frac{1}{20} = +0{,}5 + h_2 + \frac{75^2}{50^2 \cdot h_2^2 \cdot 20}$$

$$1{,}05 = h_2 + \frac{0{,}1125}{h_2^2}$$

$$1{,}05 \cdot h_2^2 = h_2^3 + 0{,}1125$$

$$0 = h_2^3 - 1{,}05\, h_2^2 + 0{,}1125$$

Polynom 3. Grades → drei mögliche Lösungen:

$h_{21} = -0{,}2898$ m unbrauchbar, da negative Wassertiefe

$h_{22} = 0{,}4239$ m Lösung im Schießen, da $h_{22} < h_{gr} = \sqrt[3]{\frac{q^2}{g}} = 0{,}61$ m

$h_{23} = 0{,}9159$ m physikalisch sinnvolle Lösung

Ergebnis:

$$\underline{\underline{h_2 = 0{,}92 \text{ m}}}$$

Extremfall einer Sohlschwelle

Aufgabe 33:

Durch ein Rechteckgerinne der Breite b = 5 m fließt die Wassermenge Q = 5 m³/s mit der Wassertiefe h = 1,5 m. Wie hoch darf eine Grundschwelle höchstens sein, ohne einen Aufstau im Oberwasser zu erzeugen? Reibungsverluste können vernachlässigt werden.

Vorgaben:

b = 5 m
h_1 = 1,5 m
Q = 5 m³/s

Skizze:

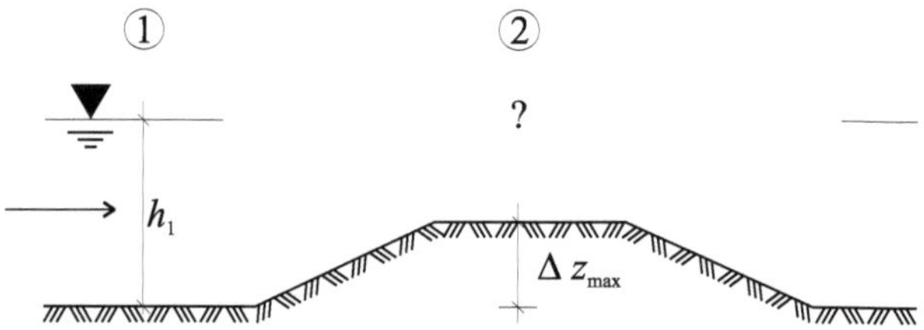

E / h – Diagramm:

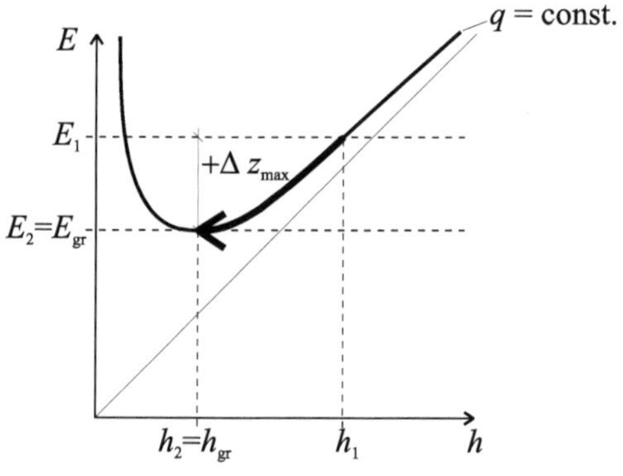

Berechnung:

!

E_2 muss in diesem Fall genau E_{gr} sein. Wäre die Sohlschelle noch höher, würde es zunächst zu einem Aufstau kommen.

$$h_1 = 1{,}5 \text{ m}$$

$$v_1 = \frac{Q}{A} = \frac{Q}{B \cdot h} = \frac{5}{5 \cdot 1{,}5} = 0{,}667 \text{ m/s}$$

$$h_2 = h_{gr} = \sqrt[3]{\frac{q^2}{g}} = \sqrt[3]{\frac{Q^2}{g \cdot B^2}} = 0{,}464 \text{ m}$$

$$v_2 = v_{gr} = \sqrt{g \cdot h_{gr}} = 2{,}154 \text{ m/s}$$

$$z_1 + h_1 + \frac{v_1^2}{2g} = z_2 + h_2 + \frac{v_2^2}{2g}$$

$$\Delta z = h_1 + \frac{v_1^2}{2g} - h_{gr} - \frac{v_{gr}^2}{2g}$$

Ergebnis:

$$\underline{\underline{\Delta z_{max} = 0{,}826 \text{ m}}}$$

Überfall

Grundlagen

Überschreiten wir den Extremfall einer Sohlschwelle, bei welchem der vorliegende Abfluss gerade noch abgeführt werden kann, kommt es zu einem Aufstau. Soll ein Gewässer gezielt aufgestaut werden, wird ein Damm gewünschter Höhe gebaut. Es setzt ein instationärer Prozess des Aufstauens ein, bis es zur Ausbildung eines neuen Gleichgewichtszustandes mit Grenzabfluss an der Krone des Bauwerkes kommt. Wir sprechen in solch einem Fall auch von einem überströmten Wehr oder Überfall. Dieses spezielle Problem lässt sich unter den unten vermerkten Bedingungen einfach mit den folgenden Formeln erfassen.

- **Wehr, Überfallformel**

$$Q = \frac{2}{3}\mu \cdot b \cdot h_{ü}\sqrt{2 \cdot g \cdot h_{ü}}$$

- **breitkronig**

$$\mu = \frac{1}{\sqrt{3}}$$

- **schmalkronig** μ siehe Tabelle in Formelsammlung

- **Diese Formeln gelten nur für vollkommene Überfälle, also Überfälle bei welchen die Bedingung erfüllt ist, dass über der Krone Grenzabfluss herrscht.**

__Aufgabe 34:__

Aus einem See fließt Wasser über ein breitkroniges Wehr in einen steilen Rechteckkanal. Die Wehrkrone liegt $h_{ü}$ = 8 m unter dem Seewasserspiegel. Berechne an der Stelle 2 mit Δz = 2 m die Wassertiefe, die Geschwindigkeit und die Froudezahl. Der Reibungseinfluss ist zu vernachlässigen.

Vorgaben:
$h_{ü} = 8$ m
$\Delta z = 2$ m
$\mu = \frac{1}{\sqrt{3}}$

Gesucht:
h_1, h_2, v_1, v_2, Fr_2

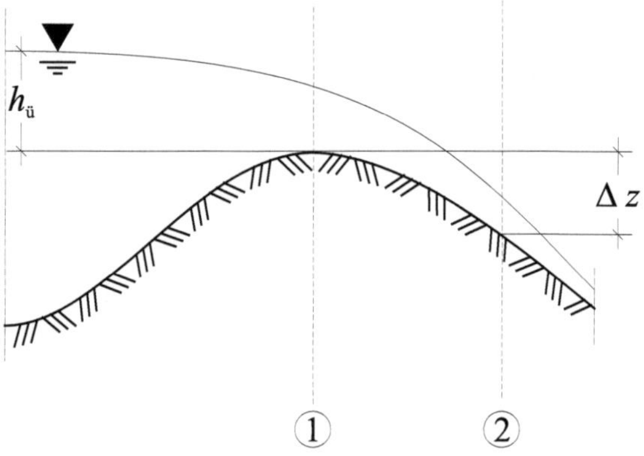

?

Ihr vermisst in der Aufgabenstellung die Breite? Kein Problem. Wir nehmen die Überfallformel und können die Formel auf einen Durchfluss pro Breitenmeter q umrechnen.

$\rightarrow q = Q / B$:

$$\frac{Q}{B} = q$$
$$= \frac{2}{3}\mu \cdot h_{ü}\sqrt{2g \cdot h_{ü}}$$
$$= \frac{2}{3} \cdot \frac{1}{\sqrt{3}} \cdot 8 \cdot \sqrt{2g \cdot 8}$$
$$\underline{\underline{q = 38{,}95 \ \frac{m^2}{s}}}$$

$$\underline{\underline{h_1}} = h_{gr} = \sqrt[3]{\frac{q^2}{g}} = \underline{\underline{5{,}33 \text{ m}}}$$
$$\underline{\underline{v_1}} = v_{gr} = \sqrt{g \cdot h_{gr}} = \underline{\underline{7{,}31 \text{ m/s}}}$$

$E_1 = E_2$ **unter Einbeziehung von** Δz **:**

$$h_{gr} + \frac{v_{gr}^2}{2g} = -\Delta z + h_2 + \frac{v_2^2}{2g}$$
$$h_{gr} + \frac{v_{gr}^2}{2g} = -\Delta z + h_2 + \frac{q^2}{2gh_2^2}$$
$$5{,}33 + \frac{7{,}31^2}{20} = -2 + h_2 + \frac{38{,}95^2}{20\ h_2} \qquad \Big| \cdot h_2^2$$
$$h_2^3 - 10\ h_2^2 + 75{,}855 = 0$$

$h_{21} = -2{,}47$ m   unbrauchbar, da negative Wassertiefe

$h_{22} = 9{,}08$ m   Lösung im Strömen, da $h_{22} > h_{gr} = \sqrt[3]{\frac{q^2}{g}} = 5{,}33$ m

$\underline{\underline{h_{23} = 3{,}39 \text{ m}}}$ physikalisch sinnvolle Lösung

$$\underline{\underline{v_2}} = \frac{q}{h_2} = \underline{\underline{11{,}49 \text{ m/s}}}$$

$$Fr_2 = \frac{v_2}{\sqrt{g \cdot h_2}} = 1{,}97 \; \rangle \; 1 \quad \rightarrow \quad \underline{\underline{\text{schießender Abfluß}}}$$

Schütz, Wechselsprung

Grundlagen

Eine Alternative zum überströmten Wehr ist, wie sollte es anders sein, das unterströmte Wehr, das auch als Schütz bezeichnet wird. Im Zuge der Berechnung eines Schützes wollen wir auch einen anderen typischen Begriff der Gerinnehydraulik, den Wechselsprung diskutieren. Die Bedeutung der Begriffe strömen und schießen wurde bereits geklärt. Von weiterem Interesse ist die Art des Übergangs zwischen diesen Fließzuständen.

- **Übergang strömen → schießen: kontinuierlich**
  → Energieverlust vernachlässigbar

- **Übergang: schießen → strömen: diskontinuierlich**
  → in hohem Maße konzentrierter Verlust an strömungsmechanisch nutzbarer Energie
  → wird als Wechselsprung bezeichnet

Beim Strömen ist eine Ausbreitung einer Störung auch nach stromauf möglich, beim nachfolgenden Schießen nur nach stromab. Der Übergang vom Strömen zum Schießen kann somit kontinuierlich erfolgen und ist mit einem vernachlässigbar kleinen Energieverlust verbunden. Im umgekehrten Fall, also beim Übergang vom Schießen zum Strömen, ist im Übergangsbereich eine Ausbreitung der Störung nach stromauf nicht möglich. Konzentriert muss die hohe Bewegungsenergie des schießenden Wassers in die höhere Lageenergie des strömenden Wassers gewandelt werden. Diese Erscheinung ist mit einem hohen Verlust an strömungsmechanisch nutzbarer Energie verbunden. Das beschriebene Phänomen ist ein sogenannter Wechselsprung.

Die nächste Abbildung zeigt das E / h – Diagramm für das Durchfließen eines Wechselsprungs. Die spezifische Energiehöhe des schießenden Bereichs stromab des Schützes und direkt vor dem Wechselsprung hat den Betrag E_{auf}, der dick markierte Pfeil stellt das Durchlaufen des Wechselsprungs dar. Im strömenden Zustand stromab des Wechselsprungs wird jedoch nur das Niveau E_{ab} erreicht. Die Differenz ist die Verlusthöhe h_v, die dem Gewässer aus hydraulischer Sicht verloren geht. Bisher haben wir bei konstanter Energiehöhe von konjugierten Wassertiefen gesprochen. Die beiden Wassertiefen vor und hinter dem Wechselsprung werden ebenfalls konjugierte Wassertiefen genannt. Da der Verlust im Wechselsprung aber nicht quantifizierbar ist, darf nicht ohne weiteres mit der Bernoulligleichung über den Wechselsprung „hinweg" gerechnet werden. Aus der Betrachtung der Massen- und Impulserhaltung lässt sich das folgende Verhältnis der konjugierten Wassertiefen beim Wechselsprung ableiten:

- **Skizze eines Wechselsprungs**

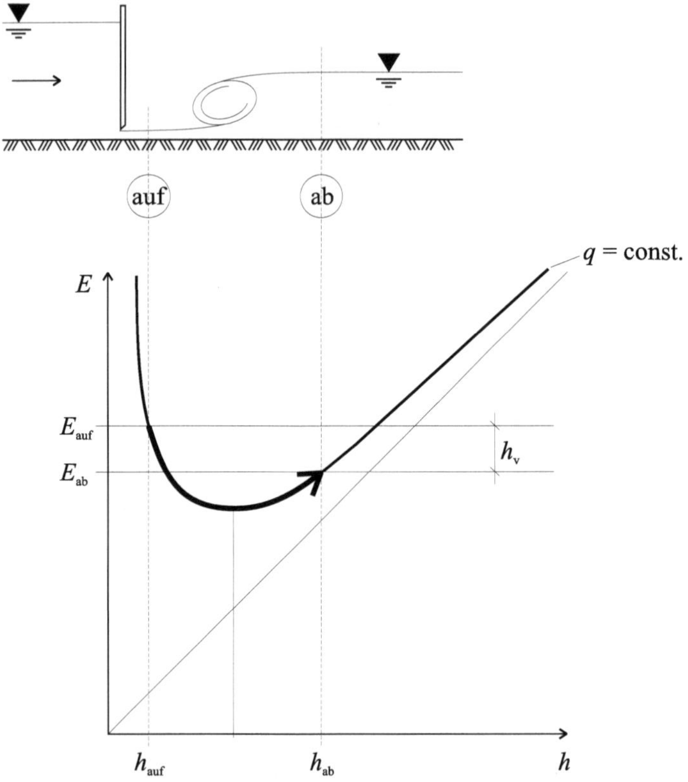

- **Verhältnis der konjugierten Wassertiefen beim Wechselsprung**

$$\frac{h_{ab}}{h_{auf}}=\frac{1}{2}\left(\sqrt{1+8Fr_{auf}^{2}}-1\right) \quad \text{oder} \quad \frac{h_{auf}}{h_{ab}}=\frac{1}{2}\left(\sqrt{1+8Fr_{ab}^{2}}-1\right)$$

h_{ab} = Wassertiefe stromab des Wechselsprungs
h_{auf} = Wassertiefe stromauf des Wechselsprungs
Fr_{ab} = Froudezahl stromab des Wechselsprungs
Fr_{auf} = Froudezahl stromauf des Wechselsprungs

Aufgabe 35:

Gegeben ist der schießende Abfluss in einem rechteckigen Querschnitt an der Stelle A mit: $h_A = 0{,}15$ m und $v_A = 3$ m/s. Reibungsverluste können vernachlässigt werden.

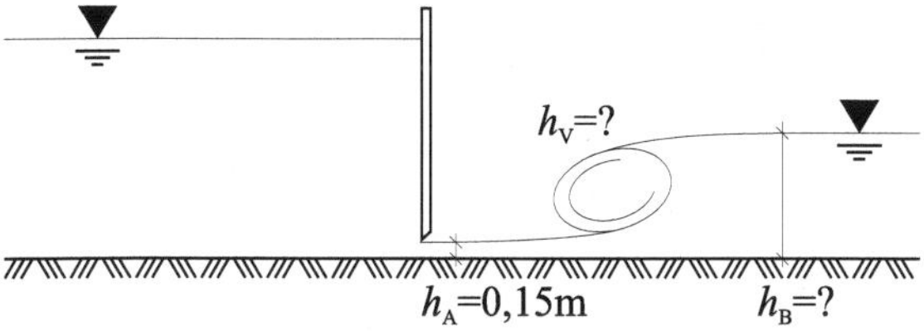

a)
Berechne die Wassertiefe h_B an der Stelle B hinter dem Wechselsprung.

b)
Wie groß ist der Energieverlust h_v?

$$Fr_A = \frac{v}{c} = \frac{v}{\sqrt{g \cdot h}} \quad \rightarrow \quad Fr_A = \frac{v_A}{\sqrt{g \cdot h_A}} = \frac{3}{\sqrt{g \cdot 0{,}15}} = 2{,}45$$

$$\frac{h_B}{h_A} = \frac{1}{2}\left(\sqrt{1 + 8 \cdot 2{,}45^2} - 1\right) = 3$$

$$\rightarrow \underline{\underline{h_B}} = 3 \cdot h_A = \underline{\underline{0{,}45 \text{ m}}}$$

$$q = \text{const.} \rightarrow q_A = q_B = h \cdot v$$

$$h_A \cdot v_A = h_B \cdot v_B$$

$$0{,}15 \cdot 3 = 0{,}45 \cdot v_B$$

$$\rightarrow \underline{\underline{v_B = 1 \text{ m/s}}}$$

Jetzt ist rückwirkend eine Berechnung des Verlustes h_v mit Hilfe einer Betrachtung der spezifischen Energiehöhen über den Wechselsprung hinweg möglich:

$$\underbrace{h_A + \frac{v_A^2}{2 \cdot g}}_{E_A} = \underbrace{h_B + \frac{v_B^2}{2 \cdot g}}_{E_B} + h_v$$

$$h_v = 0{,}15 + \frac{3^2}{2 \cdot g} - 0{,}45 - \frac{1^2}{2 \cdot g}$$

$$\underline{\underline{h_v = 0{,}10 \text{ m}}}$$

Aufgabe 36:

An einem unterströmten Wehr werden die Wassertiefe h_2 = 0,1 m und h_3 = 0,5 m gemessen. Die Gerinnetiefe sei konstant und Reibung vernachlässigbar.

Vorgaben:
$h_2 = 0{,}1$ m
$h_3 = 0{,}5$ m

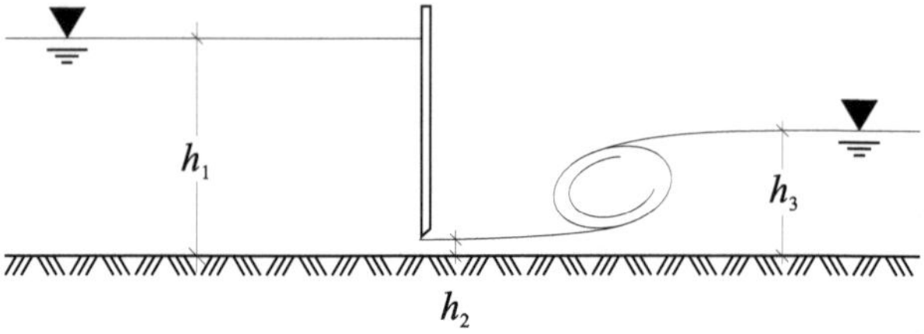

a)
Welche Wassermenge wird abgeführt ?

b)
Wie hoch ist der Aufstau h_1 vor dem Wehr ?

Berechnung des Abflusses:
Breite b nicht gegeben → mit q rechnen

$$q = v_2 \cdot h_2 = v_3 \cdot h_3$$

$$\left.\begin{aligned} \frac{h_3}{h_2} &= \frac{1}{2}\left(\sqrt{1+8\cdot Fr_2^2}-1\right) \\ Fr_2 &= \frac{v_2}{\sqrt{g\cdot h_2}} \end{aligned}\right\} \frac{h_3}{h_2} = \frac{1}{2}\left(\sqrt{1+8\cdot\frac{v_2^2}{g\cdot h_2}}-1\right)$$

$$v_2 = \sqrt{10\cdot 0{,}1\cdot\frac{\left(\frac{2\cdot 0{,}5}{0{,}1}+1\right)^2-1}{8}} = \sqrt{15}$$

$$v_2 = 3{,}873 \text{ m/s}$$

$$\underline{\underline{q}} = v_2\cdot h_2 = 3{,}873\cdot 0{,}1 = \underline{\underline{0{,}387 \text{ m/s}}}$$

Berechnung des Aufstaus:

$$E_1 = E_2$$

$$\mathrm{v} = \frac{q}{h} \quad \rightarrow \quad h_1 + \frac{q^2}{2 \cdot g \cdot h_1^2} = 0{,}1 + \frac{0{,}387^2}{20 \cdot 0{,}1^2}$$

$$h_1^3 + 0{,}0075 = 0{,}1 \cdot h_1^2 + 0{,}75 \cdot h_1^2$$

$$h_1^3 - 0{,}85 \cdot h_1^2 + 0{,}0075 = 0$$

!

Häufig scheitern Anfänger am Lösen der oft auftretenden Polynome 3. Grades. In dem hier diskutierten Fall eines unterströmten Wehres ist die Lösung besonders einfach. Für unseren Untersuchungsort direkt am Schütz haben wir gerade ein Polynom 3. Grades zur Berechnung der Wassertiefe aufgestellt.

$$h_1^3 - 0{,}85 \cdot h_1^2 + 0{,}0075 = 0$$

Unmittelbar am Schütz wird im Fließgewässer aber künstlich eine Unstetigkeit im Verlauf der Wasserspiegellinie erzwungen. An diesem Ort bestehen zwei Wassertiefen, die Stauhöhe h_1 und die Unterströmungshöhe h_2. Die Unterströmungshöhe h_2 ist uns aber bereits bekannt. Unser Polynom 3. Grades hat damit nur noch zwei für uns unbekannte Lösungen. Über Polynom-Divison lässt sich unser Polynom in ein Produkt eines Polynom 1.Grades und eines Polynom 2.Grades umformen:

$$(\ h_1 - 0{,}1\ ) \cdot \underbrace{\left(\ h_1^2 - 0{,}75 \cdot h_1 - 0{,}075\ \right)}_{\substack{\text{quadratische Gleichung} \\ \rightarrow \text{a,b,c oder p,q - Formel}}} = 0$$

Die verbleibende quadratische Gleichung lässt sich leicht mit Hilfe der allgemein bekannten a,b,c – Formel oder p,q – Formel lösen.

Bereits vorgegeben:

$$h_{11} = 0{,}10 \text{ m}$$

Lösung der quadratischen Gleichung:

$$h_{12} = -0{,}089 \text{ m} \quad \text{unbrauchbar, da negative Wassertiefe}$$

$$\underline{\underline{h_{13} = 0{,}84 \text{ m}}} \quad \text{physikalisch sinnvolle Lösung}$$

Spiegellinienverlauf

Grundlagen

Im näheren Umfeld der hier diskutierten Querschnittsveränderungen und Einbauten in ein Fließgewässer herrscht kein Normalabfluss. Von Normalabfluss darf nur weit stromauf oder weit stromab eines Hindernisses im ungestörten Bereich ausgegangen werden. Eine ganz erhebliche Ungleichförmigkeit ist im Nahfeld von Wehren anzutreffen mit Erscheinungen wie dem Staubereich, dem über- oder unterströmten Wehr selbst und Erscheinungen wie Wechselsprüngen. Der Verlauf der Spiegellinie (= Wasserspiegellage über die Fließrichtung) lässt sich mit der Spiegelliniengleichung bestimmen.

- **Spiegelliniengleichung für den Rechteckquerschnitt**

$$\frac{dh}{ds} = I_{So} \cdot \frac{h_{Sp}^3 - h_n^3}{h_{Sp}^3 - h_{gr}^3}$$

mit folgenden Wassertiefen :

h_{Sp} = Wassertiefe an einem Punkt entlang der Spiegellinie

h_n = Normalwassertiefe

h_{gr} = Grenzwassertiefe

Häufig kann es schon sehr hilfreich sein, mit der Spiegelliniengleichung die Länge des Staubereichs abzuschätzen. Zu einer kurzen Handrechnung nehmen wir als gröbste Schätzung einen linearen Verlauf der Staulinie zwischen den vorher errechneten und damit bekannten Randwerten an. Als Startwert nehmen wir den Mittelwert der beiden bekannten Randwerte, die einzige Unbekannte ist der Ortschritt. Wir rechnen quasi in einem Ortschritt über den unbekannten Verlauf hinweg und erhalten somit eine erste Schätzung für die Länge des Staubereichs.

- **Iterative Lösung der Spiegelliniengleichung**

Iterativ kann mit der Gleichung in der nachfolgenden Weise die Wasserspiegellage an diskreten Punkten ermittelt werden.

$$h_{i+1} = h_i + \Delta s \cdot I_{So} \cdot \frac{\left(\frac{h_i + h_{i+1}}{2}\right)^3 - h_n^3}{\left(\frac{h_i + h_{i+1}}{2}\right)^3 - h_{gr}^3}$$

$$L = n \cdot \Delta s \qquad \text{mit n = Anzahl der Iterationsschritte}$$

Es ist ein entsprechender Ortschritt Δs zu wählen. Je kleiner dieser Ortschritt gewählt wird, umso genauer lässt sich die resultierende Spiegellinie bestimmen. Sinnvollerweise nutzt man für derartige Berechnungen einen PC. Lösen wir den Verlauf der Spiegellinie mit dem Rechner, setzen wir beim ersten Schritt den Wert h_i als Startwert an, erhalten dann mit h_{i+1} die Lage der Spiegellinie (Wassertiefe) nach einem Ortschritt, also Δs Meter neben dem Startpunkt. Wenn h_{i+n} mit dem zweiten Randwert konvergiert, kann die Iteration abgebrochen werden. Aus der Anzahl der Ortschritte ergibt sich die Länge der Staulinie. Die beiden nachfolgenden Beispiele zeigen, dass man mit der oben erläuterten groben Handrechnung unter der Annahme „linearer Staulinienverlauf“ bereits erstaunlich nah am Ergebnis des Rechners nach einigen 100 Iterationsschritten liegt.

Wasserspiegellage (stromauf eines Schützes)

Aufgabe 37:

Gegeben ist der skizzierte breite Rechteckquerschnitt aus altem Beton mit der Breite B = 20 m und einem Gefälle von $I_{So} = 0{,}01$.

Vorgaben:

$B = 20$ m
$I_{So} = 0{,}01$
$q = 1{,}5$ m³/sm
$h_u = 0{,}2$ m

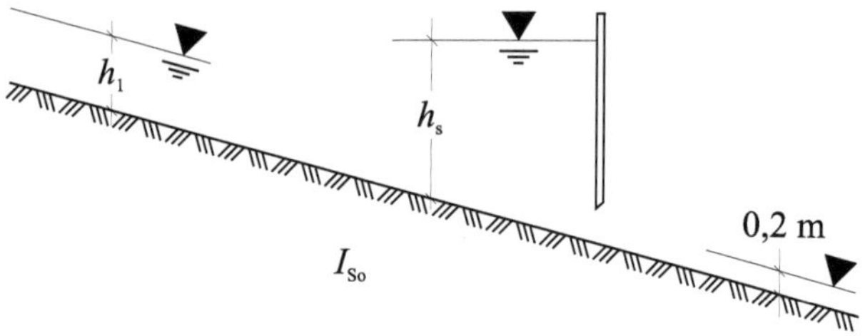

a)
Welche Wassertiefen stellen sich bei einer Abflussmenge von q = 1,5 m³/sm weit oberhalb und weit unterhalb des Schützes ein? Ist der Abfluss schießend oder strömend? Das Schütz wird soweit geöffnet, dass sich direkt unterhalb des Schützes eine Wassertiefe von 0,2 m einstellt. Berechne die Stauhöhe h_s direkt oberhalb des Wehres.

b)
Berechne die Länge der Staulinie mit der Spiegelgleichung für breite Gerinne unter Annahme der groben Vereinfachung, dass die Staulinie linear verläuft.

a)
Berechnung der Normalwassertiefe weit oberhalb und unterhalb des Schützes:

Manning–Strickler : alter Beton → $k_{St} = 50 \text{ m}^{1/3}/\text{s}$

$$r_{hy} = \frac{B \cdot h}{B + 2h} \quad ; \text{ für } B >> h \quad \text{gilt} \quad r_{hy} \approx h$$

$$\frac{q}{h} = k_{St} \cdot h^{2/3} \cdot I_{So}^{\ 1/2}$$

$$h^{5/3} = \frac{q}{k_{St} \cdot I_{So}^{\ 1/2}} = \frac{1{,}5}{50 \cdot 0{,}01^{1/2}} = 0{,}3 \text{ m}^{5/3}$$

$$h = 0{,}3^{3/5} = \underline{\underline{0{,}486 \text{ m}}}$$

Kontrolle der Annahme „sehr breites Gerinne“:

$$r_{hy} = \frac{B \cdot h}{B + 2h}$$
$$= \frac{20 \cdot 0{,}486}{20 + 2 \cdot 0{,}486} = 0{,}464 \text{ m} \approx h$$

Fließzustand:
Die nachfolgenden drei Nachweise sind prinzipiell identisch:

mittels Froudezahl:

$$Fr = \frac{v}{\sqrt{gh}} = \frac{q}{\sqrt{gh^3}} = \frac{1{,}5}{\sqrt{10 \cdot 0{,}48^3}} = 1{,}43 > 1$$

→ schießender Abfluss

mittels Grenzwassertiefe:

$$h_{gr} = \sqrt[3]{\frac{q^2}{g}} = \sqrt[3]{\frac{1{,}5^2}{10}} = 0{,}608 \text{ m} > h$$

→ schießender Abfluss

mittels Grenzgeschwindigkeit:

$$v_{gr} = \sqrt{g \cdot h_{gr}} = \sqrt{10 \cdot 0{,}608} = 2{,}466 \text{ m/s}$$

$$v = \frac{q}{h} = \frac{1{,}5}{0{,}4B} = 3{,}125 \text{ m/s} > v_{gr}$$

→ schießender Abfluss

Stauhöhe h_S :

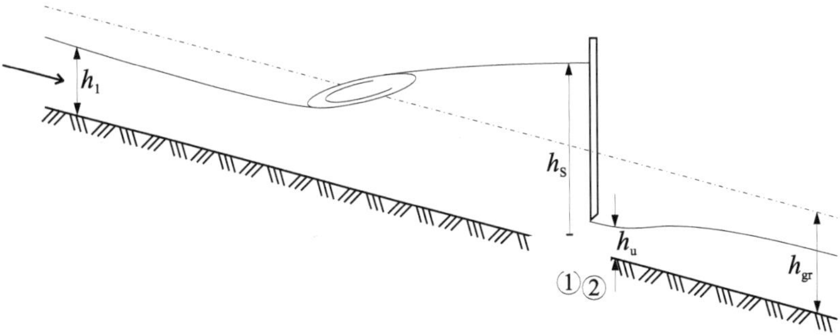

Aufstellen der Bernoulli-Gleichung:
(Achtung, nicht über einen Wechselsprung hinweg)

$$z_S + h_S + \frac{v_S^2}{2g} = z_u + h_u + \frac{v_u^2}{2g} + h_v$$

$$z_S \approx z_u \quad h_v = 0$$

$$h_S + \frac{q^2}{h_S^2 \cdot 2g} = h_u + \frac{q^2}{h_u^2 \cdot 2g}$$

$$h_S^3 - \left(h_u + \frac{q^2}{h_u^2 \cdot 2g}\right) \cdot h_S^2 + \frac{q^2}{2g} = 0$$

$$h_S^3 - \left(0{,}20 + \frac{1{,}5^2}{0{,}20^2 \cdot 2 \cdot 10}\right) \cdot h_S^2 + \frac{1{,}5^2}{2 \cdot 10} = 0$$

$$h_S^3 - 3{,}0125 \cdot h_S^2 + 0{,}1125 = 0$$

$$h_{S1} = -0{,}1875 \text{ m (nicht möglich)}$$

$$h_{S2} = \ 0{,}20 \quad \text{m (entspricht Schützöffnung)}$$

$$h_{S3} = \underline{\underline{3{,}00 \text{ m} = h_S}}$$

b)

Berechnung der konjugierten Wassertiefe h_{konj} direkt stromab des Wechselsprungs:

$$h_{\text{konj}} = \frac{1}{2} \cdot h_1 \cdot \left[\sqrt{1 + 8Fr^2} - 1\right]$$

$$= \frac{1}{2} \cdot 0{,}48 \cdot \left[\sqrt{1 + 8 \cdot 1{,}43^2} - 1\right] = \underline{\underline{0{,}760 \text{ m}}}$$

Länge der Staulinie:

$$\frac{dh}{ds} = I_{SO} \cdot \frac{h_{\text{Sp}}^3 - h_{\text{n}}^3}{h_{\text{Sp}}^3 - h_{\text{gr}}^3}$$

$$h_{\text{n}} = h_1 = 0{,}486 \text{ m}; \quad h_{\text{gr}} = 0{,}610 \text{ m}$$

$$h_{\text{Anfang Staulinie}} = h_{\text{konj}} = 0{,}760 \text{ m}$$

$$h_{\text{Ende Staulinie}} = h_3 = 3{,}000 \text{ m}$$

grobe Schätzung; linearer Verlauf:

$$h_{\text{Sp}} = \frac{3{,}000 + 0{,}760}{2} = 1{,}880 \text{ m}$$

$$\frac{3{,}000 - 0{,}760}{L} = 0{,}01 \cdot \frac{1{,}880^3 - 0{,}486^3}{1{,}880^3 - 0{,}610^3}$$

$$L = \underline{\underline{220{,}169 \text{ m}}}$$

Programm liefert Konvergenz nach n = 427 Iterationsschritten:

$$h_{\text{i+1}} = h_{\text{i}} + \Delta s \cdot I_{\text{So}} \cdot \frac{\left(\frac{h_{\text{i}} + h_{\text{i+1}}}{2}\right)^3 - h_{\text{n}}^3}{\left(\frac{h_i + h_{i+1}}{2}\right)^3 - h_{\text{gr}}^3}$$

$$L = n \cdot \Delta s \qquad z.B.: \ \Delta s = 0{,}50 \text{ m}$$

$$L = \underline{\underline{213{,}50 \text{ m}}}$$

Wasserspiegellage (stromab eines Wehres)

Aufgabe 38:

Ein Kanal mit Rechteckquerschnitt wird aus einem See durch ein unterströmtes Wehr gespeist. Der Wasserspiegel des Sees liegt am Wehr $h_1 = 8$ m über der Kanalsohle, und es sollen $Q = 80\ \text{m}^3/\text{s}$ abgeführt werden.

Vorgaben :

$I_{So} = 0{,}0003$

$h_1 = 8$ m

$B = 30{,}0$ m

$Q = 80$ m

$k = 2$ mm

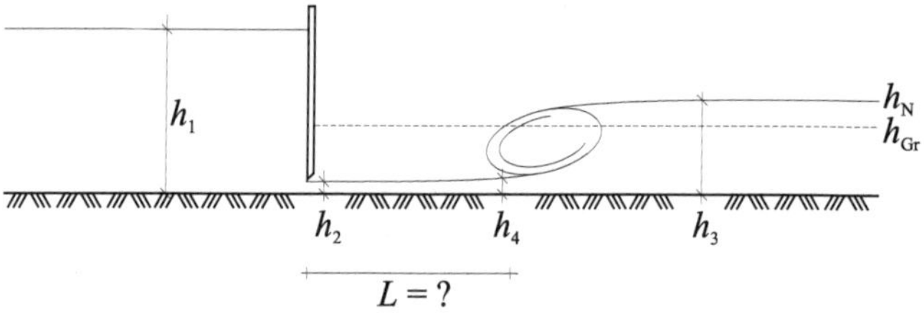

a)

Berechne die Wassertiefen unterhalb des Wehres und zwar direkt hinter dem Wehr und in großer Entfernung davon und beweise das Auftreten eines Wechselsprungs direkt stromab des Wehres.

b)

Berechne die Länge der Staulinie mit der Spiegelgleichung für breite Gerinne unter Annahme der groben Vereinfachung, dass die Staulinie linear verläuft.

a)

Wechselsprung ; Wassertiefen h_2 , h_3

Grenzwassertiefe:

$$h_{gr} = \sqrt[3]{\frac{q^2}{g}} = \sqrt[3]{\frac{Q^2}{g \cdot B^2}} = \sqrt[3]{\frac{80^2}{10 \cdot 30^2}} = \underline{\underline{0{,}893\ \text{m}}}$$

Wassertiefe hinter dem Wehr h_2:

Bernoulligleichung:

$$z_1 + h_1 + \frac{v_1^2}{2g} = z_2 + h_2 + \frac{v_2^2}{2g}$$

$$z_1 \approx z_2 \qquad v_1 \approx 0 \quad \text{(See)}$$

Kontinuitätsgleichung:

$$v_2 = \frac{Q}{A} = \frac{Q}{B \cdot h_2}$$

Alles einsetzen:

$$h_1 = h_2 + \frac{Q^2}{2gB^2h_2^2}$$

$$h_2^3 - h_1 h_2^2 + \frac{Q^2}{2gB^2} = 0$$

$$h_2^3 - 8 \cdot h_2^2 + \frac{80^2}{2 \cdot 10 \cdot 30^2} = 0$$

$$h_{2,1} = \underline{\underline{0{,}214 \text{ m}}}$$

$$h_{2,2} = -0{,}208 \text{ m} \quad \text{(unsinnig)}$$

$$h_{2,3} = 7{,}994 \text{ m} \quad \text{(entspricht Stauhöhe)}$$

Wassertiefe hinter dem Wehr h_3 **:** weit unterhalb des Wehres herrscht Normalabfluss
$\rightarrow I_E = I_W = I_{SO}$; $h = \text{const.}$; $v = \text{const.}$

Berechnung nach Darcy - Weisbach:

Systematisches Abarbeiten des 8-Punkte-Darcy-Weisbach-Plans

***I.* Gleichungen:**

$$I_E = \lambda \cdot \frac{1}{d_{hy}} \cdot \frac{v^2}{2g}$$

$$\text{mit} \quad d_{hy} = 4 \cdot \frac{A}{U} \quad ; \quad A = B \cdot h_3 \quad ; \quad U = B + 2h_3$$

***II.* hydraulischer Radius:**

$$d_{hy} = 4 \cdot \frac{B \cdot h_3}{B + 2h_3} \qquad d_{hy} \approx 4 \cdot h_3 \quad \text{für } B >> h_3$$

III. **Geschwindigkeit:**

$$v = \frac{Q}{A_3} = \frac{Q}{B \cdot h_3}$$

IV. **Strömungseigenschaften:**

$$Re = \frac{v \cdot d_{hy}}{\nu} = \frac{Q}{B \cdot h_3} \cdot \frac{4 \cdot h_3}{\nu} = 1{,}07 \cdot 10^7$$

V. **Wandungseigenschaften:**

$$k/d_{hy} = \frac{k}{4 \cdot h_3} = \frac{2 \cdot 10^{-3}}{4 \cdot h_3} = 5 \cdot 10^{-4} \cdot \frac{1}{h_3}$$

VI. **Einsetzen:**

$$I_{So} = \lambda \cdot \frac{1}{4h_3} \cdot \frac{Q^2}{B^2 \cdot h_3^2 \cdot 2g}$$

$$h_3^3 = \frac{\lambda \cdot Q^2}{I_{SO} \cdot 8 \cdot B^2 \cdot g}$$

$$h_3^3 = \lambda \cdot \frac{80^2}{0{,}0003 \cdot 8 \cdot 30^2 \cdot 10}$$

$$h_3^3 = \lambda \cdot 296{,}2963$$

VII. **Iteration:**

		Iteration 1	**Iteration 2**	**Iteration 3**
λ	0,02 (Startwert)	0,0148	0,0151	0,0150
$\rightarrow$ ***h*₃**	1,810 m	1,635 m	1,646 m	**1,646 m**
Re	$1{,}07 \cdot 10^7$	$1{,}07 \cdot 10^7$	$1{,}07 \cdot 10^7$	---
k/d	$2{,}763 \cdot 10^{-4}$	$3{,}058 \cdot 10^{-4}$	$3{,}037 \cdot 10^{-4}$	---
$\rightarrow$ ***Moody*** $\rightarrow$	0,0148	0,0151	0,0150	Konvergenz

VIII. **Ergebnis:**

$$\underline{\underline{h_3 = 1{,}646 \text{ m}}}$$

Wechselsprung :

$h_2 < h_{gr}$ $\rightarrow$ schießender Abfluss

$h_3 > h_{gr}$ $\rightarrow$ strömender Abfluss

Übergang Schießen $\rightarrow$ Strömen: diskontinuierlich $\rightarrow$ Wechselsprung

b)

Berechnung der konjugierten Wassertiefe h_4:

$$\frac{h_4}{h_3} = \frac{1}{2} \cdot \left(\sqrt{1+8Fr_3^2} - 1\right)$$

$$\text{mit} \quad Fr_3 = \frac{v}{c} = \frac{v}{\sqrt{g \cdot h_3}} = \frac{Q}{B \cdot \sqrt{g \cdot h_3^3}}$$

$$\rightarrow h_4 = \frac{1}{2} \cdot h_3 \left(\sqrt{1+8 \cdot \frac{Q^2}{B^2 g h_3^3}} - 1\right)$$

$$= \frac{1}{2} \cdot 1{,}646 \cdot \left(\sqrt{1+8 \cdot \frac{80^2}{30^2 \cdot 10 \cdot 1{,}646^3}} - 1\right)$$

$$= \underline{\underline{0{,}419 \text{ m}}}$$

Länge der Staulinie:

$$\frac{dh}{ds} = I_{So} \cdot \frac{h_{Sp}^3 - h_n^3}{h_{Sp}^3 - h_{gr}^3}$$

$$h_n = h_1 = 1{,}646 \text{ m}; \quad h_{gr} = 0{,}893 \text{ m}$$

$$h_{\text{Anfang Staulinie}} = h_2 = 0{,}210 \text{ m}$$

$$h_{\text{Ende Staulinie}} = h_4 = 0{,}420 \text{ m}$$

Handrechnung: Es wird quasi zur 1.Schätzung ein Ortschritt gerechnet

$$h_{Sp} = \frac{0{,}21 + 0{,}42}{2} = 0{,}315 \text{ m}$$

$$\frac{0{,}42\text{-}0{,}21}{L} = \frac{0{,}315^3 - 1{,}646^3}{0{,}315^3 - 0{,}893^3} \cdot 0{,}0003$$

$$L = \underline{\underline{107{,}63 \text{ m}}}$$

Programm liefert Konvergenz nach n = 209 Iterationsschritten:

$$h_{i+1} = h_i + \Delta s \cdot I_{So} \cdot \frac{\left(\frac{h_i + h_{i+1}}{2}\right)^3 - h_n^3}{\left(\frac{h_i + h_{i+1}}{2}\right)^3 - h_{gr}^3}$$

$$L = n \cdot \Delta s \qquad \Delta s = 0{,}50\text{m}$$

$$L = \underline{\underline{104{,}50 \text{ m}}}$$

Thema 5
Räumliche Ansätze

Stichworte

- Euler - Gleichung
- Navier - Stokes – Gleichung
- Reynolds - Gleichung
- Gradient, Divergenz, Rotation
- Nabla-Operator

Räumliche Ansätze

Wozuseite

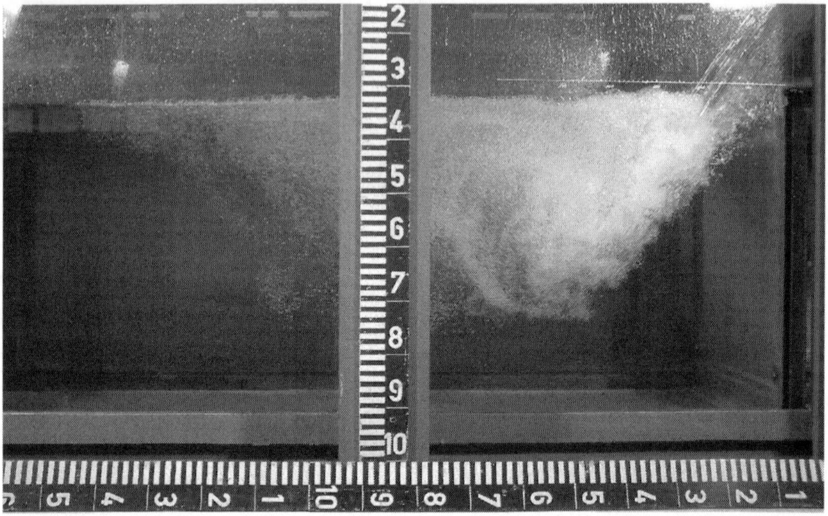

Turbulenz im Nahfeld eines Tauchstrahls Foto: BAW, J.Strybny

Zur Beschreibung von Strömungsvorgängen müssen wir die Massen- und Impulserhaltung über entsprechende Gleichungssätze gewährleisten. In den vorangegangenen Kapiteln haben wir uns zum leichteren Einstieg in die Materie zunächst auf eindimensionale und stationäre Berechungen konzentriert. Wollte man zum Beispiel den oben abgebildeten hochdreidimensionalen Prozess beschreiben, würden uns die bisher eingesetzten stark vereinfachten Gleichungen nicht weiterhelfen. Jetzt, wo das Basiswissen vorhanden ist, ist es an der Zeit, die Grundgleichungen in eine wirklich allgemeingültige Form zu bringen, die dazu geeignet ist, theoretisch jedes hydromechanische Problem rechnerisch zu beschreiben. Die Gleichungen, wie sie aus diesem Kapitel hervorgehen, entsprechen dann denen, wie sie in Numerischen Modellen von Wissenschaft und Ingenieurbüros zum Einsatz kommen. Zu Übungszwecken wird dann bewusst ein vollständiger dreidimensionaler Satz von Gleichungen zur Lösung eines überschaubaren zweidimensional-vertikalen Gerinne-Problems herangezogen. Daran kann anschaulich gezeigt werden, wie aus einem für Einsteiger so unübersehbaren Wirrwarr aus Termen durch gezieltes selektieren der für das Problem wesentlichen Bestandteile und Annahme sinnvoller Randbedingungen problemlos ein kleines und „handrechentaugliches“ Gleichungssystem wird.

Räumliche Ansätze
Grundlagen

- **Beschreibung der Bewegung eines Fluids** **→ Kinematik**
- **Einbeziehung der auf das Fluid wirkenden Kräfte** **→ Kinetik**
- **Kinematik behandeln wir bereits seit Thema 2, aber konsequent eindimensional**

Jetzt nehmen wir eine Erweiterung hinsichtlich ebener und räumlicher Strömungen vor. Die Aufgaben müssen mathematisch etwas aufwendiger bearbeitet werden. Die aus den Mathematikvorlesungen bereits bekannten und für die Strömungsmechanik unumgänglichen Begriffsbestimmungen werden nachfolgend kurz aufgefrischt.

Kleine Einführung Feldgrößen:

- **Skalarfeld**

z.B. : Druck

$$p(x,y,z) = p$$

- **Vektorfeld**

z.B. : Geschwindigkeit

$$\vec{v}(x,y,z) = \begin{bmatrix} v_x \\ v_y \\ v_z \end{bmatrix}$$

Rechenvorschriften für diese Feldgrößen werden als Operatoren bezeichnet.
Als Grundlage seien zunächst diese drei genannt:

- **Gradient („Steigung“)**

z.B. :

$$\operatorname{grad}(h(x,y,z))=\begin{bmatrix}\partial h/\partial x\\ \partial h/\partial y\\ \partial h/\partial z\end{bmatrix}$$

$$\operatorname{grad}(\vec{\mathrm{v}}(x,y,z))=\begin{bmatrix}\partial \mathrm{v}_\mathrm{x}/\partial x & \partial \mathrm{v}_\mathrm{y}/\partial x & \partial \mathrm{v}_\mathrm{z}/\partial x\\ \partial \mathrm{v}_\mathrm{x}/\partial y & \partial \mathrm{v}_\mathrm{y}/\partial y & \partial \mathrm{v}_\mathrm{z}/\partial y\\ \partial \mathrm{v}_\mathrm{x}/\partial z & \partial \mathrm{v}_\mathrm{y}/\partial z & \partial \mathrm{v}_\mathrm{z}/\partial z\end{bmatrix}$$

- **Divergenz („Ergiebigkeit“)**

z.B.:

$$\text{div}\ (\vec{v}(x,y,z)) = \frac{\partial v_x}{\partial x} + \frac{\partial v_y}{\partial y} + \frac{\partial v_z}{\partial z}$$

- **Rotation („Drehung“)**

z.B.:

$$\text{rot}\ \ (\vec{v}(x,y,z)) = \begin{bmatrix} \dfrac{\partial v_z}{\partial y} - \dfrac{\partial v_y}{\partial z} \\ \dfrac{\partial v_x}{\partial z} - \dfrac{\partial v_z}{\partial x} \\ \dfrac{\partial v_y}{\partial x} - \dfrac{\partial v_x}{\partial y} \end{bmatrix}$$

Die Bedeutung dieser Begriffe für die Hydromechanik sowie die Definition des hier noch nicht erwähnten Nabla- und Laplace-Operators wird an passender Stelle beim Berechnen der Aufgaben erläutert.

Die bereits eingeführten Grundgleichungen und Erhaltungssätze werden nachfolgend vom Eindimensionalen in das Mehrdimensionale übertragen.

Räumliche Formulierung der Massenerhaltung

Grundlagen

Wie schon in Thema 2 fangen wir wieder mit der Massenerhaltung an. Bisher hatten wir uns auf die Einführung und Anwendung einer einfachen Gleichung beschränkt. In einem untersuchten System kommt keine Masse dazu und es geht keine verloren, die Summe der in einer bestimmten Zeit in ein System hineinströmenden Masse ist also gleich der Summe der im gleichen Zeitraum aus dem System wieder herausströmenden Masse.

$$\dot{m}_{\text{ein}} = \dot{m}_{\text{aus}}$$

Ebenfalls haben wir bereits geklärt, dass der Massenstrom das Produkt aus Durchfluss und Dichte ist.

$$\rho \cdot Q_{\text{ein}} = \rho \cdot Q_{\text{aus}}$$

Jetzt nehmen wir an, dass sich genau diese Dichte zwischen dem Eintreten in unseren Beobachtungsraum und dem Verlassen nicht ändert, wir können sie also rauskürzen. Übrig bleibt dieser einfache Zusammenhang, den ihr auch ganz vorne in der Formelsammlung findet.

$$Q_{\text{ein}} = Q_{\text{aus}}$$
$$A_{\text{ein}} \cdot \mathrm{v}_{\text{ein}} = A_{\text{aus}} \cdot \mathrm{v}_{\text{aus}}$$

Wenn wir jetzt die Massenerhaltung im Raum beschreiben wollen, müssen wir die obige Gleichung wohl jeweils für alle drei Raumrichtungen aufstellen. Komischerweise begnügen sich Profis aber mit dem nachfolgenden Ausdruck:

$$\operatorname{div} \vec{\mathrm{v}} = 0 \quad \text{oder noch abgehobener:} \quad \nabla \cdot \vec{\mathrm{v}} = 0$$

Der Weg dahin ist schnell erklärt. Wir beobachten Wasser, wie es in eine Kiste hineinströmt und kurze Zeit (= dt) später hinten wieder herauskommt. Die Kiste könnt ihr auch Kontrollraum oder Volumenelement nennen und ist sehr, sehr (infinitesimal) klein. Sie hat das infinitesimal kleine Volumen $dV = dx\, dy\, dz$. Jetzt arbeiten wir mal wieder mit einem Trick. Die Geschwindigkeit des Wassers beim Ausströmen schreiben wir als Summe aus der Geschwindigkeit beim Einströmen und der Differenz zwischen Ein- und Ausstromgeschwindigkeit. Diese Differenz ist das Produkt aus der Geschwindigkeits-Änderung über den Ort (einer „Steigung“) und der Strecke dx zwischen Ein- und Austreten aus dem Kontrollraum.

$$\mathrm{v}_{\text{aus}} = \mathrm{v}_x + \frac{\partial \mathrm{v}_x}{\partial x} dx$$

Anschaulich ist also bisher das passiert:

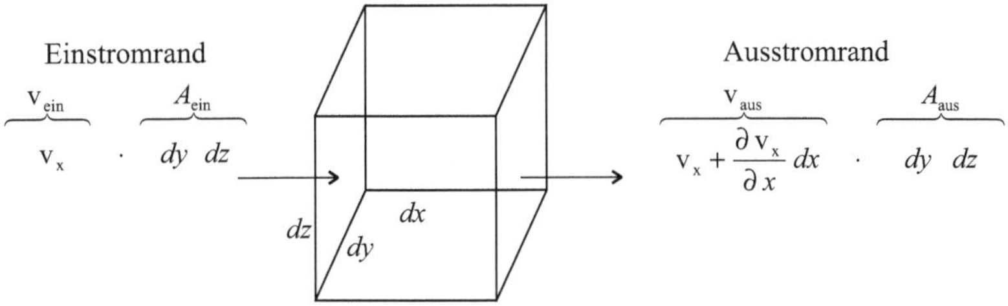

Es geht um Massenerhaltung, wir spekulieren darüber, ob in der Kiste nichts passiert, Wasser dazu kommt (das nennen wir Quelle) oder etwas verloren geht (Senke). Wenn tatsächlich nichts passiert, ist also, wie auch schon vorher bei den einfacheren Formulierungen der Massenerhaltung immer wieder betont, die Differenz von Aus- und Einstrom gleich Null:

Massenerhaltung $\rightarrow$ Ausstrom $-$ Einstrom $= 0$

$$\left[\left(\overbrace{v_x + \frac{\partial v_x}{\partial x} dx}^{\text{Ausstrom}}\right) - \overbrace{v_x}^{\text{Einstrom}}\right] dy\, dz = 0$$

Übrig bleibt eine differentielle Schreibweise der Massenerhaltung für den eindimensionalen Fall:

$$\underbrace{\left(\frac{\partial v_x}{\partial x} dx\right) dy\, dz}_{\text{x} - \text{Richtung}} = 0$$

Für alle drei Richtungen im Raum sieht das Ganze dann so aus:

$$\left[\underbrace{\left(\frac{\partial v_x}{\partial x} dx\right) dy\, dz}_{\text{x} - \text{Richtung}} + \underbrace{\left(\frac{\partial v_y}{\partial y} dy\right) dx\, dz}_{\text{y} - \text{Richtung}} + \underbrace{\left(\frac{\partial v_z}{\partial z} dz\right) dx\, dy}_{\text{z} - \text{Richtung}}\right] = 0$$

Jetzt können wir noch aus jedem Ausdruck das Volumen dV ausklammern:

$$\left[\underbrace{\left(\frac{\partial \mathrm{v}_x}{\partial x}\,dx\right) dy\,dz}_{=dV} + \underbrace{\left(\frac{\partial \mathrm{v}_y}{\partial y}\,dy\right) dx\,dz}_{=dV} + \underbrace{\left(\frac{\partial \mathrm{v}_z}{\partial z}\,dz\right) dx\,dy}_{=dV}\right] = 0$$

$$\left(\frac{\partial \mathrm{v}_x}{\partial x} + \frac{\partial \mathrm{v}_y}{\partial y} + \frac{\partial \mathrm{v}_z}{\partial z}\right) \quad dV \quad = 0$$

Unsere betrachtete Kiste hat zwar ein ganz kleines Volumen dV, aber das ist eben noch gerade vorhanden. Es ist unmöglich, dass es gleich Null wird. Wenn dem so wäre, würde es auch keine Masse mehr beinhalten, deren Erhaltung wir ja hier gerade beschreiben wollen:

$$\left(\frac{\partial v_x}{\partial x}+\frac{\partial v_y}{\partial y}+\frac{\partial v_z}{\partial z}\right) \qquad \underbrace{dV}_{\neq 0} \qquad = \quad 0$$

Um die Gleichung oben und damit die Massenerhaltung (Kontinuität) zu erfüllen, muss also der Klammerausdruck gleich Null werden:

$$\frac{\partial v_x}{\partial x}+\frac{\partial v_y}{\partial y}+\frac{\partial v_z}{\partial z} = 0$$

Wenn ihr euch an den Ausdruck zwei Seiten vorher erinnert, sind die hier dargestellten Ausdrücke genau die Terme der Steigungen der Geschwindigkeit für jede Raumrichtung. Aufgrund dieser „räumlichen Steigung“ ändert sich die Geschwindigkeit beim Durchströmen des Kontrollraums, die Werte der Ein- und Austrittsgeschwindigkeit „laufen auseinander“. Der obige Ausdruck besagt also, wenn dieses „Auseinanderlaufen“ gleich Null ist, wird die Masse im Kontrollraum erhalten. Und „Auseinanderlaufen“ lässt sich im Lateinischen mit „Divergenz“ übersetzen. „Divergenz von v gleich Null“ besagt Massenerhaltung. Und warum jedes Mal „Divergenz der Geschwindigkeit“ ausschreiben, wenn man es auch

$$\operatorname{div} \vec{v} = 0$$

abkürzen kann. Diese Formeln solltet ihr euch merken, ihr findet sie zur Erinnerung auf der letzten Seite der Formelsammlung. Wenn das Papier in der Klausur knapp wird oder ihr eurem Prof. mal richtig zeigen wollt, was `ne Harke ist, könnt ihr diesen Ausdruck natürlich auch in Form eines Operators niederschreiben, einem auf dem Kopf stehenden Dreieck, dem sogenannten „Nabla-Operator“. Das sieht zwar „schick“ aus, man muss aber mit den Operatoren sehr gewissenhaft sein. Ohne den Punkt · ist es eben schon nicht mehr die Divergenz. „Nabla v gleich Null“ schreibt sich

$$\nabla \cdot \vec{v} = 0$$

Beachtet bitte, dass die drei letzten Formeln exakt das Gleiche bedeuten, sie sind lediglich unterschiedliche Schreibweisen für ein und denselben Sachverhalt. Wenn die Divergenz ungleich Null wäre, wäre die Massenerhaltung nicht gewährleistet. Es würden in unserem Beobachtungsraum Quellen oder Senken vorliegen.

Aufgabe 39:

Ist die Kontigleichung für stationäre, inkompressible, dreidimensionale Strömungen erfüllt, wenn die folgenden Komponenten der Geschwindigkeiten vorliegen?

$$v_x = 2x^2 - xy$$
$$v_y = x^2 - 4xy$$
$$v_z = \quad - 2xy - yz + y^2$$

Konti (inkompressible, quellfreie Strömung):
Herleitung siehe oben

$$\operatorname{div} \vec{v} = \frac{\partial v_x}{\partial x} + \frac{\partial v_y}{\partial y} + \frac{\partial v_z}{\partial z} = 0$$

mit

$$\frac{\partial v_x}{\partial x} = 4x - y$$

$$\frac{\partial v_y}{\partial y} = -4x$$

$$\frac{\partial v_z}{\partial z} = \quad - y$$

$$\Sigma = \quad -2y = \operatorname{div} \vec{v}$$

Die Konti-Gleichung ist nicht erfüllt !

Aufgabe 40:

Die Geschwindigkeitskomponente v_x einer zweidimensionalen, inkompressiblen, quellfreien Strömung ist gegeben durch:

$$v_x = A\,x^3 + B\,y^2$$

a)
Wie lautet die Geschwindigkeitskomponente v_y unter der Annahme, dass für alle x an der Stelle $y = 0$ gilt: $v_y = 0$?

b)
Ist diese Strömung rotationsfrei?

a)
Anwendung der Kontinuitätsgleichung:

$$\mathrm{v_y} \quad \text{für} \quad \mathrm{v_y}(x,y=0)=0$$

$$\operatorname{div} \vec{\mathrm{v}} = \frac{\partial \mathrm{v_x}}{\partial x} + \frac{\partial \mathrm{v_y}}{\partial y} = 0$$

$$\frac{\partial \mathrm{v_x}}{\partial x} = 3Ax^2$$

$$\rightarrow \frac{\partial \mathrm{v_y}}{\partial y} = -3Ax^2$$

Integration

$$\rightarrow \mathrm{v_y} = -3Ax^2 y + c(x)$$

$$\text{Randbedingung:} \quad \mathrm{v_y}(x,y=0) = c(x) \stackrel{!}{=} 0$$

$$\rightarrow \mathrm{v_y} = -3Ax^2 y$$

b)
Rotationsfreiheit:

Die Strömung ist **<u>nicht</u>** rotationsfrei !

?

Was kann man sich anschaulich unter einer rotationsfreien Strömung vorstellen?

$$\left(\frac{\partial \mathrm{v_y}}{\partial x} - \frac{\partial \mathrm{v_x}}{\partial y}\right) \stackrel{!}{=} 0$$

$$\frac{\partial \mathrm{v_y}}{\partial x} = -6Axy$$

$$-\frac{\partial \mathrm{v_x}}{\partial y} = -2By$$

$$\Sigma = -6Axy - 2By \neq 0$$

!

Die hydromechanische Bedeutung der Rotation wird im Thema 8 erläutert.

Räumliche Formulierung der Impulserhaltung

Grundlagen

Jetzt erfolgt ein Sprung in Richtung Bewegungsgleichung. Wie eingangs bereits angedeutet, soll der Übergang von der Kinematik zur Kinetik dargelegt werden. Der allgemein bekannte Zusammenhang zwischen Kraft und Bewegung wurde bereits von Newton formuliert:

- **Newton**

$$\vec{F} = \frac{d}{dt}\left(m \cdot \vec{\mathrm{v}} \right)$$

Annahme : Die Masse m sei zeitlich unverändert

$$dF = dm \cdot \frac{d\vec{\mathrm{v}}}{dt}$$

$$F = m \cdot a$$

- **Der Beschleunigungsterm soll näher beleuchtet werden:**

$$\underbrace{\frac{d\,\vec{\mathrm{v}}}{d\,t}}_{\substack{\text{substantielle}\\ \text{Beschleunigung}}} = \underbrace{\frac{\partial\,\vec{\mathrm{v}}}{\partial\,t}}_{\substack{\text{lokale}\\ \text{Beschleunigung}}} + \underbrace{\vec{\mathrm{v}} \cdot \mathrm{grad}\,\vec{\mathrm{v}}}_{\substack{\text{konvektive}\\ \text{Beschleunigung}}}$$

↓ ↓

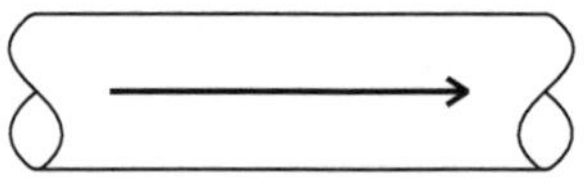

Änderung der Geschwindigkeit über die Zeit

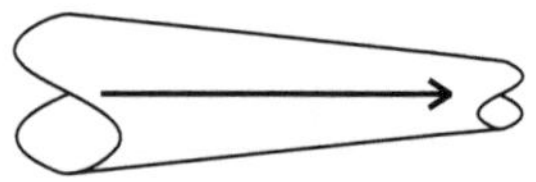

Zwangsläufige Änderung der Geschwindigkeit bei Ortsänderung

Um die Kinetik zu beschreiben, müssen diese Beschleunigungsterme jetzt in einen physikalischen Zusammenhang mit den auf das Fluid wirkenden Kräften gebracht werden. Dabei müssen folgende Kraftarten in die Betrachtung einbezogen werden:

Massenkraft (= Schwerkraft):	$\vec{f}$
Druckkraft:	$\frac{1}{\rho}\,\mathrm{grad}\,p$
Zähigkeitskraft (Reibung):	$\nu\,\Delta\vec{\mathrm{v}}$
Trägheitskraft:	$\frac{d\vec{\mathrm{v}}}{dt}$

- **Euler: ideale Strömung (ohne Zähigkeitseinfluss)**

Die Euler Gleichung stellt den Zusammenhang zwischen **Schwerkraft**, **Druckkraft** und der **Beschleunigung** her:

$$f_x - \frac{1}{\rho}\frac{\partial p}{\partial x} = \frac{d\mathrm{v}_x}{dt} \qquad \left(= \overbrace{\mathrm{v}_x \frac{\partial \mathrm{v}_x}{\partial x} + \mathrm{v}_y \frac{\partial \mathrm{v}_x}{\partial y} + \mathrm{v}_z \frac{\partial \mathrm{v}_x}{\partial z}}^{\text{konvektiv}} + \overbrace{\frac{\partial \mathrm{v}_x}{\partial t}}^{\text{lokal}} \right)$$

Für die weiteren beiden Richtungen gilt dann äquivalent:

$$f_y - \frac{1}{\rho}\frac{\partial p}{\partial y} = \frac{d\mathrm{v}_y}{dt}$$

$$f_z - \frac{1}{\rho}\frac{\partial p}{\partial z} = \frac{d\mathrm{v}_z}{dt}$$

Diese drei Gleichungen lassen sich in vektorieller Schreibweise wie folgt zusammenfassen:

$$\vec{f} - \frac{1}{\rho}\,\mathrm{grad}\,p = \frac{d\vec{\mathrm{v}}}{dt}$$

- **Navier - Stokes: laminare Strömung (mit Zähigkeitseinfluss)**

Die Navier-Stokes-Gleichung stellt den Zusammenhang zwischen
Schwerkraft, **Druckkraft**, **Zähigkeitskraft** und der **Beschleunigung** her:

Für eine Dimension lautet die Navier-Stokes-Gleichung:

$$f_x - \frac{1}{\rho}\frac{\partial p}{\partial x} + \underbrace{\frac{1}{\rho}\left(\frac{\partial \sigma_x}{\partial x} + \frac{\partial \tau_{yx}}{\partial y} + \frac{\partial \tau_{zx}}{\partial z}\right)}_{\substack{\text{Zusatzspannungen} \\ \text{durch innere Reibung}}} = \frac{dv_x}{dt}$$

In vektorieller Schreibweise folgt:

$$\vec{f} - \frac{1}{\rho}\operatorname{grad} p + \overbrace{\nu \, \Delta \, \vec{v}}^{\substack{\text{Zusatzspannungen} \\ \text{durch innere Reibung}}} = \frac{d\vec{v}}{dt}$$

$$\text{wobei Laplace - Operator } \Delta = \frac{\partial^2}{\partial x^2} + \frac{\partial^2}{\partial y^2} + \frac{\partial^2}{\partial z^2}$$

Um an dieser Stelle Missverständnissen vorzubeugen, muss ausdrücklich betont werden, dass die Navier-Stokes-Gleichung im Prinzip laminare und turbulente Strömungen einschließt, sich aber für infinitesimal kleine Elemente im turbulenten Fall nicht lösen lässt.

Aus dem Gedanken, Turbulenz mit Hilfe einer turbulenten Schwankungsgeschwindigkeit zu beschreiben, ist die Reynolds-Gleichung entstanden.

- **Reynolds: turbulente Strömung (mit Zähigkeitseinfluss)**

Die Berücksichtigung der Turbulenz erfolgt durch Scheinzähigkeit. Berechnungen dieser Art würden einen Grundkurs zur Hydromechanik überlasten. Interessierte finden weiterführende Informationen in den einschlägigen Lehrbüchern.

Aufgabe 41:

Wir betrachten jetzt einen Vertikalschnitt durch eine Strömung in einem Gerinne.

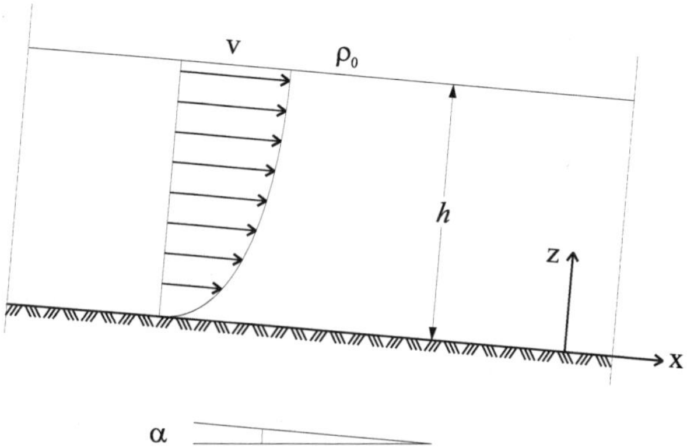

a)
Berechne die Geschwindigkeits– und Druckverteilung der stationären Strömung, die sich entlang einer schiefen Ebene aufgrund der Schwerkraft ausbildet!

b)
Bestimme jetzt nach Größe und Richtung den Spannungsvektor der Reaktionskraft, die vom Fluid auf die schiefe Ebene ausgeübt wird.

c)
In der Praxis ist im Allgemeinen nicht die Höhe h, sondern der "Abfluss pro Breitenmeter" $q = Q / B$ gegeben. Bestimme h als Funktion von q !

Erster Schritt: Vereinfachung der kompletten Navier-Stokes-Gleichungen auf den speziellen, in der Aufgabenstellung erläuterten Anwendungsfall:

Annahme: reale laminare Strömung

Navier – Stokes – Gleichung vektoriell:

$$\vec{f} - \frac{1}{\rho}\,\mathrm{grad}\,p + \nu \cdot \Delta\vec{v} = (\vec{v}\,\mathrm{grad})\,\vec{v} + \frac{\partial \vec{v}}{\partial t}$$

Alle Terme komplett ausgeschrieben:

$$f_x - \frac{1}{\rho}\frac{\partial p}{\partial x} + \nu\left(\frac{\partial^2 v_x}{\partial x^2} + \frac{\partial^2 v_x}{\partial y^2} + \frac{\partial^2 v_x}{\partial z^2}\right) = v_x\frac{\partial v_x}{\partial x} + v_y\frac{\partial v_x}{\partial y} + v_z\frac{\partial v_x}{\partial z} + \frac{\partial v_x}{\partial t}$$

$$f_y - \frac{1}{\rho}\frac{\partial p}{\partial y} + \nu\left(\frac{\partial^2 v_y}{\partial x^2} + \frac{\partial^2 v_y}{\partial y^2} + \frac{\partial^2 v_y}{\partial z^2}\right) = v_x\frac{\partial v_y}{\partial x} + v_y\frac{\partial v_y}{\partial y} + v_z\frac{\partial v_y}{\partial z} + \frac{\partial v_y}{\partial t}$$

$$f_z - \frac{1}{\rho}\frac{\partial p}{\partial z} + \nu\left(\frac{\partial^2 v_z}{\partial x^2} + \frac{\partial^2 v_z}{\partial y^2} + \frac{\partial^2 v_z}{\partial z^2}\right) = v_x\frac{\partial v_z}{\partial x} + v_y\frac{\partial v_z}{\partial y} + v_z\frac{\partial v_z}{\partial z} + \frac{\partial v_z}{\partial t}$$

Wir betrachten die x,z - Ebene:

$$\rightarrow \mathrm{v_y} = 0 \quad \rightarrow \quad \frac{\partial \mathrm{v_y}}{\partial y} = 0 \quad \text{und} \quad \frac{\partial^2 \mathrm{v_y}}{\partial y^2} = 0$$

Stationär:

$$\rightarrow \frac{\partial}{\partial t} = 0$$

Vektor der Massenkräfte: Das Fluid unterliegt der Erdbeschleunigung g:

$$\begin{aligned} f_\mathrm{x} &= g \cdot \sin \alpha \\ f_\mathrm{y} &= 0 \\ f_\mathrm{z} &= -g \cdot \cos \alpha \end{aligned}$$

Druckgradient:

Wie es aus den Wetterberichten jedem allgemein bekannt ist, unterliegt der atmosphärische Druck zu einem Zeitpunkt t (an der Wasseroberfläche) räumlichen Schwankungen. Hoch - und Tiefdrucklagen über einem Wasserkörper verursachen eine Auslenkung desselben. Dieses Phänomen wird über den Druckgradienten in der Navier-Stokes-Gleichung berücksichtigt. Ist p_0 konstant, ist der Druck also im betrachteten Fall an allen Stellen der Wasseroberfläche gleich und damit die „Steigung" der Größe, der Druckgradient, gleich Null:

$$p_0 = \text{konst.}$$

$$\rightarrow \frac{\partial p}{\partial x} = 0$$

Vertikales Geschwindigkeitsfeld:

Die Vertikalstruktur des Geschwindigkeitsfelds kommt im betrachteten Fall nicht dadurch zu Stande, dass eine vertikale Geschwindigkeitskomponente $\mathrm{v_z}$ vorliegt, sondern dass die horizontale Geschwindigkeitskomponente $\mathrm{v_x}$ eine Veränderliche über die Wassertiefe ist:

$$\mathrm{v} = \mathrm{v_x}(z) \quad ; \quad \mathrm{v_z} = 0$$

Massenerhaltung:

Bei der ordnungsgemäßen Beschreibung unseres Fluids müssen wir neben der Impulserhaltung über die Navier-Stokes-Gleichungen auch die Massenerhaltung sicherstellen. Es gilt Konti:

$$\operatorname{div} \vec{v} = 0$$

$$\rightarrow \frac{\partial v_x}{\partial x} + \frac{\partial v_y}{\partial y} + \frac{\partial v_z}{\partial z} = 0$$

$$\frac{\partial v_x}{\partial x} + 0 \quad + \quad 0 \quad = 0$$

$$\rightarrow \frac{\partial v_x}{\partial x} = 0$$

Dann muss natürlich auch die 2. Ableitung = 0 sein

$$\frac{\partial^2 v_x}{\partial x^2} = 0$$

Übrig bleibt:

$$\text{I.} \qquad g \cdot \sin\alpha + \nu \frac{\partial^2 v_x}{\partial z^2} = 0$$

$$\text{II.} \quad -g \cdot \cos\alpha - \frac{1}{\rho} \cdot \frac{\partial p}{\partial z} = 0$$

a)
Berechnung der Geschwindigkeitsverteilung:

Gleichung I. umstellen:

$$\frac{\partial^2 v_x}{\partial z^2} = -\frac{g}{\nu} \cdot \sin\alpha$$

Integration:

$$\frac{\partial v_x}{\partial z} = -\frac{g}{\nu} \cdot \sin\alpha \cdot z \quad + \ c_1(x,y)$$

$$\text{III.} \qquad v_x = -\frac{g}{2 \cdot \nu} \cdot \sin\alpha \cdot z^2 + \underbrace{c_1(x,y) \cdot z + c_2(x,y)}_{\text{über Randbedingungen}}$$

Randbedingungen: (Koordinatensystem beachten)

Reibung an der Sohle:
→ Das Geschwindigkeitsprofil verläuft näherungsweise

<u>so</u> 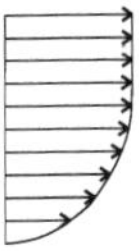 und <u>nicht</u> so 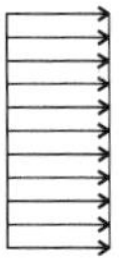

$$v_x(z=0)=0 \quad \text{in III. einsetzen} \quad \rightarrow \quad \underline{c_2=0}$$

Reibung an der Grenzschicht zwischen Luft und Wasser wird vernachlässigt:
→ Steigung von v_x an der Oberfläche = 0
→ Das Geschwindigkeitsprofil verläuft näherungsweise

<u>so</u> 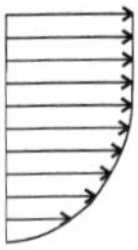 und <u>nicht</u> so 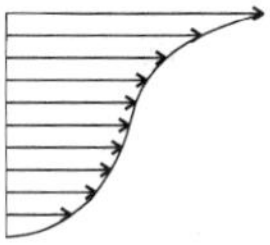

$$\frac{\partial v_x(z=h)}{\partial z}=0 \quad \text{in III. einsetzen} \quad \rightarrow \quad \underline{c_1=\frac{g}{\nu}\sin\alpha\cdot h}$$

Damit ergibt sich die Geschwindigkeitsverteilung:

$$v_x(z)=-\frac{g}{2\cdot\nu}\cdot\sin\alpha\cdot z^2+h\cdot z\cdot\frac{g}{\nu}\cdot\sin\alpha$$

$$\underline{\underline{v_x(z)=\frac{g}{\nu}\cdot\sin\alpha\cdot z\left(h-\frac{z}{2}\right)}}$$

Berechnung der Druckverteilung:

Gleichung II. umstellen:

$$\frac{\partial p}{\partial z}=-\rho\cdot g\cdot\cos\alpha$$

Integration:

$$p(z)=-\rho\cdot g\cdot\cos\alpha\cdot z+c_1(x,y)$$

Randbedingungen:

$$p(z=h)=p_0$$
$$p_0 \quad =-\rho\cdot g\cdot\cos\alpha\cdot h+c_1(x,y) \quad \rightarrow c_1 = p_0+\rho\cdot g\cdot\cos\alpha\cdot h$$

Druckverteilung:

$$p(z) \quad =-\rho\cdot g\cdot\cos\alpha\cdot z+p_0+\rho\cdot g\cdot\cos\alpha\cdot h$$
$$\underline{\underline{p(z) \quad = \quad p_0 \;+\; \rho\cdot g\cdot\cos\alpha\,(h-z)}}$$

b)

Bestimmung des Spannungsvektors:

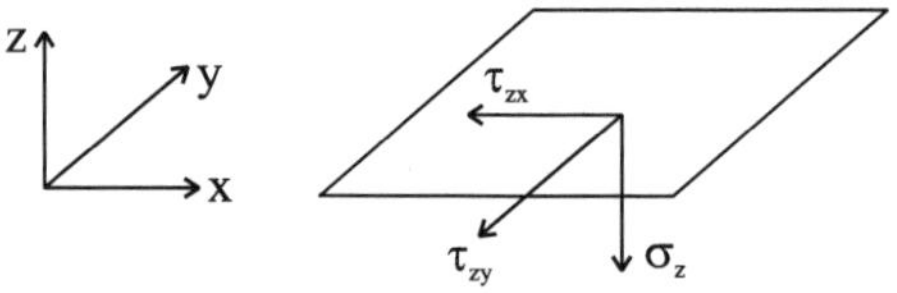

$$\vec{\sigma}=\begin{Bmatrix}\tau_{zx}\\ \tau_{zy}\\ \sigma_z\end{Bmatrix}$$

Welche Spannungskomponente wirkt normal zum Boden?
Der hydrostatische Druck!

$$1\,\text{Pa} \;=\; 1\frac{\text{N}}{\text{m}^2} \quad \left(\text{also } \frac{F}{A}\right)$$

Normalspannung:
Vorzeichen beachten! Wie ist z definiert; dann entsprechend in andere Richtung

$$\sigma_z=p\,\underbrace{(z=0)}_{\text{Boden}}=-\left(\,p_0+\rho\cdot g\cdot\cos\alpha\cdot(h-0)\right)$$

Schubspannungen:
Keine Schubspannungen normal zur Strömungsrichtung:

$$\tau_{zx}=\tau_{xz}=\eta\left(\frac{\partial v_x}{\partial z}+\frac{\partial v_z}{\partial x}\right)$$
$$\rightarrow \tau_{zy}=0$$

$$v_z \;=\; 0\rightarrow\tau_{zx}=\eta\cdot\frac{\partial v_x}{\partial z}$$
$$\;=\; \eta\cdot\frac{g}{\nu}\cdot\sin\alpha\,(h-z)$$

Für $z = 0$ am Boden gilt:

$$\begin{aligned}\tau_{zx} &= \frac{\eta}{\nu} \cdot g \cdot \sin\alpha \cdot h \\ &= \rho \cdot g \cdot \sin\alpha \cdot h\end{aligned}$$

Spannungstensor (hier Vektor):

$$\rightarrow \vec{\sigma} = \begin{pmatrix} \rho \cdot g \cdot \sin\alpha \cdot h \\ 0 \\ -p_0 - \rho \cdot g \cdot \cos\alpha \cdot h \end{pmatrix} = \begin{pmatrix} \tau_{zx} \\ \tau_{zy} \\ \sigma_z \end{pmatrix}$$

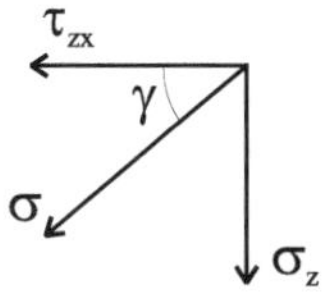

Betrag:

$$\begin{aligned}|\vec{\sigma}| &= \sqrt{(\rho \cdot g \cdot \sin\alpha \cdot h)^2 + (-p_0 - \rho \cdot g \cdot \cos\alpha \cdot h)^2} \\ &= \sqrt{(\rho \cdot g \cdot \sin\alpha \cdot h)^2 + p_0^2 + 2 \cdot p_0 \cdot \rho \cdot g \cdot \cos\alpha \cdot h + (\rho \cdot g \cdot \cos\alpha \cdot h)^2} \\ &= \sqrt{p_0^2 + 2 \cdot p_0 \cdot \rho \cdot g \cdot \cos\alpha \cdot h + (\rho \cdot g \cdot h)^2 \cdot \underbrace{(\sin^2\alpha + \cos^2\alpha)}_{=1}}\end{aligned}$$

$$\underline{\underline{|\vec{\sigma}| = \sqrt{p_0^2 + 2 \cdot p_0 \cdot \rho \cdot g \cdot \cos\alpha \cdot h + (\rho \cdot g \cdot h)^2}}}$$

Richtung:

$$\underline{\underline{\tan\gamma = \frac{\sigma_z}{\tau_{zx}} = \frac{-p_0 - \rho \cdot g \cdot \cos\alpha \cdot h}{\rho \cdot g \cdot \sin\alpha \cdot h}}}$$

?

Warum tritt an der Sohle eine Schubspannung auf, wo wir doch bei der Aufstellung der Randbedingungen davon ausgegangen sind, dass dort v = 0 ist ?

!

An der Oberfläche der Sohle, also zum Beispiel an einem Sandkorn auf dem Gewässergrund, haben wir die Geschwindigkeit Null angenommen. Genau deswegen ist doch die vom Fluid auf das Korn aufgebrachte Schubspannung maximal. Würden wir an der Oberfläche die Fließgeschwindigkeit annehmen, würde sich das Korn mit dem Wasser mitbewegen und demzufolge keine oder wenigstens eine geringere Reibung erfahren.

c)
Bestimmung von $h(q)$:

Durchfluss:

$$Q = v_x \cdot A$$

$$= \int_A v_x \, dA = \int_0^h v_x \cdot B \cdot dz$$

Abfluss pro Breitenmeter:

$$q = \frac{Q}{B} = \int_0^h v_x \cdot dz$$

Einsetzen:

$$q = \int_0^h \frac{g}{v} \cdot \sin\alpha \cdot z \cdot \left(h - \frac{z}{2} \right) dz$$

$$= \frac{g}{v} \cdot \sin\alpha \cdot \left| \frac{1}{2} \cdot h \cdot z^2 - \frac{1}{6} \cdot z^3 \right|_0^h$$

$$= \frac{g}{v} \cdot \sin\alpha \cdot \left(\frac{1}{2} \cdot h^3 - \frac{1}{6} \cdot h^3 \right)$$

$$= \frac{g}{v} \cdot \sin\alpha \cdot \frac{1}{3} \cdot h^3$$

$$h^3 = 3 \cdot \frac{v \cdot q}{g \cdot \sin\alpha}$$

$$h(q) = \sqrt[3]{3 \cdot \frac{v \cdot q}{g \cdot \sin\alpha}}$$

Thema 6
Strömungskräfte

Stichworte

- Widerstandskraft
- Auftriebskraft
- Nickmoment
- Biegemoment um den Fußpunkt
- Staudruck
- c – Werte
- Tragflügel

Strömungskräfte

Wozuseite

Anlege-Dalben Foto: J. Strybny

In diesem Kapitel beschäftigen wir uns mit den Lasten, die auf einen Körper wirken, wenn dieser umströmt wird. Die Berechnung dieser Größen ist eine typische Fragestellung bei der Bemessung beispielsweise von Funkmasten, Schornsteinen oder Kühltürmen. Da es sich in diesen Fällen um Aerodynamik handelt, scheinen diese Aufgaben eigentlich nicht günstig gewählt im Zusammenhang mit Problemen der Hydrodynamik. Aber Strömungslasten treten natürlich gleichermaßen auch im Bereich der Hydrodynamik z.B. an den Strompfeilern von Brücken oder Stützen von Sperrwerken auf. Die in der Umwelt anzutreffenden Strömungsgeschwindigkeiten sind auch unter extremsten Bedingungen kleiner v = 100 m/s. Unsere ganz wesentliche Vereinfachung bei allen nachfolgenden Betrachtungen, die Annahme von Inkompressibilität, ist deswegen vertretbar. Gerade an Wasserbauwerken an der Küste wie dem oben abgebildeten Pfahl oder bei Konstruktionen auf hoher See wie Bohrinseln und Offshore-Windkraftanlagen treten sehr komplexe Situationen auf. Auf die Bauwerke wirkt eine Kombination aus Strömungs- und Windlasten. Die Größenordnung der wasserbedingten Strömungslasten und Windlasten kann durchaus gleich sein. Das Wasser weist eine über 800-fach höhere Dichte als die Luft auf. Diese geht linear in die nachfolgend erläuterten Gesetze ein. Dagegen sind die Windgeschwindigkeiten ohne weiteres um den Faktor 30 höher als die Strömungsgeschwindigkeiten des Wassers und zugleich werden die Geschwindigkeiten quadratisch in den Berechnungsansätzen berücksichtigt.

Strömungskräfte

Grundlagen

Wir betrachten dynamische Strömungskräfte → Die Wirkung der Schwerkraft auf die Druckkraft wird vernachlässigt. Aus Umströmungen resultieren folgende Größen:

- **Widerstand**

$$\underbrace{F_{\mathrm{W}}}_{\text{Körper-widerstand}} = \underbrace{F_{\mathrm{W}}(\tau)}_{\text{Reibungs-widerstand}} + \underbrace{F_{\mathrm{W}}(p)}_{\text{Druck- bzw. Formwiderstand}}$$

Der Reibungswiderstand ergibt sich aus einer Integration der Schubspannungen über die Oberfläche. Der Druckwiderstand wird durch die Integration der Druckkräfte über die Oberfläche berechnet.

Bei einer Anströmung erfährt jedes Objekt eine Widerstandskraft.

- **Widerstandskraft**

$$F_{\mathrm{W}} = \int \frac{\rho}{2} \mathrm{v}_{\infty}^{2}\, c_{\mathrm{W}}\, dA$$

- **Auftrieb**

$$F_{\mathrm{A}} = F_{\mathrm{A}}(\tau) + F_{\mathrm{A}}(p)$$

Objekte erfahren eine Auftriebskraft, wenn diese asymmetrisch bezüglich einer Achse in Anströmrichtung sind.

- **Auftriebskraft**

$$F_{\mathrm{A}} = \int \frac{\rho}{2} \mathrm{v}_{\infty}^{2}\, c_{\mathrm{A}}\, dA$$

!

Die Tragfläche eines Flugzeugs erfährt daher eine Auftriebskraft, die Betonplatte in Aufgabe 42 und das Verkehrsschild in Aufgabe 43 werden je nach Windrichtung durch eine Auftriebskraft belastet oder nicht, die Turm- und Pfahlbauwerke der Aufgaben 44 bis 46 weisen nie eine Auftriebskomponente auf. Der Begriff Auftrieb wird dabei von Studenten oft falsch interpretiert. „Auftrieb“ heißt, dass das Objekt eine Kraft normal zur Anströmrichtung erfährt. Es handelt sich also sowohl um Auftrieb, wenn ein Objekt vom Erboden abhebt (wie ein Flugzeug), als auch wenn das Verkehrsschild auftriebsbedingt parallel zum Erdboden belastet wird.

- **Nickmoment**

Das Nickmoment ist das Moment bezogen auf den Körperschwerpunkt

$$M_{\mathrm{N}} = \int x \frac{\rho}{2} v_{\infty}^{2} c_{\mathrm{M}} \, dA$$

v_{∞}: Geschwindigkeit im vom umströmten Bauwerk ungestörten Bereich
A: größte Projektionsfläche des Körpers
x: charakteristische Strecke auf welche die c_{M} – Diagramme bezogen sind

Als Nickmomente werden meistens pauschal alle drei aus Umströmungen resultierenden Torsionsmomente um die Achsen des Körperschwerpunktes bezeichnet. Im Bauingenieurwesen sind diese Momente bezüglich Umströmungen weniger präzise definiert. Das in der Abbildung auf der nächsten Seite schräg angeströmte Verkehrsschild wird sich wie eine Wetterfahne nach dem Wind ausrichten. Durch die Einspannung in den Boden verbleibt es in seiner Position und der Mast wird mit einem Torsionsmoment belastet. Wir nennen es Nickmoment, streng genommen wäre es ein Giermoment.

Bei Schiffen und Flugzeugen unterscheidet man bei Strömungslasten präzise das Nickmoment, das Giermoment und das Rollmoment für die Momente um die drei Schwerpunktachsen. Das Nickmoment ist zum Beispiel bei Flugzeugen das Moment um die Tragflächenachse. Das Gieren ist ein beim Segeln bekannter Begriff, es bewirkt ein Verdrehen des Schiffes um die Hochachse, die Bugspitze zeigt somit nicht mehr in Kursrichtung. Das Rollmoment bezieht sich auf die Körperlängsachse.

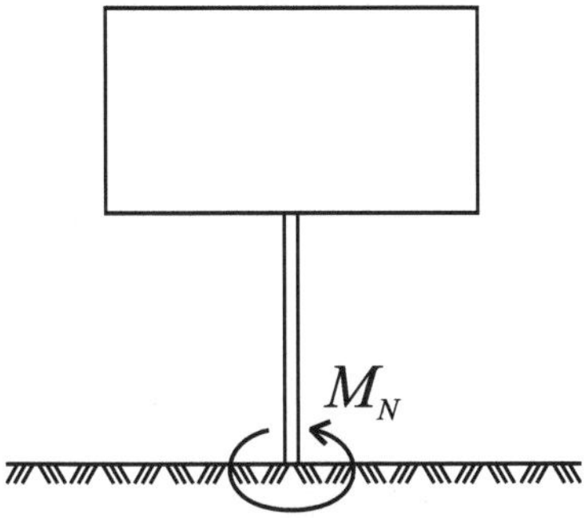

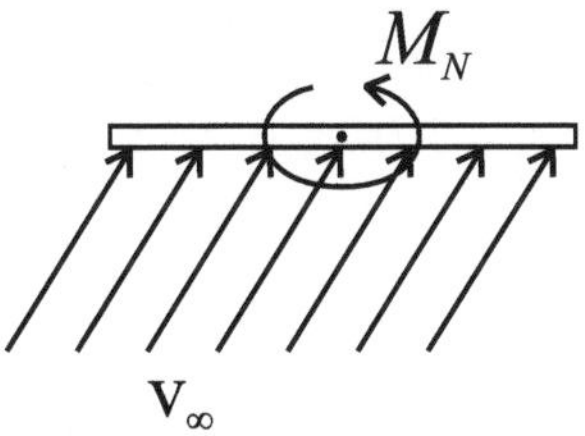

- **Biegemoment um den Fußpunkt**

Weiterhin ist das aus der Umströmung resultierende Moment um den Fußpunkt eines Bauwerkes eine sehr aussagekräftige Größe. Dazu ist die Widerstandskraft über die Höhe des untersuchten Objektes zu integrieren.

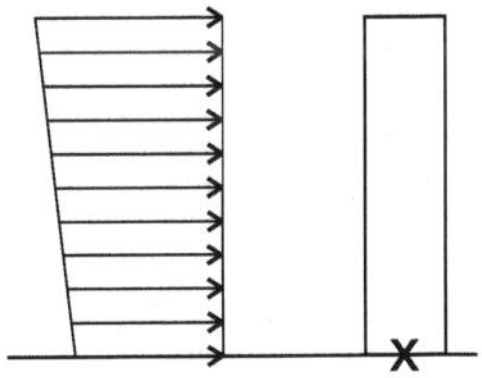

$$M_B = \int y \, \frac{\rho}{2} v_\infty^2 \, c_W \, dA$$

- **Staudruck**

Der folgende Term der Strömungskräfte wird auch als Staudruck q bezeichnet

$$\frac{\rho}{2} v_\infty^2 = q \qquad \left[\frac{N}{m^2} \right]$$

!

q ist hier nicht mit dem Durchfluss pro Breitenmeter q bei der Behandlung von Gerinneströmungen zu verwechseln!

- ***c*-Werte**

Die theoretische Bestimmung des Körperwiderstandes ist nicht möglich. Der Körperwiderstand findet daher Eingang in die Berechnungen über die c-Werte, die jeweils in Laborversuchen empirisch bestimmt wurden.

c_W, c_A, c_M = f(Geometrie, Rauhigkeit, Re, Fr, Ma)

wobei $Ma = \text{Machzahl} = \frac{v}{a}$

a = Schallgeschwindigkeit

Eine Tabellierung erfolgt in Abhängigkeit des Anstellwinkels α. Beim Ablesen treten leicht Verwechselungen durch eine falsche Annahme des Anstellwinkels α auf: z.B. ob $\alpha = 30°$ oder $60°$ ist. Für Standardgeometrien findet man diese c-Werte in umfassenden Tabellenwerken. Für individuelle Objekte müssen spezielle Versuchsreihen durchgeführt werden. Dies ist zum Beispiel bei jedem neuen Automodell der Fall und ein hoher Werbefaktor („Der c_w - Wert liegt bei nur ...“), der jedem aus Fernsehwerbungen bekannt ist.

?

Bei der Lösung von Prüfungsaufgaben zum Thema Strömungskräfte tritt häufig ein Fehler auf. Die Prüflinge ziehen die folgende schon vereinfachte Formulierung zur Berechnung z.B. der Widerstandskraft heran, die für eine rechteckige projizierte Fläche und ein über die Höhe konstantes Geschwindigkeitsfeld sofort das Ergebnis liefert.

$$F_W = \frac{\rho}{2} v_\infty^2 \cdot c_W \cdot \quad A$$

$$F_W = \frac{\rho}{2} v_\infty^2 \cdot c_W \cdot d \cdot h$$

Tritt jetzt ein etwas komplexeres Problem auf, wie in der Skizze unten dargestellt, nehmen die Studierenden genau diese Formel und integrieren sie über die Höhe h.

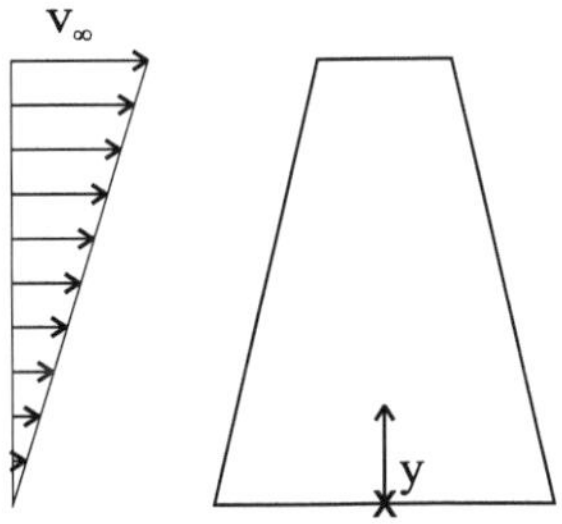

Diese Gleichung ist falsch →

$$F_W = c_W \frac{\rho}{2} \int_0^H (v_\infty(y))^2 D(y)\, h\, dy$$

Genau dieses Vorgehen ist falsch. $D(y)$ über die Höhe integriert ist schon die Projektionsfläche A . Deshalb ist das h in der Gleichung überzählig, denn das Produkt aus der Höhe des Objektes und der Funktion des Durchmessers über die Höhe - integriert über die Höhe - wäre bereits ein Volumen, aber keine Projektionsfläche. Die richtige Gleichung muss also lauten:

Diese Gleichung ist richtig →

$$F_W = c_W \frac{\rho}{2} \int_0^H (v_\infty(y))^2 D(y)\, dy$$

Aufgabe 42:

Ein LKW transportiert eine Betonplatte, die 10m² Seitenfläche misst. Bestimme die resultierende Kraft auf die Platte, wenn Seitenwind (ρ_L = 1,2 kg/m³) mit einer Geschwindigkeit von 50 km/h senkrecht zur Platte auftritt.

Vorgaben:

$A = 10$ m²
$\rho_{Luft} = 1{,}2$ kg / m³
$\alpha_{Luft} = 0°$

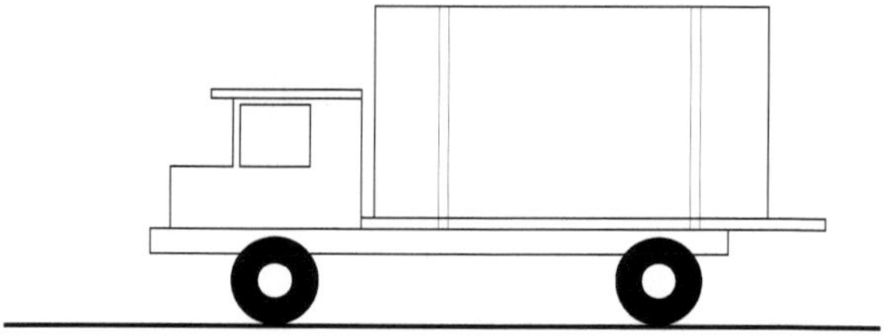

Unterscheide bitte die Fälle:

a) der LKW steht ($c_W = 1{,}2$) und

b) der LKW fährt mit 100 km/h ($c_W = 0{,}4$; $c_A = -0{,}8$)

a)
LKW steht:

$$v_{Luft} = 50 \text{ km/h} \mathrel{\hat{=}} 50 \cdot \frac{10^3 \text{ m}}{60^2 \text{ s}} = 13{,}89 \quad \text{m/s} = v_\infty$$

$$c_W = 1{,}2 \qquad c_A = 0$$

$$F_{Res} = F_W = c_W \cdot \frac{\rho_L}{2} \cdot v_\infty^2 \cdot A$$

$$= 1{,}2 \cdot \frac{1{,}2}{2} \cdot 13{,}89^2 \cdot 10 \quad = 1389{,}1 \text{ N} \approx \underline{\underline{1{,}4 \text{ kN}}}$$

b)
LKW fährt:

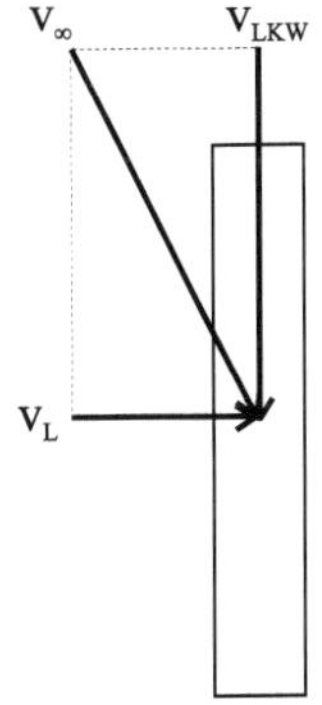

$$v_{LKW} = 100 \text{ km/h} = 100 \cdot \frac{10^3}{60^2} = 27{,}78 \text{ m/s}$$

$$v_\infty = \sqrt{v_{Luft}^2 + v_{LKW}^2} = \sqrt{13{,}89^2 + 27{,}78^2}$$
$$= 31{,}06 \text{ m/s}$$

$$c_W = 0{,}4 \quad c_A = -\,0{,}8$$

$$F_W = 0{,}4 \cdot \frac{1{,}2}{2} \cdot 31{,}06^2 \cdot 10 = 2315{,}34 \text{ N}$$

$$F_A = -0{,}8 \cdot \frac{1{,}2}{2} \cdot 31{,}06^2 \cdot 10 = -\,4630{,}67 \text{ N}$$

$$F_{Res} = \sqrt{F_A^2 + F_W^2} = \sqrt{4630{,}67^2 + 2315{,}34^2}$$
$$= 5177{,}3 \text{ N} \approx \underline{\underline{5{,}2 \text{ kN}}}$$

Aufgabe 43:

Ein Verkehrsschild ist einem Sturm mit 120 km/h ausgesetzt, der unter dem Winkel $\alpha = 33°$ angreift.

Vorgaben:

$\rho_L = 1{,}2$ kg / m³
$\alpha = 33°$
$v_\infty = 120$ km/h

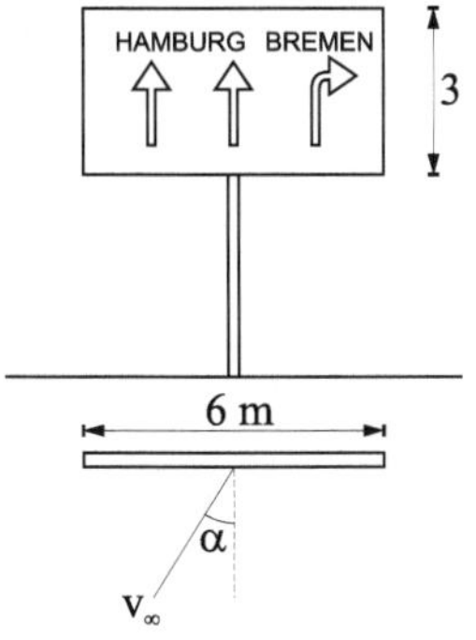

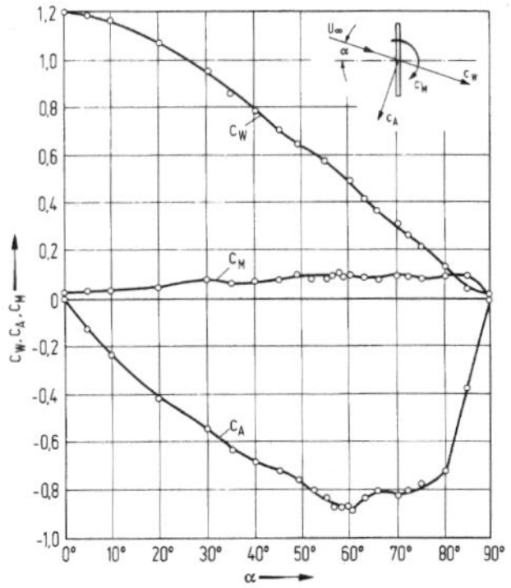

a)
Wie groß ist die resultierende Kraft F_{Res} auf den Wegweiser?

b)
Wie groß ist das Nickmoment? (ρ=1,2 kg/m³)?

$$\mathrm{v}_\infty = 120\ \text{km/h} \approx 120 \frac{10^3\,\text{m}}{60^2\,\text{s}} = 33{,}33\ \text{m/s}$$

a)
Resultierende Kraft:

$$F_{\text{Res}} = \sqrt{F_\text{A}^2 + F_\text{W}^2} \qquad q = \frac{\rho}{2} \cdot \mathrm{v}_\infty^2 \ ; \qquad A = b \cdot h$$

$$\begin{aligned}
mit\ F_\text{A} &= c_\text{A} \cdot q \cdot A \\
c_\text{A} &= \text{-}0{,}6 \\
c_\text{W} &= 0{,}9 \\
F_\text{A} &= c_\text{A} \cdot \frac{\rho_\text{L}}{2} \cdot \mathrm{v}_\infty^2 \cdot b \cdot h \\
&= \text{-}0{,}6 \cdot \frac{1{,}2}{2} \cdot 33{,}33^2 \cdot 6 \cdot 3 = -7198{,}56\ \text{N} \\
F_\text{W} &= c_\text{W} \cdot \ldots = 0{,}9 \cdot \ldots = 10797{,}84\ \text{N} \\
F_{\text{Res}} &= \sqrt{7198{,}56^2 + 10797{,}84^2} = 12977{,}4\ \text{N} \\
&\approx \underline{\underline{13{,}0\ \text{kN}}}
\end{aligned}$$

b)
Nickmoment:

$$\begin{aligned}
M_\text{N} &= c_\text{N} \cdot q \cdot A \cdot b \\
c_\text{N} &= 0{,}08 \\
M_\text{N} &= c_\text{N} \cdot \frac{\rho}{2} \cdot \mathrm{v}_\infty^2 \cdot b^2 \cdot h \\
&= 0{,}08 \cdot \frac{1{,}2}{2} \cdot 33{,}33^2 \cdot 6^2 \cdot 3 = 5758{,}9\ \text{Nm} \\
&\approx \underline{\underline{5{,}8\ \text{kNm}}}
\end{aligned}$$

Aufgabe 44:

Ein Fabrikschornstein hat die Höhe $H = 40$ m und den Durchmesser $D = 2$ m. Er wird von einer linear von unten ($v_u = 20$ m/s) nach oben ($v_o = 40$ m/s) zunehmenden Geschwindigkeit angeströmt.

Vorgaben:

$c_W = 0{,}8$

$\rho_L = 1{,}2$ kg/m^3

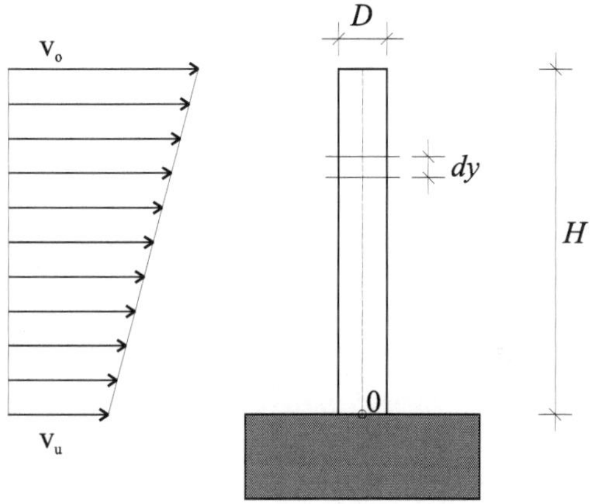

a)

Wie groß ist die resultierende Luftkraft auf den Schornstein ?

$$F_A = 0, \text{ da Kreiszylinder}$$
$$\rightarrow \; F_{\text{Res}} = F_W$$

$$v(y) = v_u + \frac{v_o - v_u}{H} \cdot y$$
$$D(y) = D = const.$$

$$F_W = \int c_W \cdot \qquad q \cdot \qquad dA$$

$$F_W = \int_0^H c_W \cdot \frac{\rho}{2} \cdot (v_u + \frac{v_o - v_u}{H} y)^2 \cdot D \, dy$$

$$F_W = c_W \cdot \frac{\rho}{2} \cdot D \cdot \int_0^H \left[v_u^2 + 2 \cdot v_u \cdot \frac{v_o - v_u}{H} \cdot y + \left(\frac{v_o - v_u}{H} \right)^2 \cdot y^2 \right] dy$$

$$= c_W \cdot \frac{\rho}{2} \cdot D \cdot \left| v_u^2 \cdot y + v_u \cdot \frac{v_o - v_u}{H} \cdot y^2 + \left(\frac{v_o - v_u}{H} \right)^2 \cdot \frac{1}{3} \cdot y^3 \right|_0^H$$

$$= c_W \cdot \frac{\rho}{2} \cdot D \cdot \left(v_u^2 \cdot H + v_o \cdot v_u \cdot H - v_u^2 \cdot H + \frac{H}{3} \left(v_o^2 - 2 \cdot v_o \cdot v_u + v_u^2 \right) \right)$$

$$= c_W \cdot \frac{\rho}{2} \cdot D \cdot H \cdot \left(\frac{1}{3} \cdot v_u^2 + \frac{1}{3} v_o \cdot v_u + \frac{1}{3} \cdot v_o^2 \right)$$

$$= 0{,}8 \cdot \frac{1{,}2}{2} \cdot 2 \cdot 40 \cdot \left(\frac{1}{3} \cdot 20^2 + \frac{1}{3} 20 \cdot 40 + \frac{1}{3} \cdot 40^2 \right)$$

$$= 35\,840 \text{ N} = \underline{\underline{35{,}84 \text{ kN}}}$$

b)
Wie groß ist das resultierende Biegemoment bezüglich des Schornsteinfußes (Punkt 0) ?

$$M_B = \int y \cdot q \cdot c_W \cdot dA$$

$$F_W = c_W \cdot \frac{\rho}{2} \cdot D \int_0^H \left[v_u^2 + 2 \cdot v_u \cdot \frac{v_o - v_u}{H} \cdot y + \left(\frac{v_o - v_u}{H} \right)^2 \cdot y^2 \right] dy$$

$$M_B = c_W \cdot \frac{\rho}{2} \cdot D \int_0^H \left[v_u^2 + 2 \cdot v_u \cdot \frac{v_o - v_u}{H} \cdot y + \left(\frac{v_o - v_u}{H} \right)^2 \cdot y^2 \right] \cdot y \quad dy$$

$$= c_W \cdot \frac{\rho}{2} \cdot D \left| \frac{1}{2} \cdot v_u^2 \cdot y^2 + \frac{2}{3} \cdot v_u \cdot \frac{v_o - v_u}{H} \cdot y^3 + \left(\frac{v_o - v_u}{H} \right)^2 \cdot \frac{1}{4} \cdot y^4 \right|_0^H$$

$$= 0{,}8 \cdot \frac{1{,}2}{2} \cdot 2 \cdot 40^2 \cdot \left(\frac{1}{2} \cdot 20^2 + \frac{2}{3} \cdot 20 \cdot (40 - 20) + (40 - 20)^2 \cdot \frac{1}{4} \right)$$

$$= \underline{\underline{870{,}4 \text{ kNm}}}$$

Aufgabe 45:

Der dargestellte idealisierte Kühlturm wird entlang der gesamten Höhe mit einer konstanten Windgeschwindigkeit v_∞ angeströmt. Für den Widerstandsbeiwert eines Segmentes der Höhe *dy* kann die rechts oben dargestellte Abhängigkeit c_W (*Re*) eines Kreiszylinders angenommen werden.

Vorgaben:

$D_1 = 15$	m	
$D_2 = 25$	m	
$h_1 = 5$	m	
$h_2 = 40$	m	
$\rho = 1{,}2$	kg / m³	
$\eta = 18 \cdot 10^{-6}$	kg / ms	

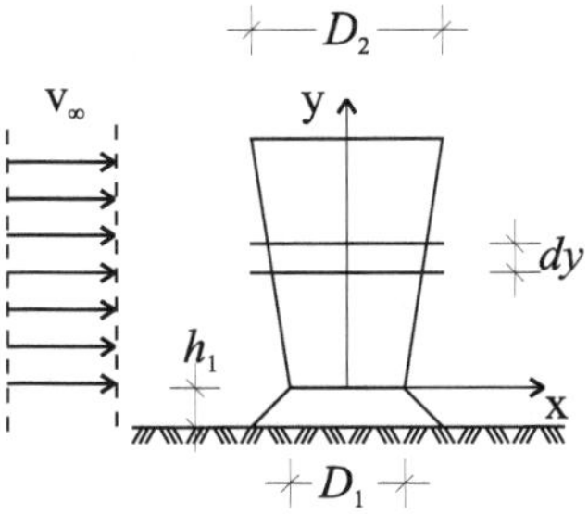

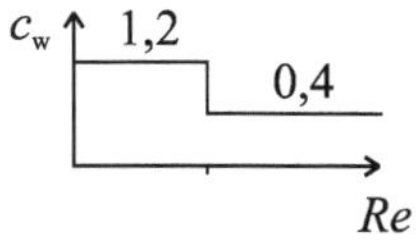

$$c_W = 1{,}2 \quad \left(\mathrm{Re} < 3 \cdot 10^5\right)$$

$$c_W = 0{,}4 \quad \left(\mathrm{Re} > 3 \cdot 10^5\right)$$

$$\mathrm{Re} = \frac{v \cdot D}{\nu} \qquad \nu = \frac{\eta}{\rho}$$

$$v = \frac{\mathrm{Re}_{krit} \cdot \eta}{D \cdot \rho}$$

a)
Bis zu welcher Windgeschwindigkeit herrscht entlang der ganzen Höhe noch gerade ein laminarer Strömungszustand ?

Je größer der Durchmesser ist, um so länger ist die Umströmung laminar.
$\rightarrow D_{max} = D_2$ ist maßgebend

$$v_{laminar} = \frac{\mathrm{Re}_{krit} \cdot \eta}{D_{max} \cdot \rho} = \frac{3 \cdot 10^5 \cdot 18 \cdot 10^{-6}}{25 \cdot 1{,}2} = \underline{\underline{0{,}18 \text{ m/s}}}$$

b)
Ab welcher Windgeschwindigkeit herrscht entlang der ganzen Höhe ein turbulenter Strömungszustand?

Je kleiner der Durchmesser ist, um so eher ist die Umströmung turbulent.
$\rightarrow D_{min} = D_1$ ist maßgebend

$$v_{turbulent} = \frac{\mathrm{Re}_{krit} \cdot \eta}{D_{min} \cdot \rho} = \frac{3 \cdot 10^5 \cdot 18 \cdot 10^{-6}}{15 \cdot 1{,}2} = \underline{\underline{0{,}30 \text{ m/s}}}$$

c)
Wie groß ist das Biegemoment der Luftkraft bezüglich des Punktes 0 bei der Windgeschwindigkeit nach b)?

$$\mathrm{v}_\infty = \mathrm{v}_{\text{turbulent}} = 0{,}30\ \mathrm{m/s}$$

$$D(y) = D_1 + \frac{D_2 - D_1}{h_2 - h_1} \cdot y$$

$$M_\mathrm{B} = \int y \cdot q \cdot c_\mathrm{W} \cdot dA$$

$$M_\mathrm{B} = c_\mathrm{W} \cdot \frac{\rho}{2} \cdot \mathrm{v}_\infty^2 \cdot \int_0^{\mathrm{h}_2-\mathrm{h}_1} \left(D_1 + \frac{D_2 - D_1}{h_2 - h_1} \cdot y \right) \cdot y\, dy$$

$$= c_\mathrm{W} \cdot \frac{\rho}{2} \cdot \mathrm{v}_\infty^2 \cdot \left| \frac{1}{2} D_1 \cdot y^2 + \frac{1}{3} \cdot \frac{D_2 - D_1}{h_2 - h_1} \cdot y^3 \right|_0^{h_2 - h_1}$$

$$= c_\mathrm{W} \cdot \frac{\rho}{2} \cdot \mathrm{v}_\infty^2 \cdot (h_2 - h_1)^2 \cdot \left(\frac{1}{3} \cdot D_2 + \frac{1}{6} \cdot D_1 \right)$$

$$= 0{,}4 \cdot \frac{1{,}2}{2} \cdot 0{,}3^2 \cdot (40 - 5)^2 \cdot \left(\frac{1}{3} \cdot 25 + \frac{1}{6} 15 \right)$$

$$= \underline{\underline{286{,}65\ \mathrm{Nm}}}$$

Aufgabe 46:

Die Nutzung der Windenergie in sogenannten Offshore-Windfarmen verspricht eine erhebliche Steigerung der regenerativen Stromerzeugung. In Küstennähe soll ein Pfahl als Fundament für eine erste Versuchsanlage gebaut werden. Die Bemessungslasten ergeben sich aus der Strömung des Wassers und des Windes. Die Anströmrichtung des Wassers und des Windes wird gleich angenommen.

Vorgaben:

$d =$	10	m
$h =$	5	m
$s =$	8	m
$\rho_\mathrm{Wasser} =$	1000	kg/m³
$\rho_\mathrm{Luft} =$	1,2	kg/m³
$c_\mathrm{W} =$	0,8	

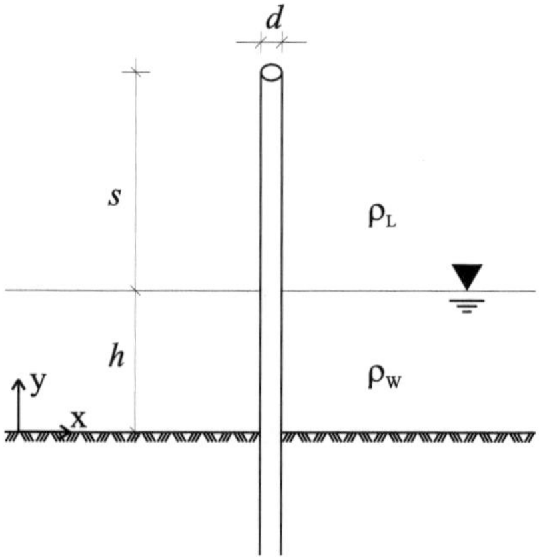

OH NEIN! OFFSHORE!!! BITTE NICHT, HERR!
FEIGLINGE!

Die vertikale Geschwindigkeitsverteilung des Wassers über die Strecke h vom Grund bis an die Wasseroberfläche lässt sich mit der folgenden Funktion beschreiben:

$$\mathrm{v}(y) = \sqrt{1{,}8y}$$

Die Windgeschwindigkeit v_∞ nimmt über die Strecke s linear zu, von 3 m/s an der Wasseroberfläche, auf 43 m/s in 10 m Höhe über dem Meeresspiegel.

Berechne das gesamte um den Fußpunkt des Pfahls wirkende Biegemoment.

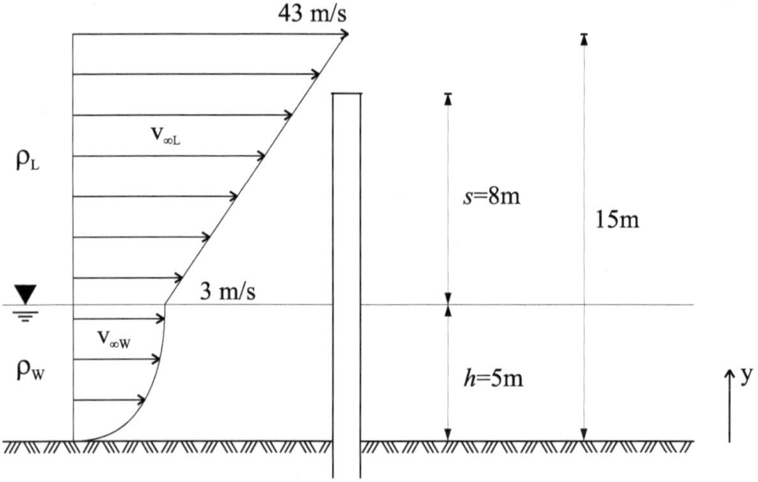

$$\mathrm{v}_{\infty L} = 3 + \frac{43-3}{15-5}(y-5)$$
$$= 3 + 4(y-5) = 4y - 17$$

$$M_\mathrm{B} = \int y \cdot \frac{\rho}{2} \cdot \mathrm{v}_\infty^2 \cdot c_\mathrm{W} \cdot dA$$
$$= \frac{1000}{2} \cdot 0{,}8 \int_0^5 y \cdot 1{,}8y \cdot 10\,dy \quad + \quad \frac{1{,}2}{2} \cdot 0{,}8 \int_5^{13} y \cdot (4y-17)^2 \cdot 10\,dy$$
$$= 400 \int_0^5 18y^2 dy \quad + \quad 0{,}48 \int_5^{13} y\,(16y^2 - 136y + 289) \cdot 10\,dy$$
$$= 400 \int_0^5 18y^2 dy \quad + \quad 0{,}48 \int_5^{13} (160y^3 - 1360y^2 + 2890y)\,dy$$
$$= 400 \left| 6y^3 \right|_0^5 \quad + \quad 0{,}48 \left| 40y^4 - 453{,}3y^3 + 1445y^2 \right|_5^{13}$$
$$= 300000 \quad + \quad 0{,}48\,(390744{,}9 - 4462{,}5)$$
$$M_\mathrm{B} = 485415\ \mathrm{Nm} \approx \underline{\underline{485{,}42\ \mathrm{kNm}}}$$

Tragflügel

Grundlagen

Aufgabe 47:

Jürgen aus Pforzheim fährt das erste Mal in seinem Leben auf die Nordseeinsel Spiekeroog. Dort kauft er sich im Supersonderangebot einen Sportdrachen für 27,50 Euro. Der Drachen ist satte 240 cm mal 110 cm groß, eine Fläche (wie eine ebene Platte) aus Spinnackernylon und wiegt schlappe 350g. Die Waagschnüre sind so eingestellt, dass die Drachenfläche 30 Grad aus der Horizontalen geneigt ist. In den Semesterferien jobbt Jann auf der Insel und will dem völlig ahnungslosen Touri unbedingt eine passende High-Tech-Drachenschnur für 19,90 Euro andrehen (reißfest bis 1 kN). Jürgen hat von den "Oschtfriesen" hinterm Deich bisher nichts Gutes gehört, wittert böse Abzockerei und kauft das billige Modell für nur 3,50 Euro (immerhin bis 0,25 kN reißfest). Abends im Wetterbericht wird für den nächsten Tag Windstärke 8 angesagt. Nachdem Jürgen endlich herausgefunden hat, was Windstärke 8 wirklich bedeutet (bis 74 km/h), sinkt das Vertrauen in seinen Einkauf. Doch Jürgen ist Baden-Württembergisches Urgestein, kann damit natürlich alles (außer Hochdeutsch) und geht mal eben schnell der folgenden Frage nach ... Welche Zugkraft verursacht der Drachen?

Vorgaben:

$\rho_L = 1{,}2\ \text{kg/m}^3$

$A = 240\ \text{cm} \cdot 110\ \text{cm} = 2{,}64\ \text{m}^2$

$m = 350\ \text{g} = 0{,}35\ \text{kg}$

$\gamma = 30°$

$v_\infty = 74\ \text{km/h} = 20{,}56\ \text{m/s}$

Berechnung:

$$\alpha = 90° - \gamma = 90° - 30° = 60°$$

Ablesen im Diagramm aus Aufgabe 43 auf Seite 191

$$c_W = 0{,}50$$

$$c_A = -0{,}85$$

$$F_W = c_W \cdot \frac{\rho_L}{2} \cdot v_\infty^2 \cdot A$$

$$= 0{,}5 \cdot \frac{1{,}2}{2} \cdot 20{,}56^2 \cdot 2{,}64$$

$$= \underline{\underline{334{,}79\ \text{N}}}$$

$$F_A = c_A \cdot \frac{\rho_L}{2} \cdot v_\infty^2 \cdot A$$

$$= -0{,}85 \cdot \frac{1{,}2}{2} \cdot 20{,}56^2 \cdot 2{,}64$$

$$= \underline{\underline{-569{,}14\ \text{N}}}$$

$$F_G = m \cdot g = 0{,}35 \cdot 10 = \underline{\underline{3{,}5\ \text{N}}}$$

Skizze:

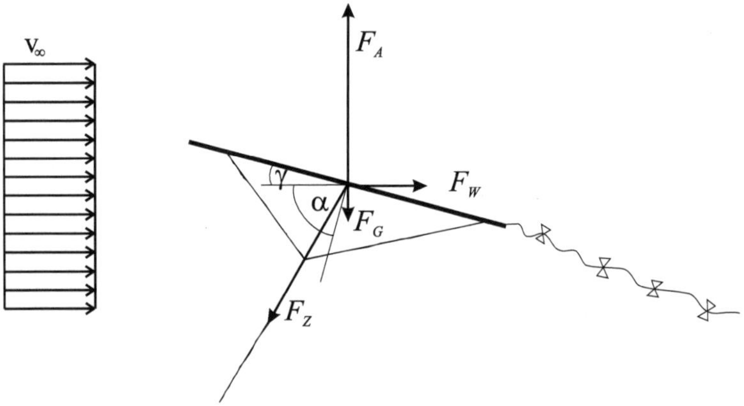

$$F_S = \sqrt{(F_A + F_G)^2 + F_W{}^2}$$

$$\underline{\underline{F_S = 657{,}29\,\text{N}}}$$

$$F_{\text{Billigschnur}} < F_S < F_{High-Tech-Schnur}$$

Ergebnis:

Jürgen ärgert sich schwarz, dass er der guten Beratung im Laden nicht getraut hat.

Doch Stop mal!!! Gerade haben wir an einem Drachen herumgerechnet, den man vereinfachend als eine ebene PLATTE annehmen kann und der - FLIEGT - zehntausendfach auf Wiesen und Stränden in der ganzen Welt. Doch glaubt man vielen Erklärungen, die genauso zehntausendfach gedruckt durch die ganze Welt schwirren – dürften all diese Drachen keinesfalls fliegen. Fast alle von euch werden irgendwo schon mal auf diese "plausible" Erklärung für "das Fliegen" gestoßen sein:

☠

Die Ursache für das Abheben liegt angeblich im Profil der Tragfläche begründet. Die Luft strömt auf die Tragfläche zu und wird aufgeteilt. Ein Teil bewegt sich entlang der Oberseite der Tragfläche, ein anderer Teil entlang der Unterseite. Die Luftteilchen, die oben lang strömen, müssen auf der profilierten Oberseite einen längeren Weg zurücklegen, als die Teilchen auf der geraderen Unterseite. Damit sich die Luftteilchen, die sich vorne getrennt haben, hinten wieder treffen, müssen die Luftteilchen, oben schneller sein als unten. Und dann wird über die Bernoulli-Gleichung mit der Geschwindigkeitserhöhung die Druckverringerung auf der Oberseite und über die Geschwindigkeitsverringerung die Druckerhöhung auf der Unterseite erklärt – unten ist also ein höherer Druck als oben – und schon hebt das Flugzeug ab.

Klar, klingt logisch – nur halt mal: "... Damit sich die Lufteilchen, die sich vorne getrennt haben, hinten wieder treffen ..." ist zwar sehr romantisch, aber um Gottes Willen welches physikalische Gesetz auf der Erde schreibt vor, "dass sich getrennte Luftteilchen wiedertreffen müssen"??? KEINS!!! Auch Laborversuche mit sogenannten Tracern (markierten Luftteilchen) haben bewiesen, dass sich die Teilchen, die vorne voneinander getrennt werden, am Ende der Tragfläche nicht wiedertreffen.

Wir generieren mit unserer (falschen) Erklärung des "Wiedertreffens" eine höhere Geschwindigkeit und leiten dann daraus das nötige Druckfeld ab. Den Zusammenhang zwischen dem Druck- und Geschwindigkeitsfeld mittels Bernoulli-Gleichung zu erklären ist natürlich korrekt, aber Ursache und Wirkung vertauscht. Wir brauchen nur mal wieder an unser U-Rohr ganz zu Beginn des Buches zurückdenken. Da schwimmt also so ein Wasserteilchen in einem Schenkel des U-Rohrs, sieht durch die Glaswandungen die Teilchen in der Nachbarhälfte und denkt sich, dass man sich ja mal wieder treffen könnte, bewegt sich mit einer Strömungsgeschwindigkeit in den anderen Schenkel hinüber, die Wasserstände ändern sich und dementsprechend resultiert eine andere Druckverteilung. Auch hier muss man wieder STOP rufen. Die Ursache ist eine Änderung der Druckverteilung und daraus resultiert ein Geschwindigkeitsfeld – so und nicht anders herum. Wir pusten in einen Schenkel des U-Rohrs (erhöhen den Druck) und daraus resultiert eine entsprechende Strömung bis zum erreichen eines neuen Gleichgewichtszustands.

Die unter dem Totenkopfzeichen aufgeführte Erklärung für den dynamischen Auftrieb ist immer wieder in Lehrbüchern im In- und Ausland zu finden und wird in Fernsehsendungen vorgetragen. Vielleicht hast du einen Bekannten mit Pilotenschein, der dir versichert, dass er es in einer sündhaft teuren Flugschule vor wenigen Wochen so gelernt hat, denn leider wird es auch in aktuellster Literatur für Amateurflugschüler so erklärt - aber auch das macht die besagte Erklärung nicht salonfähig. Um letzte Sympathien für die "Bernoulli-Wiedertreff-Erklärung" zu zerschlagen, möchte ich auf das Killerargument meines Arbeitskollegen und berühmten Kunstflugpiloten Carsten T. aus D. zurückgreifen. Er lädt uns zu einer Spritztour ein und möchte ein paar Runden im

Rückenflug drehen. Alle Verfechter der "Bernoulli-Wiedertreff-Erklärung" müssten jetzt mit verdammt weichen Knien vor der startbereiten Maschine stehen. In der Sekunde, in der sich Carstens Maschine auf den Rücken drehen wird, ist ja die längere Seite des Profils unten ..., somit wäre der Unterdruck unten und der Überdruck oben ... Die Maschine müsste sofort in den Boden gerammt werden ... Doch Carsten kehrt jedes Mal bei bester Gesundheit zurück.

Wenn wir uns jetzt die Tragfläche von Carsten ansehen oder an die Drachenaufgabe zurückdenken werden wir sofort eine Gemeinsamkeit feststellen – den Anstellwinkel der Tragfläche. Die einströmende Luft wird durch die angewinkelte Tragfläche in Richtung Boden umgelenkt. Diese Umlenkung eines Fluids ist uns schon einmal begegnet, und zwar bei der Bearbeitung von Thema 2. Dort wurde Wasser in einem Rohrkrümmer umgelenkt, wir haben ein Kontrollvolumen definiert und über eine Betrachtung der Impulserhaltung Auflagerreaktionen berechnet, die aus der Umlenkung des Wassers resultieren. Genau dieser Weg müsste uns doch auch bei der Suche nach den Ursachen für den Auftrieb zum Ziel führen.

Im Nahfeld unserer angewinkelten Tragfläche spannen wir ein Kontrollvolumen auf. Die Luft in diesem Kontrollvolumen wird durch die angewinkelte Tragfläche nach unten umgelenkt und erfährt eine Vertikalbeschleunigung in Richtung Erdboden. Genau diese Vertikalbeschleunigung in Richtung Erdboden bewirkt im Kontrollvolumen einen

Druckgradienten in Richtung Himmel. Im vom Tragflügel ungestörten Bereich an den Rändern unseres Kontrollvolumens herrscht jeweils Normaldruck. Wenn wir uns also unterhalb der Tragfläche befinden, nimmt der Druck in der Vertikalen zu - vom Normaldruck auf einen höheren Druck unmittelbar an der Tragflächenunterseite. Und wenn wir uns oberhalb der Tragfläche befinden, nimmt der Druck ebenfalls in der Vertikalen zu, von einem niedrigeren Druck unmittelbar oberhalb der Tragfläche wieder auf den Normaldruck. Und genau dieses Druckfeld ist die Ursache der Auftriebskraft.

- **Ob ein Flugobjekt grundsätzlich fliegt oder nicht hängt somit vom Anstellwinkel der Tragfläche ab.**

- **Die Auftriebskraft ist eine Reaktionskraft, welche aus der Vertikalbeschleunigung von Luft resultiert, die an einer angewinkelten Tragfläche in Richtung Erdboden umgelenkt wird.**

Diese präzisierte Erklärung für den Auftrieb gilt natürlich nicht nur für das Abheben in den Himmel, sondern auch für allen vorangegangenen Aufgaben mit Auftriebskräften, die eben ganz allgemein als Kräfte normal zur Strömungsrichtung verstanden werden (siehe z.B. Verkehrsschild-Aufgabe). Nur jetzt ist die Platte so als Tragfläche ausgerichtet, dass die resultierende Auftriebskraft genau der Gewichtskraft des Flugobjekts entgegenwirkt. Und der Strömungswiderstand steht im Gleichgewicht zur Zugkraft, mit welcher der Propeller das Flugzeug durch die Luft zieht.

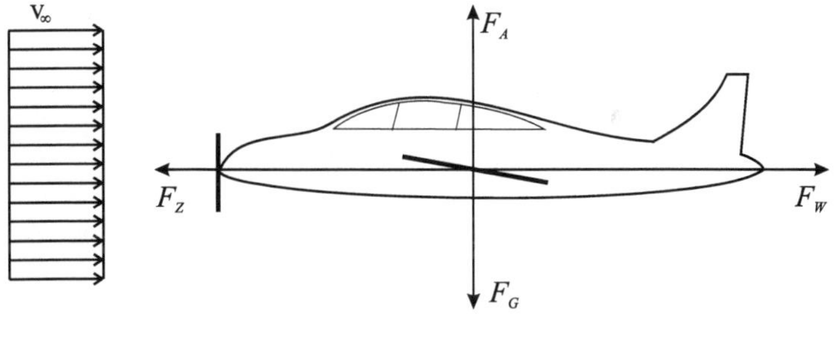

- **Durch eine Vergrößerung des Anstellwinkels können wir den Auftrieb erhöhen. Eine zweite Möglichkeit den Auftrieb zu erhöhen, ist natürlich eine Erhöhung der Geschwindigkeit, die dritte Möglichkeit wäre eine Vergrößerung der Tragfläche.**

An dieser Stelle tut sich eine hoch komplizierte Optimierungsarbeit auf, die Forschungsabteilungen und Institute seit Jahrzehnten mit Arbeit versorgt. Man will ja nicht nur abheben und sich in der Luft aufhalten, sondern sicher, schnell, umweltverträglich und wirtschaftlich von A nach B kommen. Geschwindigkeit erhöhen, okay - leistungsfähigere Antriebsaggregate einbauen. Das bedeutet aber auch einen höheren Energieverbrauch. Tragflächen vergrößern treibt das Gewicht des Flugzeugs in die Höhe. Die Gegenmaßnahme sind teure High-Tech-Werkstoffe wie Aluminium und glasfaserverstärkte Kunststoffe. Und wenn wir eben den Anstellwinkel erhöhen – dann darf man auch das nicht auf die Spitze treiben, denn mit zunehmendem Anstellwinkel steigt auch die Widerstandskraft der Tragfläche – und irgendwann müssten wir mit so starken Wirbelablösungen auf der Rückseite kämpfen, dass die Geschwindigkeit unseres Flugzeugs einbricht und damit dann auch wieder der Auftrieb ... und genau an dieser Stelle kommt endlich die Profilierung der Tragfläche ins Spiel.

- **Tragflächen werden profiliert, um ein stabiles Strömungsfeld mit einem Maximum an Auftriebskraft bei gleichzeitiger Minimierung der Widerstandskraft zu generieren.**

Das Verhältnis zwischen Auftrieb und Widerstand beschreiben wir über die dimensionslose Gleitzahl ε.

$$\varepsilon = \frac{F_{\mathrm{W}}}{F_{\mathrm{A}}} = \frac{c_{\mathrm{W}}}{c_{\mathrm{A}}}$$

Die Vertikalbeschleunigung der umgelenkten Luft hat uns zu einem Druckfeld als Ursache für den Auftrieb geführt. Und erst jetzt dürfen wir auch wieder einen Blick auf die eingangs verbannte Bernoulli-Gleichung werfen. Die höheren Drücke an der Unterseite führen via Bernoulli-Gleichung zu geringeren Geschwindigkeiten und die niedrigeren Drücke an der Oberseite entsprechend zu höheren Geschwindigkeiten. Dieses Geschwindigkeitsfeld ist eben eine Folgeerscheinung des Auftriebs – nicht mehr und nicht weniger. Um aus dieser Geschwindigkeitsverteilung jetzt auch auf eine Auftriebskraft zu schließen, gibt es das Gesetz von Kutta-Joukowsky, welches die Folgen des Auftriebs analytisch formuliert:

$$F_{\mathrm{A}} = \rho \cdot v_{\infty} \cdot b \cdot \Gamma$$

Das b beschreibt die Breite der Tragfläche. Mit dem Γ sieht die Sache irgendwie schrecklich aus, wird aber zu einem sehr anschaulichen Modell. Das aus der Druckverteilung resultierende Geschwindigkeitsfeld im Nahfeld der Tragfläche kann man sich vorstellen als die Überlagerung einer Translation (Parallelströmung) der Geschwindigkeit v_{∞} mit einem die Tragfläche umschließenden im Uhrzeigersinn drehenden Wirbel.

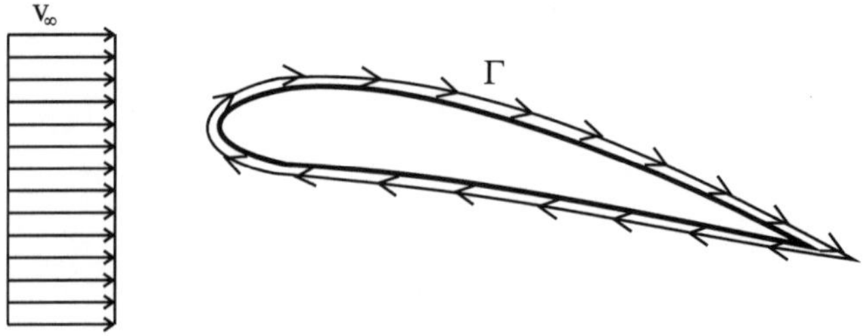

Auf der Oberseite erhöht die Geschwindigkeit des Wirbels die Gesamtgeschwindigkeit, auf der Unterseite findet eine Reduktion statt. Und für diesen Wirbel berechnen wir jetzt das Integral der Geschwindigkeit auf einem geschlossenen Weg entlang der Tragflächenoberfläche beginnend am Staupunkt vorbei an der Oberseite der Tragfläche und dann von hinten kommend unten entlang wieder zurück zum Staupunkt. Und dieses Ringintegral der Geschwindigkeit wird halt Zirkulation genannt und mit dem entsprechenden Formelzeichen Γ abgekürzt. Wer zum besseren Verständnis noch mehr über die strömungsmechanische Größe "Zirkulation" wissen möchte, findet umfangreiche Erklärungen weiter hinten im Thema 8. So elegant dieses Vorgehen auch ist, hat es natürlich auch einen Haken: so mir nichts dir nichts werdet ihr nicht an das Geschwindigkeitsfeld im Nahbereich der Tragfläche kommen. Dazu sind komplizierte Laboruntersuchungen erforderlich – und all diese gemessenen profilabhängigen Effekte stecken letztendlich in den empirischen c-Werten mit denen wir schon die ganze Zeit unsere Überschlagsrechnungen durchführen.

Schön, nach diesen Prinzipien bekommt man vielleicht Drachen oder Sportflugzeuge in den Himmel, aber doch keine tonnenschweren Passagierflugzeuge – okay, dann hier noch kurz eine kleine Rechnung zum Abgewöhnen:

Aufgabe 48:

Ein Luft- und Raumfahrtkonzern aus dem "alten Europa" hat das zur Zeit größte Passagierflugzeug der Welt gebaut. Das gute Stück wurde feierlich eingeweiht, obwohl es noch nie auch nur einen Meter geflogen ist. Du machst ein Praktikum bei dem Konzern und sollst einer nervigen Journalistikstudentin mit einer einfachen Handrechnung zeigen, dass das Teil unter den schon festgelegten technischen Spezifikationen wenigstens abheben wird. Das Flugzeug ist 72,70 m lang, hat eine Spannweite von 79,80 m und eine Höhe von 24,10 m. Die Größe der Tragflächen beträgt insgesamt 846 m². Das Flugzeug hat ein Leergewicht von 361 Tonnen und für eine kleine Testrunde nehmen wir mal die Mitnahme von 40 Tonnen Kraftstoff an. Der Flugzeugkonzern hält die exakte Geometrie der Tragflächen noch streng geheim, also nehmen wir einfach wieder die ebene Platte an. Normalerweise beträgt die Startgeschwindigkeit 260 km/h, unter unseren widrigen Bedingungen nehmen wir mal eine Geschwindigkeit von 360 km/h an.

Um welchen Winkel γ müsste man diese Platten-Tragflächen mindestens aus der Horizontalen heraus anstellen, um mit dem Flugzeug abzuheben?

Vorgaben:

$\rho_L = 1{,}2$	kg / m^3	$m = 361\ t + 40\ t = 4{,}01 \cdot 10^5$	kg
$A = 846$	m^2	$v_\infty = 360\ km/h = 100$	m/s

Berechnung:

Die Auftriebskraft wirkt der Gewichtskraft des Flugzeugs entgegen und muss zum Abheben des Flugzeugs größer sein als diese.

$$-F_A \geq F_G$$

$$-F_A = -c_A \cdot \frac{\rho_L}{2} \cdot v_\infty^2 \cdot A$$

$$F_G = m \cdot g$$

$$-c_A \cdot \frac{1{,}2}{2} \cdot 100^2 \cdot 846 \geq 4{,}01 \cdot 10^5 \cdot 10$$

$$c_A = -0{,}79$$

Diagramm auf Seite 191

$\alpha_1 = 50°$ $\alpha_2 = 75°$

Entsprechend der Definitionen im genutzten Diagramm gilt für den gesuchten Anstellwinkel γ:

$$\gamma = 90° - \alpha$$

Die mindestens erforderliche Auftriebskraft soll mit einem minimalen Anstellwinkel erzielt werden, um die wirkende Widerstandskraft möglichst gering zu halten:

$$\gamma_{min} = 90° - \alpha_{max}$$

$$\gamma_{min} = 90° - 75°$$

$$\underline{\underline{\gamma_{min} = 15°}}$$

Thema 7
Poröse Medien, Grundwasser

Stichworte

- Durchlässigkeit, Standrohrspiegelhöhe, Darcy - Filtergesetz
- Filtergeschwindigkeit, mittlere Porengeschwindigkeit
- Porosität
- Potentialfunktion, Stromfunktion
- Laplace - Differentialgleichung

Grundwasser

Wozuseite

Brunnen auf dem Gelände eines Wasserwerkes Foto: J. Strybny

Jetzt kommen wir zu einem mehr oder weniger unsichtbaren Thema, der Strömung in porösen Medien. Der wohl allgegenwärtige Anwendungsfall ist Grundwasser. Solltet ihr doch einmal solches Wasser zu Gesicht zu bekommen, zum Beispiel in eurer gerade voll gelaufenen Studentenbude in Kellerlage (Uninähe, sofort frei, für nur 100 Euro warm), ist es zur Anwendung der nachfolgenden Gesetze zu spät, weil das Wasser ja schon seinen Grundwasserleiter verlassen hat. Wenn ihr euch die Mühe macht, zur Besichtigung von Grundwasser zu einer Höhlenwanderung aufzubrechen, werdet ihr auch etwas sehen, was den Formeln dieses Themas nicht gehorcht. Das durch irgendwelche Spalten rauschende Wasser ist sogenanntes Kluftwasser und lässt sich nicht mehr mit Gesetzen für homogene und isotrope Filter berechnen. Also wichtige erste Erkenntnis: Die Strömungen, die wir hier unter die Lupe nehmen (siehe Cartoon von Olli ein paar Seiten weiter), sind wenig anschaulich. Deswegen oben auch ein Foto ausnahmsweise ganz ohne Wasser. Der Jahresniederschlag variiert in Mitteleuropa im langjährigen Mittel zwischen 13 und 38 l Wasser pro Sekunde und Quadratkilometer. Es versickern aber in Europa im Jahresdurchschnitt je nach Lage nur etwa 5 bis 10 l Wasser pro Sekunde und Quadratkilometer im Erdreich und tragen damit zur Neubildung von tatsächlichem Grundwasser bei. Durch den Menschen werden große Mengen Wasser entnommen. Im Gegensatz zum großflächigen Eintrag des Wassers in das Erdreich, erfolgt die Entnahme sehr konzentriert an den Brunnen der Wasserwerke. So werden beispielsweise im Umland einer Großstadt mit 500 000 Einwohnern etwa 40 Millionen Kubikmeter Wasser pro Jahr gefördert. Daraus resultieren Grundwasserabsenkungen, da das Wasser über die poröse Struktur des Bodens nicht entsprechend schnell nachfließen kann. Wenn wir also im folgenden Kapitel Strömungsgeschwindigkeiten von $1 \cdot 10^{-5}$ m/s errechnen, handelt es sich dabei keineswegs um Rechenfehler.

Grundwasser

Grundlagen

Um zu klären, wie sich die Durchströmung poröser Medien unter bestimmten Annahmen mit einfachen Gesetzmäßigkeiten beschreiben lässt, kommen wir wieder zurück auf das schon ganz zu Beginn des Buches im Kapitel Hydrostatik gebrachte Beispiel mit einem U-Rohr:

Aufgabe 49:

Zunächst unterscheiden wir drei Fälle für einen im U-Rohr ausgelenkten Wasserkörper:

Skizze:

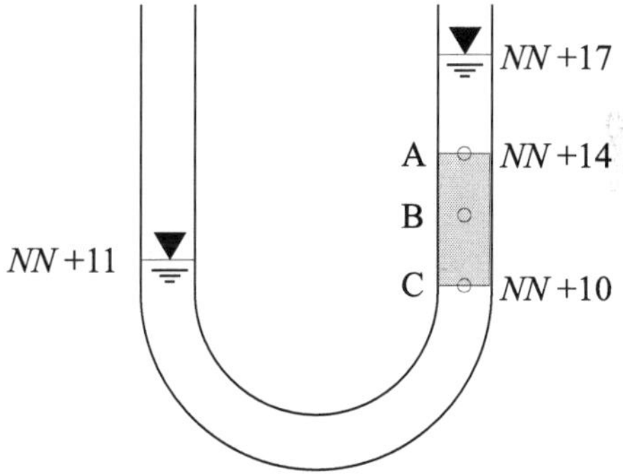

Fall 1:
Der im Bild grau markierte Bereich AC sei nicht vorhanden. Vorausgesetzt, es herrscht an der Wasseroberfläche in beiden Schenkeln der gleiche (atmosphärische) Druck, wird das Wasser unverzüglich in den Gleichgewichtszustand (beide Wasserspiegel auf gleicher Höhe) zurückschwingen. Dieser Fall ist wahrscheinlich jedem aus dem Physik-Unterricht in der Schule als das „Prinzip der kommunizierenden Röhren" bekannt.

Fall 2:
Wenn wir jetzt einen wasserdichten Pfropfen im Bereich AC einbauen, verharren die beiden getrennten Wasserkörper auf unbestimmte Zeit in ihrem hydrostatischen Zustand.

Fall 3:
Der dritte Fall steht symbolisch für alle nachfolgend in diesem Kapitel betrachteten Probleme. Wir wollen damit alle Möglichkeiten zwischen Fall 1 und Fall 2 beschreiben. Der Pfropfen ist nicht mehr absolut wasserdicht, sondern wir nehmen jetzt an, dass er vom Wasser durchsickert werden kann. Um dieses Durchsickern zu ermöglichen, tauschen wir den Pfropfen durch einen Sandfilter aus. Das Einstellen der Gleichgewichtslage wird also nicht wie in Fall 1 sofort passieren, sondern eine mehr oder weniger lange Zeit in Anspruch nehmen. Die Dauer dieses Zeitintervalls ist unter anderem abhängig von der sogenannten Durchlässigkeit. Diese muss für jeden Grundwasserleiter als Materialkonstante k_f definiert werden. Es sind alle Werte für k_f zwischen Null (Fall 2) und unendlich (Fall 1) möglich.

- **Durchlässigkeit = Leitfähigkeit eines Volumenelements**

$$\frac{\text{m}^3\ \text{Wasser}}{\text{m}^2\ \text{Querschnittsfläche} \cdot \text{s}} = k_f \left[\frac{\text{m}}{\text{s}}\right]$$

Grundwasserströmungen weisen eine derart geringe Geschwindigkeit auf, dass auch von schleichender Strömung gesprochen wird. Es ist also durchaus nicht ungewöhnlich, wenn für einen Grundwasserleiter berechnete Filtergeschwindigkeiten 1/10000 der in einem Gerinne zu erwartenden Geschwindigkeiten betragen. Aus diesem Grund kann bei Betrachtung einer Seite der Bernoulli-Gleichung der Term der Bewegungsenergie vernachlässigt werden:

$$z_1 + \frac{p_1}{\rho \cdot g} + \frac{v_1^2}{2g} = z_2 + \frac{p_2}{\rho \cdot g} + \frac{v_2^2}{2g}$$

$$z_1 + \frac{p_1}{\rho \cdot g} = z_2 + \frac{p_2}{\rho \cdot g}$$

Übrig bleibt die Summe aus geodätischer Höhe und Druckhöhe, welche wir auch als Standrohrspiegelhöhe h bezeichnen:

$$z + \frac{p}{\rho \cdot g} = h$$

- **Standrohrspiegelhöhe = Grundwasserpotential**

Die Standrohrspiegelhöhe entspricht dem gewichtsspezifischen Energieinhalt eines Wasserelements im Filterbereich. Sie entspricht dem Potential der Grundwasserströmung. Den Grund dafür klären wir einige Seiten später.

$$h = z + \frac{p}{\rho \cdot g} = z + \frac{p}{\gamma_W}$$

- Die Standrohrspiegelhöhe darf niemals mit dem hydrostatischen Druck an einem Punkt verwechselt werden. Der hydrostatische Druck ist eine absolute Größe, wohingegen die Standrohrspiegelhöhe eine Größe relativ zu einem frei gewählten Bezugsniveau ist.

- Die Bezugsebene mit $z = 0$ kann frei gewählt werden, muss aber für alle Betrachtungspunkte eines untersuchten Problems gleich bleiben.

- Anschaulich entstand die Bezeichnung Standrohrspiegehöhe aus der Frage: Wie hoch steht das Wasser in einem (gedachten) Rohr, dessen unteres Ende bis an den Betrachtungspunkt reicht? In der Praxis wird diese Größe auch genau in dieser Weise gemessen. Wenn du mal in einem Wald gewandert bist, der als Wassergewinnungsgebiet ausgewiesen ist, sind dir vielleicht schon mal in den Waldboden eingebrachte „geheimnisvolle" Metallrohre mit einem Deckel aufgefallen – die Standrohre zur Überwachung des Grundwasserleiters eines nahegelegenen Wasserwerkes. Der Grundwasserleiter wird übrigens auch als Aquifer bezeichnet.

Aufgabe 49 Fortsetzung:

Hydrostatischer Druck:

Berechne den hydrostatischen Druck aus den Standrohrspiegelhöhen für die Punkte A und C und einen beliebigen Punkt B zwischen A und C:

Vorgabe:
Die Zahlenangaben in der Skizze stellen die Standrohrspiegelhöhen dar

$$p = \rho \cdot g \cdot h$$

$$p_A = 1000 \cdot 10 \cdot (17 - 14) = \underline{\underline{30 \text{ kPa}}}$$

$$p_C = 1000 \cdot 10 \cdot (11 - 10) = \underline{\underline{10 \text{ kPa}}}$$

$$p_B = p_C + \frac{p_A - p_C}{14 - 10} \cdot (z - 10)$$

$$p_B = 10 + \frac{30 - 10}{14 - 10} \cdot (z - 10)$$

$$p_B = \underline{\underline{5z - 40 \quad [\text{kPa}]}}$$

Die Nennung einer einzigen Standrohrspiegelhöhe für ein Untersuchungsgebiet ist wertlos. Von Interesse ist vielmehr das Gefälle der Standrohrspiegelhöhe zwischen zwei Betrachtungspunkten (im Eindimensionalen) bzw. in einer allgemein gültigen räumlichen Formulierung der Gradient der Standrohrspiegelhöhe. Ist die Standrohrspiegelhöhe an allen Punkten im Gebiet identisch, liegt kein Strömungsprozess vor und wir betrachten ein hydrostatisches Problem, das Standrohrspiegelgefälle wäre in einem solchen Fall Null.

- **Damit Wasser in einem porösen Medium fließt, müssen eine Durchlässigkeit und ein Standrohrspiegelgefälle vorliegen.**

Aus dieser Erkenntnis ergibt sich eine einfache Bewegungsgleichung für einen Grundwasserleiter, das Darcy-Filtergesetz. Es stellt den Zusammenhang zwischen den beiden oben eingeführten Größen Durchlässigkeit und Standrohrspiegelhöhe dar. Die Gesetze gelten selbstverständlich neben Grundwasser auch für jedes andere durchlässige, homogene und isotrope Medium, wie zum Beispiel Filteranlagen im technischen Sektor.

- **Darcy- Filtergesetz**

$$\vec{v}_f = -k_f \cdot \operatorname{grad} h$$

$$\begin{bmatrix} v_x \\ v_y \\ v_z \end{bmatrix} = -k_f \cdot \begin{bmatrix} \partial h / \partial x \\ \partial h / \partial y \\ \partial h / \partial z \end{bmatrix}$$

?

Was bedeutet das negative Vorzeichen im Darcy-Filtergesetz?

!

Unsere Betrachtung ist in Fließrichtung. Damit ein Strömungsprozess einsetzt, muss die in Fließrichtung vordere Standrohrspiegelhöhe niedriger sein, als die hintere, das Standrohrspiegelhöhengefälle ist also negativ. Zusammen mit dem negativen Vorzeichen im Darcy-Filtergesetz resultiert dann eine in Fließrichtung positive Geschwindigkeit.

Betrag der Filtergeschwindigkeit:

Vorgabe:
$k_f = 10^{-3}$ m/s

$$\vec{v}_f = -k_f \cdot \text{grad}\, h$$

$$v_f = -k_f \cdot \frac{\partial h}{\partial z}$$

$$v_f = -1 \cdot 10^{-3} \cdot \frac{11-17}{10-14} = \underline{\underline{1{,}5 \cdot 10^{-3}\ \text{m/s}}}$$

- **Definition der Geschwindigkeiten in porösen Medien**

- **Filtergeschwindigkeit**

Achtung! Bei

$$v_f = \frac{Q}{A_{ges}}$$

handelt es sich um die **Filtergeschwindigkeit**, also die über den gesamten **Fließquerschnitt gemittelte Geschwindigkeit**. Auf der nächsten Seite schauen wir uns mal einen Grundwasserleiter etwas genauer unter einer Lupe an. Um die Massenerhaltung zu erfüllen, ist diese Geschwindigkeit bei so einer mikroskopischen Betrachtung also sowohl an Positionen im Fließquerschnitt anzusetzen, an denen sich eine Pore befindet und das Wasser tatsächlich fließt, als auch an Stellen, an denen sich ein Bodenpartikel (z.B. Sandkorn) befindet. In Wirklichkeit ist die Geschwindigkeit in der Position eines Sandkornes natürlich gleich Null. Das bekommen unsere Mikroorganismen, die sich da unten tummeln auch leidlich zu spüren. Die tatsächliche Geschwindigkeit in den Poren ist dementsprechend sehr viel größer. Aus diesen Überlegungen resultiert die Definition der **mittleren Porengeschwindigkeit**. Sie wird auch als **tatsächliche Geschwindigkeit** oder **Abstandsgeschwindigkeit** bezeichnet und hat deswegen meistens das Formelzeichen v_a. Sie bezieht sich auf die tatsächlich durchströmten Porenkanäle.

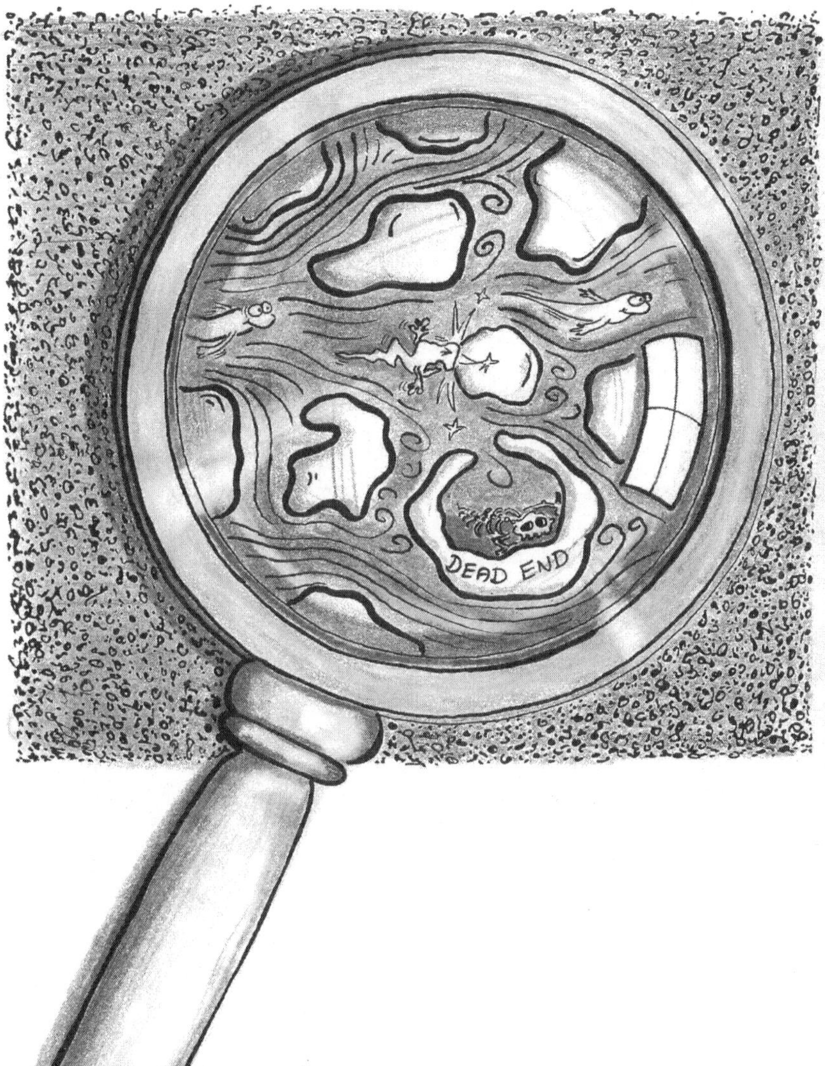
DEAD END

- **mittlere Porengeschwindigkeit**

Häufig unterliegen Studenten der Annahme, man könne die mittlere Porengeschwindigkeit messen. Das ist falsch, da es sich um die über die Porenfläche gemittelte Geschwindigkeit handelt. Diese ist nicht messbar, da es im tatsächlich durchflossenen Teil eines Grundwasserleiters durch Reibung an den Bodenpartikeln zur Ausbildung eines Geschwindigkeitsprofils kommt.

- **Porosität = Speichervermögen**

Der Zusammenhang zwischen der Filtergeschwindigkeit und der mittleren Porengeschwindigkeit ist über die Porosität gegeben. Die Porosität ist nicht mit der Durchlässigkeit zu verwechseln. Ein Körper, der sehr viele Hohlräume aufweist, kann undurchströmbar sein, wie zum Beispiel ein Stein aus Leichtbeton zum Wohnungsbau. Der Körper hätte also eine hohe Porosität und dennoch einen k_f – Wert gegen Null. Zur weiteren Differenzierung werden daher weiter die effektive und die absolute Porosität unterschieden. Die effektive Porosität beinhaltet die Hohlräume, die theoretisch auch durchströmbar wären. Die absolute Porosität n_a schließt alle Hohlräume ein, also auch die „strömungsmechanischen Sackgassen". Sie werden von Fachleuten auch Dead-End-Pores genannt und sind zum Beispiel ideale Wohnhöhlen für "unsere kleinen Freunde in der Unterwelt". Die absolute Porosität berechnet sich als Quotient aus Porenvolumen und Gesamtvolumen. Der Zusammenhang zwischen der Filtergeschwindigkeit v_f und der mittleren Porengeschwindigkeit v_a ist über die effektive Porosität gegeben.

$$n_a = \frac{V_{Poren}}{V_{ges}} \qquad \vec{v}_a = \frac{\vec{v}_f}{n_e}$$

Aufgabe 50:

Gegeben sei ein durchströmtes Sandgebiet ($k_f = 1 \cdot 10^{-3}$ m/s) in der folgenden Anordnung:

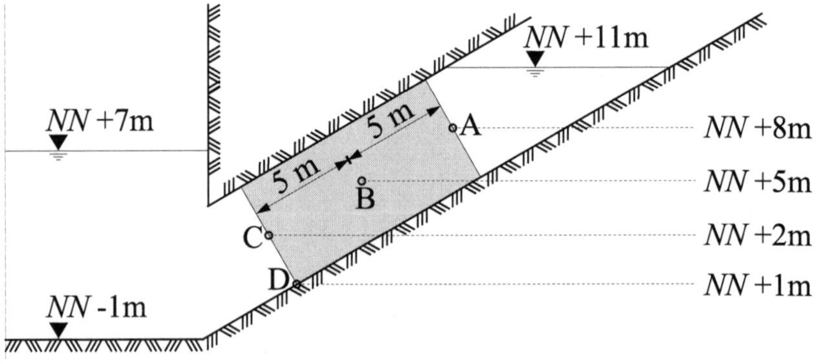

Bestimme für die Punkte A,B,C und D die Standrohrspiegelhöhen, Wasserdrücke und den Betrag der Filtergeschwindigkeit:

a)

Standrohrspiegelhöhen:

$$h_A = 11 \text{ m}$$

$$h_C = h_D = 7 \text{ m}$$

$$h_B = h_C + \frac{h_A\text{-}h_C}{8\text{-}2} \cdot (5-2)$$

$$= 7 + \frac{11-7}{8-2} \cdot (8-2) = 9 \text{ m}$$

b)

Wasserdrücke:

$$p = \rho \cdot g \cdot (h - z)$$

$$p_A = 10 \cdot 10^3 \cdot (11-8) = 3 \cdot 10^4 \text{ Pa}$$

$$p_C = 10 \cdot 10^3 \cdot (7-2) = 5 \cdot 10^4 \text{ Pa}$$

$$p_D = 10 \cdot 10^3 \cdot (7-1) = 6 \cdot 10^4 \text{ Pa}$$

$$p_E = 10 \cdot 10^3 \cdot (9-5) = 4 \cdot 10^4 \text{ Pa}$$

c)

Betrag der Filtergeschwindigkeit:

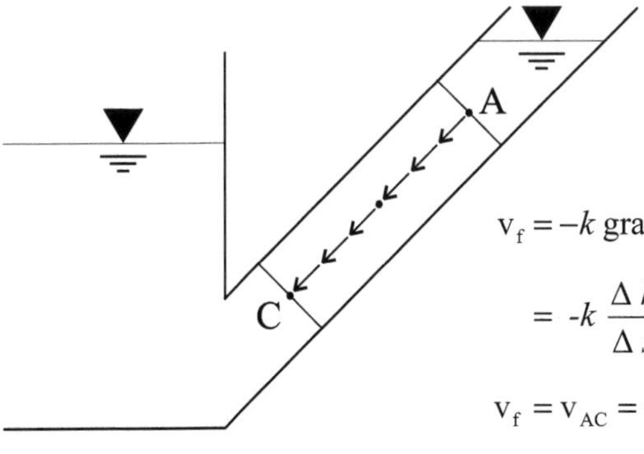

$$\text{v}_f = -k \text{ grad } h = -k \frac{\partial h}{\partial s}$$

$$= -k \frac{\Delta h}{\Delta s} = -k \frac{h_C - h_A}{\Delta s}$$

$$\text{v}_f = \text{v}_{AC} = -10^{-3} \frac{11-7}{10} = 4 \cdot 10^{-4} \text{ m/s}$$

Qualitatives Zeichnen von Äquipotentiallinien und Stromlinien

Grundlagen

- **Äquipotentiallinie**

Linien gleichen Potentials = Linien gleicher Standrohrspiegelhöhe
Ihre Berechnung erfolgt über die Potentialfunktion Φ [m³/s].

$$\Phi \perp \vec{v}$$

- **Stromlinie**

Die Bedeutung der Stromlinien wurde bereits erläutert. Zur Erinnerung: Die Stromlinie gibt in jedem Punkt mit ihrer Tangente die Richtung der Geschwindigkeit an.
Ihre Berechnung erfolgt über die Stromfunktion Ψ [m²/s].

$$\psi \parallel \vec{v}$$

Die Bestimmung von Potentialfunktion und Stromfunktion wird im nächsten Unterkapitel erläutert.

Aufgabe 51:

a)
Zeichne qualitativ 5 Stromlinien und 10 Äquipotentiallinien in den Filterbereich!

b)
Gebe qualitativ die Standrohrspiegelhöhen in 4 Standrohren an den Stellen 1 und 2 an.

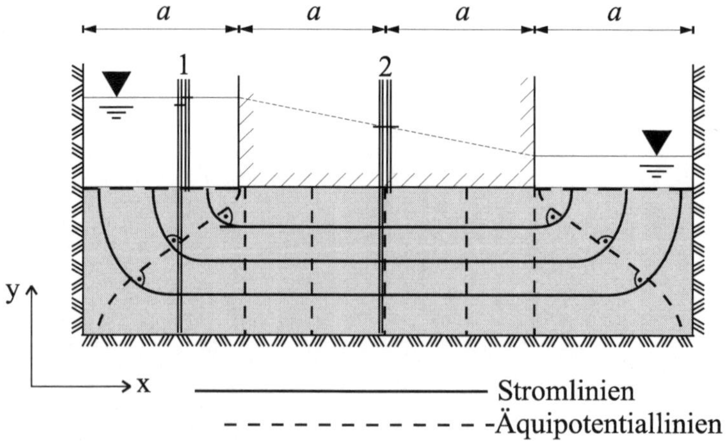

Laplace – Differentialgleichung, Analytische Berechnung der Strom- und Potentialfunktion

Grundlagen

Wie kann man durch Betrachtung einer Grundwasserströmung einfach und sehr anschaulich die Laplace-Differentialgleichung (= "Laplace-DGL") erläutern? Vor einigen Seiten haben wir uns ja bereits über eine starke Vereinfachung der Bernoulli-Gleichung an die Standrohrspiegelhöhe vorgetastet und dann festgestellt, dass zum Fließen von Wasser in einem Leitermedium zwei Voraussetzungen gegeben sein müssen. Zum einen muss das Medium überhaupt durchlässig sein und zum anderen muss ein Standrohrspiegelgefälle vorliegen. Diese beiden Voraussetzungen fasste der gute alte Darcy in seinem Filtergesetz zusammen. Damit haben wir eine sogenannte Bewegungsgleichung.

- **Bewegungsgleichung: Darcy-Filtergesetz**

$$\vec{v} = - k_f \cdot \text{grad}\, h$$

Ferner gilt natürlich auch für einen Grundwasserleiter, wie schon immer wieder gepredigt, die Massenerhaltung.

- **Massenerhaltung: Kontinuitätsgleichung**

$$\frac{\partial v_x}{\partial x} + \frac{\partial v_y}{\partial y} + \frac{\partial v_z}{\partial z} = \text{div}\, \vec{v} = \nabla \cdot \vec{v}$$

Jetzt brauchen wir nur die beiden Gesetze von oben ineinander einzusetzen. Über die Divergenz gleich Null sagen wir, dass Einstrom – Ausstrom gleich Null ist. Auch früher haben wir diese Aussage prinzipiell immer um die notwendige Berücksichtigung von Quellen (z.B. Eintrag durch Niederschlag) und Senken (der Brunnen eines Wasserwerkes) ergänzt. Darüber hinaus ist es möglich, dass Wasser in den porösen Strukturen eines Mediums (z.B. den "Dead End Pores") quasi eingelagert wird, was wir über den Speicherkoeffizienten berücksichtigen.

- **Darcy-Filtergesetz in die Kontinuitätsgleichung einsetzen**

$$\text{div}\,(-k_f \;\; \text{grad}\, h\,) = \underbrace{S_S}_{\substack{\text{Speicherkoeffizient}\\ =\text{Speichervermögen}\\ \text{eines Volumenelements}}} \cdot \frac{\partial h}{\partial t} \pm \underbrace{q^*\;(x,y,z,t\,)}_{\substack{\text{Quellen}\\ \text{und}\\ \text{Senken}}}$$

$$\frac{\partial}{\partial x}\left(-k_f \cdot \frac{\partial h}{\partial x}\right) \quad \underbrace{+\;\dots\;+\;\dots}_{\text{für die y - und z - Richtung}} \quad = \quad \dots$$

Im nächsten Schritt treffen wir die folgenden Annahmen, die unsere Überlegungen gleich wieder vereinfachen:

homogener, isotroper Grundwasserleiter (= Aquifer) → $k_f = \text{const.}$

stationär → $S_S \cdot \frac{\partial h}{\partial t} = 0$

quellfrei → $q^* = 0$

Die Annahme eines konstanten k_f-Wertes über einen gesamten natürlichen Grundwasserleiter wird euch aus eigener Anschauung vielleicht komisch vorkommen. Das ist auch häufig sehr gewagt. Oft bleibt einem bei ersten Berechnungen aber gar nichts anderes übrig. Denn die Bestimmung von k_f-Werten in einem zu untersuchenden Grundwasserleiter ist mit einem so hohen technischen Aufwand verbunden (schwere Bohrgeräte in oft unzugänglichem Gelände), dass man sich zunächst nur durch grobe Schätzung weniger oder eines Wertes helfen kann.

Unter den obigen drei Annahmen resultiert eine sogenannte Laplace-Differentialgleichung zur Beschreibung einer Grundwasserströmung:

- **Laplace-DGL**

$$\frac{\partial^2 h}{\partial x^2} + \frac{\partial^2 h}{\partial y^2} + \frac{\partial^2 h}{\partial z^2} = \Delta h = 0$$

Die Standrohrspiegelhöhe ist das Potential Φ der Grundwasserströmung.
Daraus ergibt sich allgemeiner:

$$\Delta \Phi = \frac{\partial^2 \Phi}{\partial x^2} + \frac{\partial^2 \Phi}{\partial y^2} + \frac{\partial^2 \Phi}{\partial z^2} = 0$$

Δ ist in diesem Fall kein „Delta“ sondern wird als Laplace – Operator bezeichnet, wieder so eine Möglichkeit durch Kenntnis dieser Begrifflichkeiten euren Prof. in der Prüfung schwer zu beeindrucken.

Bisher haben wir die Potential- und Stromlinien nur qualitativ skizziert. Der hier vorgestellte Ansatz ermöglicht uns den Nachweis von Potenialströmungen und die analytische Beschreibung der Potential- und Stromlinien. Derartige Berechnungen werden unter dem Begriff Potentialtheorie zusammengefasst. Hier bereiten wir gerade schon am Fall einer Grundwasserströmung die Potentialtheorie vor. Ihre sehr viel allgemeinere Anwendung werden wir noch im direkt folgenden gesonderten Thema zur Potentialtheorie näher beleuchten. Losgelöst von dem Anwendungsfall der Grundwasserströmung kann man dann allgemein von einer Potentialströmung sprechen, wenn wir eine quellfreie, senkenfreie und drehfreie Strömung antreffen.

- **Nachweis einer Potentialströmung**

quell-, senken- **und** drehfreie Strömung

Diese können wir rechnerisch recht einfach nachweisen, entweder über unsere gerade abgeleitete Laplace-DGL oder vollkommen gleichwertig in dem wir eben beide Nachweise einzeln führen.

entweder:	**oder:**
$\Delta\Phi = 0$	$\operatorname{div}\vec{v} = 0 \quad \wedge \quad \operatorname{rot}\vec{v} = 0$

- **Die Zusammenhänge zwischen Geschwindigkeitskomponenten sowie Potential- und Stromfunktionen ergeben sich wie folgt:**

$$v_x = \frac{\partial \Phi}{\partial x} \qquad v_y = \frac{\partial \Phi}{\partial y}$$

$$v_x = \frac{\partial \psi}{\partial y} \qquad v_y = -\frac{\partial \psi}{\partial x}$$

Aus der Differenz zweier Stromlinien ergibt sich der Durchfluss im Bereich zwischen beiden Stromlinien. Je geringer der Abstand zwischen zwei Stromlinien ist, umso größer ist die Geschwindigkeit im betrachteten Bereich. Die sogenannte Randstromlinie $\psi = 0$ beschreibt die Berandung des umströmten Objektes. Betrachten wir zum Beispiel eine Ecke, an welcher das Fluid vorbeiströmt, wird der Abstand der Stromlinien umso größer, je weiter man sich aus dem Hauptströmungsfeld heraus in die Ecke hineinbegibt. Umso geringer ist damit der Durchfluss. Derartige Bereiche werden auch als Totwasserzone bezeichnet.

- **Bestimmung des Durchflusses mittels Stromfunktion:**

$$q_{i,j} = \psi_j - \psi_i$$

Aufgabe 52:

Ein gerader, mit Sand ($k_f = 1 \cdot 10^{-3}$ m/s) gefüllter, rechteckiger Querschnitt mit der Länge L = 20 m und der Höhe a = 10 m wird von Wasser durchsickert.

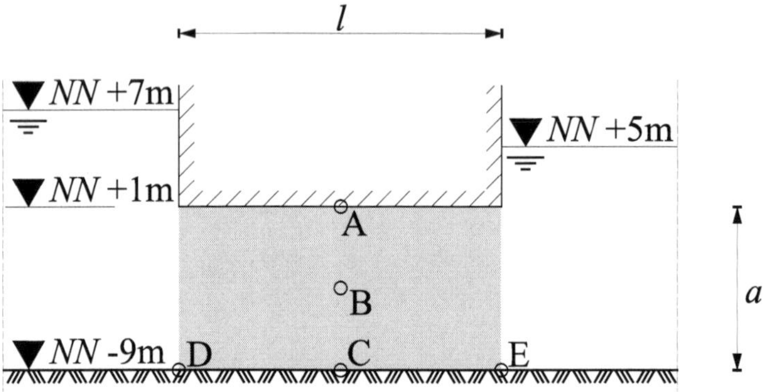

Folgende Punkte sind gegeben :

$$A(10;10) \qquad B(10;5) \qquad C(10;0) \qquad D(0;0) \qquad E(10;0)$$

a)
Berechne bitte die Standrohrspiegelhöhe $h(x;y)$ an den Punkten A,B,C,D,E, den Druck $p(x;y)$ an den Punkten A,B,C,D,E und die Filtergeschwindigkeit an den Punkten A und C.

b)
Skizziere jetzt bitte qualitativ einige Strom- und Potentiallinien und stelle die Potentialfunktion Φ und die Stromfunktion ψ für dieses Strömungsfeld auf!

c)
Wie groß ist die Resultierende der tatsächlichen Strömungsgeschwindigkeit bei einem Porenanteil des Sandes von 10 % ?

d)
Berechne mit Hilfe der Stromfunktion ψ den Durchfluss zwischen C und A!

a)
Standrohrspiegelhöhe bezogen auf NN **:**

$$h_D = 7 \text{ m}$$
$$h_E = 5 \text{ m}$$
$$h_A = h_B = h_C = h_E + \frac{h_D - h_E}{2} = 5 + \frac{7-5}{2} = 6 \text{ m}$$

Druck:

$$p(x;y) = \rho \cdot g \cdot (h(x;y) - y)$$

$$\text{mit } h(x;y) = h(x) = 7 + 9 - \frac{7-5}{20} \cdot x = 16 - 0{,}1 \cdot x$$

$$p(x;y) = \rho \cdot g \cdot ((16 - 0{,}1 \cdot x) - y)$$

$$p_A(10;10) = 10^4 \cdot ((16 - 0{,}1 \cdot 10) - 10) = 5 \cdot 10^4 \quad \text{Pa}$$

$$p_B(10;5) = 10^4 \cdot ((16 - 0{,}1 \cdot 10) - 5) = 10 \cdot 10^4 \quad \text{Pa}$$

$$p_C(10;0) = 10^4 \cdot ((16 - 0{,}1 \cdot 10) - 0) = 15 \cdot 10^4 \quad \text{Pa}$$

$$p_D(0;0) = 10^4 \cdot ((16 - 0{,}1 \cdot 0) - 0) = 16 \cdot 10^4 \quad \text{Pa}$$

$$p_E(20;0) = 10^4 \cdot ((16 - 0{,}1 \cdot 20) - 0) = 14 \cdot 10^4 \quad \text{Pa}$$

Filtergeschwindigkeit:

$$v_x = -k \cdot \frac{\partial h}{\partial x} = -k \cdot \frac{dh}{dx}$$

$$v_y = -k \cdot \frac{\partial h}{\partial y} = -k \cdot \frac{dh}{dy}$$

$$v_{xA} = v_{xC} = -10^{-3} \cdot \frac{5-7}{20} = 10^{-4} \text{ m/s}$$

$$v_{yA} = v_{yC} = 0$$

b)
Skizze der Strom – und Potentiallinien :

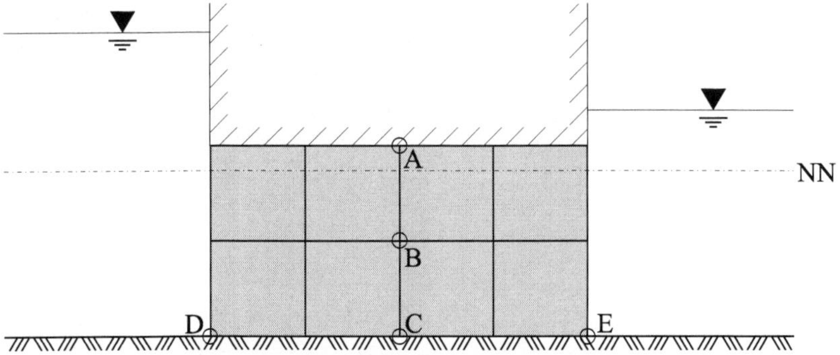

WOZU ?... !... ?
WIE „ANWENDUNGEN" ?
JUNGER MANN !!! WIR SIND HIER
AN EINER UNIVERSITÄT !...!...!...!
... MACHEN SIE DOCH EINE KLEMPNER-
LEHRE, WENN SIE SICH FÜR SOWAS
INTERESSIEREN !!!!
Wer strömt denn da durch Nacht und Wind ?

!

Die Vertikalkomponente der Geschwindigkeit ist Null.

Bestimmung der Potentialfunktion:

$$\mathrm{v}_x = \frac{\partial \Phi}{\partial x} = -k \cdot \frac{\partial h}{\partial x} \qquad \rightarrow \quad \Phi = \int \mathrm{v}_x dx + C(y)$$

$$\Phi = -k \int \partial h + C \; = -k \cdot h + C$$

$$\Phi = -k \cdot (16 - 0{,}1 \cdot x) + C$$

R.B :

$$\Phi(0{,}0) = -16 \cdot 10^{-3} \qquad \rightarrow C = 0$$

$$\rightarrow \underline{\underline{\Phi = -10^{-3} \cdot (16 - 0{,}1 \cdot x)}}$$

Bestimmung der Stromfunktion:

$$\mathrm{v}_x = \frac{\partial \psi}{\partial y} = -k \cdot \frac{\partial h}{\partial x} \qquad \rightarrow \Psi = \int \mathrm{v}_x \partial y + C(x)$$

$$\psi = -k \int \frac{\partial h}{\partial x} \cdot \partial y + C$$

$$\psi = +k \cdot 0{,}1 y + C$$

R.B:

$$\psi(0{,}0) \; = \; 0 \qquad \rightarrow C = 0$$

$$\rightarrow \underline{\underline{\psi = 10^{-4} \cdot y}}$$

Bestimmung des Durchflusses über die Querschnittsmittlung:

$$Q = \mathrm{v} \cdot A \rightarrow \; q \; = \; \mathrm{v} \cdot a$$

$$q \; = \; 10^{-4} \cdot 10 = \underline{\underline{1 \cdot 10^{-3} \, \frac{\mathrm{m}^3}{\mathrm{s} \cdot \mathrm{m}}}}$$

c)

Tatsächliche Strömungsgeschwindigkeit:
(= Abstandsgeschwindigkeit)

$$A_{\text{tat}} = 10\,\%\; A_{\text{ges}}$$

$$V_{\text{tat}} \cdot A_{\text{tat}} = V_{\text{ges}} \cdot A_{\text{ges}}$$

$$V_{\text{tat}} = V_{\text{ges}} \cdot \frac{A_{\text{ges}}}{A_{\text{ges}}}$$

$$V_{\text{tat}} = V_{\text{ges}} \cdot 10 = 10^{-4} \cdot 10 = \underline{\underline{10^{-3}\ \text{m/s}}}$$

d)
Bestimmung des Durchflusses über die Stromfunktion:

$$q_{AC} = \psi_A - \psi_C$$

$$= 10^{-4} \cdot (10 - 0) = \underline{\underline{1 \cdot 10^{-3}\ \frac{\text{m}^3}{\text{s} \cdot \text{m}}}}$$

Thema 8
Potentialtheorie

Stichworte

- **Nachweis einer Potentialströmung**
- **Bestimmung der Potential- und Stromfunktion**
- **Analytische Lösung für Druck- und Geschwindigkeitsfelder**
- **Staupunkt**
- **Zirkulation**

Potentialtheorie

Wozuseite

Potentialströmung an der Anströmseite (links) eines Zylinders Foto: J. Strybny

Bereits im vorigen Kapitel führten unsere Überlegungen bezüglich Grundwasser zur Definition von Potentialströmungen. Die theoretischen Grundlagen haben aber in der Hydromechanik eine weitreichendere Bedeutung, weil ganz allgemein für bestimmte Strömungsfelder unter Annahme der Potentialtheorie analytische Lösungen existieren. Die Lösungen bilden jedoch nur den idealen, nicht aber den realen Zustand ab. Auf dem Foto oben ist die Seitenansicht eines lotrechten Zylinders abgebildet, der von links nach rechts umströmt wird. Den idealen Verlauf der Stromlinien werden wir in Aufgabe 54 berechnen. Die Ergebnisse gelten aber nur für die Anströmseite (links auf dem Foto). Im realen Fall kommt es stromab des Ablösepunktes turbulenzbedingt zur Ausbildung einer Karman`schen Wirbelstraße (rechts im Bild), die Zulässigkeit der Potentialtheorie ist nicht mehr gegeben. Durch die engen Grenzen der auf der Potentialtheorie beruhenden analytischen Lösungen verliert diese Methode für praktische Anwendungen zunehmend an Bedeutung. Sie wird verdrängt durch Numerische Methoden auf Grundlage der Navier-Stokes-Gleichungen, welche auf wirbelauflösend verfeinerten Berechnungsgittern arbeiten. Auf der Anströmseite besteht aber die Möglichkeit, die Ergebnisse Numerischer Modelle zumindest in Teilbereichen mit Hilfe überschaubarer analytischer Handrechnungen zu verifizieren. Darüber hinaus sollte die Potentialtheorie als bedeutendes Werkzeug der Physik bekannt sein, da sie eine Verknüpfung verschiedener physikalischer Disziplinen erlaubt. Die Grundlagen der Potentialtheorie gelten nämlich gleichermaßen für die Elektrotechnik, die Beschreibung natürlicher magnetischer Felder oder die Hydromechanik. Über die Potentialtheorie erschließen sich fundamentale kontinuumsmechanische Parameter wie Zirkulation und Rotation.

Bestimmung der Stromfunktion
Ermittlung der Staupunktlage

Aufgabe 53:

Gegeben ist die Potentialfunktion einer zweidimensionalen Strömung :

$$\Phi = x + x^2 - y^2$$

a)
Weise mit Hilfe der Laplace-Differentialgleichung nach, dass es sich um eine Potentialströmung handelt. Danach überprüfe die Rechnung über den Nachweis von Quell-, Senken- und Wirbelfreiheit.

b)
Wie lautet die entsprechende Stromfunktion unter der Annahme, dass der Koordinatenursprung ein Punkt der Stromlinie $\psi = 0$ ist?

c)
Hat diese Strömung einen Staupunkt? Wenn ja, welche Koordinaten hat dieser?

a)
Nachweis der Potentialströmung über die Laplace-DGL:

$$\Phi = x + x^2 - y^2$$

$$\Delta\Phi = \frac{\partial^2 \Phi}{\partial x^2} + \frac{\partial^2 \Phi}{\partial y^2} + \frac{\partial^2 \Phi}{\partial z^2} = 0$$

$$\frac{\partial \Phi}{\partial x} = 2x + 1$$

$$\frac{\partial^2 \Phi}{\partial x^2} = 2$$

$$\frac{\partial \Phi}{\partial y} = -2y$$

$$\frac{\partial^2 \Phi}{\partial y^2} = -2$$

$$\underline{\underline{\Delta\Phi = 2 - 2 = 0 \rightarrow \text{Potentialströmung}}}$$

Nachweis der Quell- und Senkenfreiheit:

$$\operatorname{div} \vec{v} \overset{!}{=} 0$$

mit:

$$\operatorname{div} \vec{v} = \frac{\partial v_x}{\partial x} + \frac{\partial v_y}{\partial y} + \frac{\partial v_z}{\partial z} \overset{!}{=} 0$$

hier:

$$\frac{\partial v_x}{\partial x} + \frac{\partial v_y}{\partial y} \overset{!}{=} 0$$

$$\frac{\partial v_x}{\partial x} = 2 \qquad \frac{\partial v_y}{\partial y} = -2 \qquad \sum = 2\text{-}2 = 0$$

$$\rightarrow \underline{\underline{\operatorname{div} \vec{v} = 0}}$$

Nachweis der Wirbelfreiheit:

$$\operatorname{rot} \vec{v} = \begin{bmatrix} \frac{\partial v_z}{\partial y} - \frac{\partial v_x}{\partial z} \\ \frac{\partial v_x}{\partial z} - \frac{\partial v_z}{\partial x} \\ \frac{\partial v_y}{\partial x} - \frac{\partial v_x}{\partial y} \end{bmatrix} \overset{!}{=} 0$$

Zweidimensionales Problem in der *xy* – Ebene:

$$\frac{\partial v_y}{\partial x} - \frac{\partial v_x}{\partial y} \overset{!}{=} 0$$

$$v_x = \frac{\partial \Phi}{\partial x} = 1 + 2x \qquad \rightarrow \qquad \frac{\partial v_x}{\partial y} = 0$$

$$v_y = \frac{\partial \Phi}{\partial y} = \quad -2y \qquad \rightarrow \qquad \frac{\partial v_y}{\partial x} = 0$$

$$\underline{\underline{\operatorname{rot} \vec{v} = 0}}$$

Ergebnis:

Mit den beiden Beweisen bezüglich Wirbelfreiheit und Massenerhaltung ist eine Potentialströmung nachgewiesen.

b)
Zweidimensionales Problem:
Bestimmung der zugehörigen Stromfunktion:

$$(1)\quad v_x = \frac{\partial\psi}{\partial y} \quad \rightarrow \psi = \int v_x \, dy + C(x)$$

$$(2)\quad v_y = -\frac{\partial\psi}{\partial x} \quad \rightarrow \psi = -\int v_y \, dx + C(y)$$

mit:

$$v_x = 1 + 2x \qquad v_y = -2y$$

folgt:

$$(1)\quad \psi = y + 2xy + C(x) \qquad C(x) = C$$

$$(2)\quad \psi = +2xy + C(y) \qquad C(y) = y + C$$

$$\psi = y + 2xy + C \quad (\text{über Koeffizientenvergleich})$$

R.B:

$$\psi(0;0) = 0 \quad \rightarrow \quad C = 0$$

$$\rightarrow \underline{\underline{\psi = y + 2xy}}$$

c)
Lage des Staupunkts:

$$v_x = v_y \overset{!}{=} 0$$

$$v_x = 1 + 2x \overset{!}{=} 0 \quad \rightarrow \quad x = -\frac{1}{2}$$

$$v_y = -2y \overset{!}{=} 0 \quad \rightarrow \quad y = 0$$

$$\rightarrow \quad \text{Staupunkt} \quad \underline{\underline{P_S\left(-\frac{1}{2}\,;\,0\right)}}$$

Bestimmung der Verteilung von Druck und Geschwindigkeit um einen Kreiszylinder

Aufgabe 54:

Die reale (reibungsbehaftete) Umströmung eines Körpers kann im Allgemeinen nicht mit den Gesetzen der idealen reibungsfreien Strömung vollständig beschrieben werden, da es zu Ablöseerscheinungen und zur Wirbelbildung auf der Rückseite kommt. Dennoch liefert die Berechnung der idealen Strömung zumindest für die angeströmte Seite Ergebnisse (z.B. die Druckverteilung am Körper), die mit realen Verhältnissen übereinstimmen. Die ideale Umströmung eines Kreiszylinders in einem unendlich ausgedehnten Strömungsfeld kann durch folgende Funktion dargestellt werden:

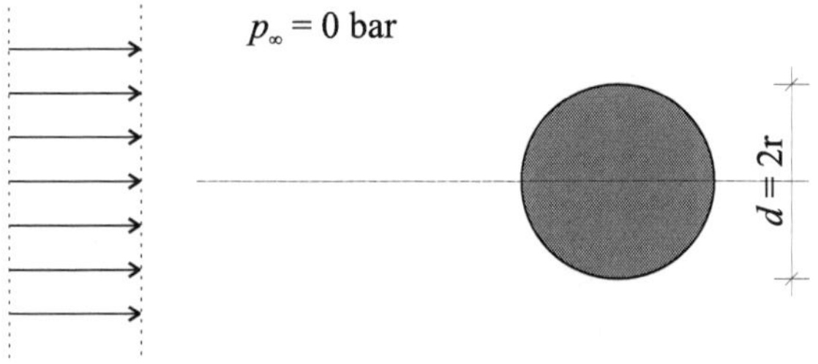

Vorgaben:

$$\Phi = c \cdot x \cdot \left(1 + \frac{r^2}{x^2 + y^2}\right)$$

$$\psi = c \cdot y \cdot \left(1 - \frac{r^2}{x^2 + y^2}\right)$$

a)
Skizziere bitte die Strom – und Potentiallinien!

b)
Stelle die Funktionen der Geschwindigkeitsverteilungen auf. Für $v_\infty = 1{,}5$ m/s und $r = 2$ m ist die Geschwindigkeit an den folgenden Punkten zu bestimmen:

$$P_1 = (\pm r; 0) \qquad P_2(0; \pm r) \qquad P_3(r; r) \qquad P_4(-\frac{1}{2}\sqrt{2} \cdot r; +\frac{1}{2}\sqrt{2} \cdot r)$$

c)
Bestimme jetzt die Funktion der hydrodynamischen Druckverteilung. Wie groß ist der Druck an den Punkten P_1, P_2, P_3, P_4?

!

Für die Berechnung kann der Druck im ungestörten Strömungsfeld mit $p_\infty = 0$ Pa angenommen werden. Ein hydrostatischer Druck kann bei Bedarf als Anteil zur hier berechneten hydrodynamischen Druckverteilung addiert werden.

a)

Skizze der Strom - und Potentiallinien:

Die Stromlinien stehen senkrecht zu den Potentiallinien.

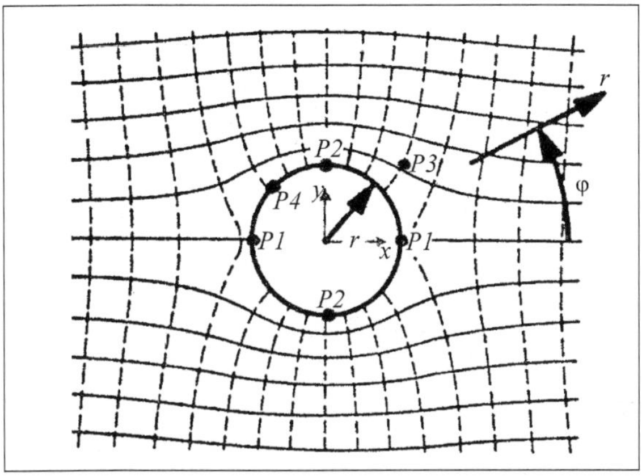

b)

Geschwindigkeitsverteilung: (mit v_∞ = 1,5 m/s; r = 2,0 m):

$$v_x = \frac{\partial \Phi}{\partial x} = \frac{\partial \psi}{\partial y}$$

$$\frac{\partial \Phi}{\partial x} = c \cdot \left(1 + \frac{r^2 (x^2 + y^2) - 2x \cdot x \cdot r^2}{(x^2 + y^2)^2} \right)$$

$$v_x(x, y) = c \cdot \left(1 + \frac{r^2}{x^2 + y^2} - \frac{2 \cdot x^2 \cdot r^2}{(x^2 + y^2)^2} \right)$$

$$\underline{\underline{v_x(x, y)}} = +1{,}5 \cdot \left(1 + \frac{4}{x^2 + y^2} - \frac{8 \cdot x^2}{(x^2 + y^2)^2} \right) = \underline{\underline{1{,}5 + \frac{6}{x^2 + y^2} - \frac{12 \cdot x^2}{(x^2 + y^2)^2}}} \text{[m/s]}$$

$$v_y = \frac{\partial \Phi}{\partial y} = -\frac{\partial \psi}{\partial x}$$

$$\frac{\partial \Phi}{\partial y} = -c \cdot \frac{x \cdot r^2 \cdot 2y}{(x^2 + y^2)^2}$$

$$v_y(x, y) = -c \cdot \frac{x \cdot r^2 \cdot 2y}{(x^2 + y^2)^2}$$

$$\underline{\underline{v_y(x, y)}} = -1{,}5 \cdot \frac{8 \cdot x \cdot y}{(x^2 + y^2)^2} = \underline{\underline{-\frac{12 \cdot x \cdot y}{(x^2 + y^2)^2}}} \text{[m/s]}$$

c)
Druckverteilung:

$$z_0 + \frac{p_0}{\rho g} + \frac{v_0^{\,2}}{2g} = z_i + \frac{p_i}{\rho g} + \frac{v_i^2}{2g}$$

$$\text{mit}: p_0 = 0 \qquad z_0 = z_i \qquad v_0 = v_\infty$$

$$\rightarrow p_i = \left(\frac{v_\infty^2 - v_i^{\,2}}{2g} \right) \cdot \rho \cdot g$$

$$= \frac{1}{2} \rho \cdot \left(v_\infty^2 - v_i^{\,2} \right) \qquad ; v_i = \sqrt{v_{ix}^2 + v_{iy}^2}$$

$$= \frac{1}{2} \cdot \rho \cdot \left(v_\infty^2 - v_{ix}^{\,2} - v_{iy}^2 \right)$$

$$= \frac{1}{2} \cdot 10^3 \cdot \left(1{,}5^2 - v_{ix}^{\,2} - v_{iy}^2 \right)$$

$$\underline{\underline{p_i = 1125 - 500 \left(v_{ix}^{\,2} + v_{iy}^2 \right)}} \quad [\text{Pa}]$$

Ergebnisse für die Betrachtungspunkte entlang des Zylinders:

		P_1	P_2	P_3	P_4
$x \,;\, y$	m	$\pm$ r;0	0; $\pm$ r	r ; r	$-\frac{1}{2}\sqrt{2}\cdot r \;;\; +\frac{1}{2}\sqrt{2}\cdot r;$
$v_x \,;\, v_y$	m/s	0,0 ; 0,0	3,0 ; 0,0	1,5 ; -0,75	1,5 ; 1,5
p	N/m^2	1125	-3375	-2875	-1125

Skizze zur Druckverteilung [N/m²]:

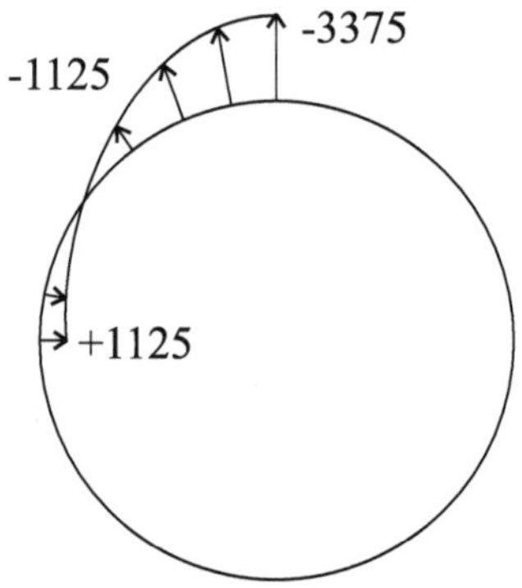

Zirkulation und Rotation

Grundlagen

Wir wollen physikalische Größen definieren, mit deren Hilfe sich das Phänomen der Wirbel beschreiben lässt. Jedem dürfte der Begriff Wirbel bereits begegnet sein. Die Palette reicht vom Wirbel im Ausfluss einer Badewanne bis zu Wirbelstürmen zum Beispiel in Nordamerika. Die einfachste Form eines Wirbels ist ein Strömungsprozess mit Stromlinien, die jeweils in sich geschlossen sind. Eine Strömung ist aber auch dann wirbelbehaftet, wenn ein Geschwindigkeitsgradient normal zur betrachteten Strömungsrichtung vorliegt. Die beiden wesentlichen Parameter zur Beschreibung von Wirbeln sind die Zirkulation und die Rotation.

- **Zirkulation**

$$\Gamma = \oint \vec{v}\, d\vec{s}$$

Der Parameter Zirkulation ist ein Maß für die Wirbelstärke. Was kann man sich darunter vorstellen? Ein Teilchen bewegt sich auf einem geschlossenen Weg in einem bestehenden Strömungsfeld. Jetzt integrieren wir die Geschwindigkeit des Teilchens über diesen geschlossenen Weg. Wenn das Teilchen auf seinem in sich geschlossenen Weg durch ein beliebiges Strömungsfeld in Summe genauso viel mittransportiert worden ist, wie das Teilchen sich gegen die Strömung selbst bewegen musste, ist die Zirkulation gleich Null. Das ist natürlich nur ein Gedankenspiel, man könnte sich ein Schiff mit eigenem Antrieb vorstellen. Wir nehmen einen Potentialwirbel an. Bewegt sich das Teilchen jetzt nicht mehr irgendwo in einem beliebigen Strömungsfeld, sondern genau um die Mittelachse des vorliegenden Wirbels herum, wird das Teilchen auf seinem gesamten geschlossenen Weg von der Strömung mittransportiert. Die Zirkulation ist damit ungleich Null. Bewegen wir uns aber in demselben Wirbel so auf einem geschlossenen Weg, dass wir den Wirbelkern nicht umschließen, ist die Zirkulation gleich Null. In einem Wirbel ist eine Erhaltung der Zirkulation gewährleistet. Je näher die Stromlinie also in der Mittelachse liegt, umso kürzer wird die Strecke, und umso größer wird damit die Geschwindigkeit. Weil unter dieser Annahme die Geschwindigkeit in der Achse selbst unendlich wäre, wird um die Achse herum die Existenz eines Wirbelkerns angenommen, der als starrer Körper rotiert.

- **Rotation**

$$\operatorname{rot} \vec{v} = \begin{bmatrix} \dfrac{\partial v_z}{\partial y} - \dfrac{\partial v_x}{\partial z} \\ \dfrac{\partial v_x}{\partial z} - \dfrac{\partial v_z}{\partial x} \\ \dfrac{\partial v_y}{\partial x} - \dfrac{\partial v_x}{\partial y} \end{bmatrix} \stackrel{!}{=} 0$$

$$\int\!\!\int \operatorname{rot} \vec{v}\; dA = \Gamma$$

Die Wirbeldichte wird durch die sogenannte Rotation beschrieben. Berechnen wir die Zirkulation für die Stromlinie die eine infinitesimal kleine Fläche vollständig umschließt und dividieren durch den Flächeninhalt, können wir über die Zirkulation die Rotation bestimmen. Ganz allgemein ist die Rotation ein mathematischer Operator. Ist die Rotation gleich Null, wird die Strömung als rotationsfrei oder drehfrei bezeichnet. Anschaulich kann man sich das so vorstellen, dass sich ein Teilchen nicht um seine eigene Achse dreht.

Bedeutung der Zirkulation und Rotation und Käpt`n Strømdålens Seekarte

... So – kapiert ? Nein? Vielleicht hilft ja die Geschichte vom Fischer Strømdålen, der am Saltstraumen, dem stärksten Gezeitenstrom der Welt ganz oben in Norwegen lebt. Kürzlich wurde seine alte Seekarte gefunden (siehe nächste Seite). Beim Saltstraumen sieht man schon von weit her die gewaltigen Wirbel. Für die vielen Rentner aus Deutschland, die alle einmal mit einem Postschiff nach Norwegen fahren wollen, hat sich der Fischer eine tolle Attraktion ausgedacht. Er fährt die Rentner, die dann von dem wochenlangen Lachsessen und Berge angucken doch etwas gelangweilt sind, einmal um den größten Wirbel im Saltstraumen herum.

Um Kraftstoff zu sparen, lässt er sich von der Strömung treiben als wäre sein Boot ein Wasserteilchen und zwar so, dass er einen vollständig geschlossenen Weg um einen Wirbeltrichter fährt und genau dort ankommt, wo er losgefahren ist. Er zirkuliert in einem Strömungsfeld, wird während der gesamten Fahrt nur vom Strömungsfeld angetrieben und je schneller die ganze Sache bei zwei verschiedenen Wirbeln in einem konstanten Abstand vom Wirbelkern passiert, umso größer ist die sogenannte Zirkulation Γ. Diese Meeresströmung ist aber so nährstoffreich, dass so viele Algen und Seepocken an Strømdålens Rumpf anwachsen, dass das Boot manchmal fast untergeht. Einmal im Jahr lässt der findige Norweger dann seinen Schiffsdiesel auf vollen Touren laufen und fährt mit voller Kraft entgegengesetzt der Strömung eine geschlossene Bahn einmal komplett um den Wirbeltrichter herum. Auf seinem gesamten Weg muss er sich nur mit eigenem Antrieb gegen die Strömung fortbewegen. Auch dann hat er eine bestimmte Zirkulation ausgeführt ($\Gamma \neq 0$).

Vor langer Zeit aber hatte er mal so einen Hermann aus Heidelberg als Passagier und der wollte seiner Frau im Urlaub etwas ganz Besonderes bieten, gab dem Käpt'n ordentlich Trinkgeld und wünschte sich, so um den Wirbel zu fahren, das die Zirkulation gleich Null wird. Das ist weiter gar nicht so schwierig. Es muss ein beliebiger geschlossener Weg sein, der den Wirbel aber nicht ganz vollständig umschließen darf. Dann tritt nämlich der Fall ein, dass Strømdålen mit seinem Schiff auf seinem Weg durch den Wirbel genauso viel von der Strömung mitgetragen wird, wie er selbst mit eigener Maschinenkraft gegen an schippern muss. Und immer wenn ein Teilchen auf einem geschlossenen Weg genauso viel in Strömungsrichtung transportiert wird, wie es sich gegen die Strömung selbst bewegt, wird das Ringintegral der Geschwindigkeit zu Null und der Prozess ist zirkulationsfrei, also $\Gamma = 0$. Auf Strømdålens alter Seekarte kann man erkennen, dass er auf der Rücktour gegen den Strom nicht genau die gleiche Route fährt, sondern etwas dichter am Wirbelkern. Doch Urlauber Hermann versicherte dem Käpt'n, dass das egal wäre. Er hätte früher als Physikprof gejobbt und herausgefunden, das die beiden Zirkulationsanteile konstant sind. Weiter außen geht es langsam eine weitere Strecke und innen eben schneller auf einer kürzeren Strecke, die kleinen Strecken dazwischen haben keinen Einfluss auf das Ringintegral, weil sie ja senkrecht zu den Stromlinien verlaufen. Das geht im Inneren des Wirbeltrichters natürlich nicht mit unendlicher Geschwindigkeit so weiter, dort ist ein Luftkern.

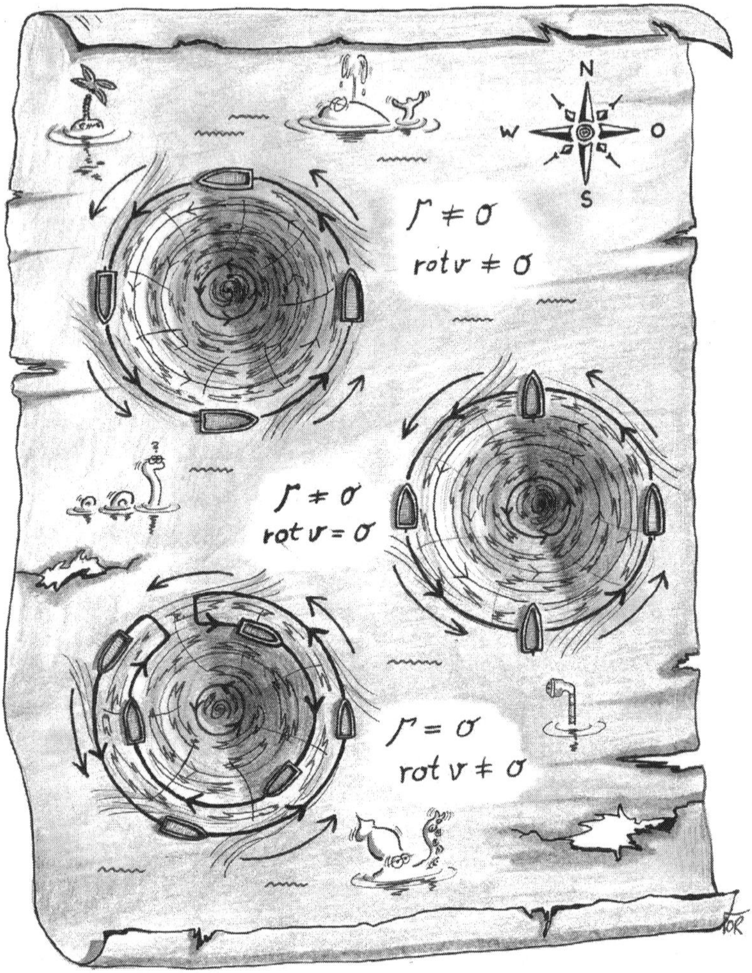

Doch die Frau des eigentümlichen Passagiers war gar nicht begeistert von den Spielereien ihres Mannes, die wollte sich nämlich in aller Ruhe während der ganzen Fahrt die Mitternachtssonne angucken und hat eigentlich von einer rotationsfreien Fahrt (rot v = 0) geträumt. Dann hätte sie nämlich während des ganzen Fahrens um den Wirbel in die Sonne geschaut, ohne auch nur ein einziges Mal von ihrer Bank an der Reling aufstehen zu müssen. Bei den Fahrten von Strømdålen fährt er aber so um den Wirbel, das die Bugspitze in Fahrtrichtung zeigt. Dann dreht sich das Boot bei der Umrundung genau einmal um sich selbst, die Rotation ist also ungleich Null (rot v ≠ 0). Übrigens wenn man von der Rotation des Schiffes auf die Rotation des Strömungsfeldes schließen will, darf der Käpt'n seinen Schiffsdiesel nicht laufen lassen, aber da hat der Alte ja bekanntlich nichts gegen und eigentlich darf er auch nur ein infinitesimal kleines Schiff besitzen, gab Hermann zu bedenken, das wäre den anderen Rentnern aus Deutschland dann aber doch etwas zu eng geworden. ...

Aufgabe 55:

In diesem Beispiel untersuchen wir Strömungsfelder in angeströmten Ecken. Gegeben ist ein vom Parameter a abhängiges Geschwindigkeitsfeld mit den Geschwindigkeitskomponenten:

$$v_x = -2 \cdot a \cdot y$$
$$v_y = 1 + 2\,x$$

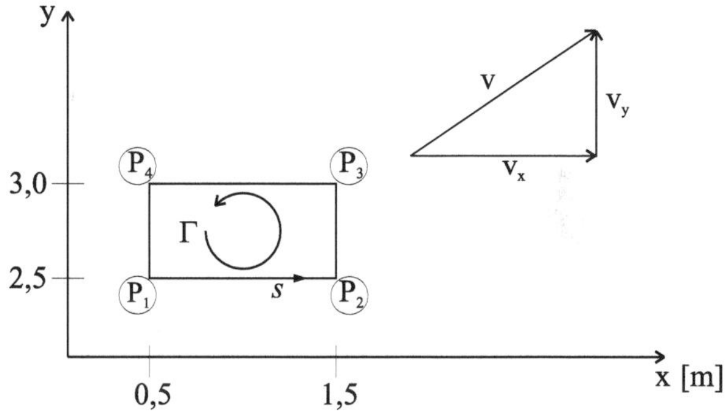

a)
Berechne die Zirkulation Γ für den angegebenen geschlossenen Weg s !

$P_1(0{,}5/2{,}5)$ $P_2(1{,}5/2{,}5)$ $P_3(1{,}5/3{,}0)$ $P_4(0{,}5/3{,}0)$

b)
Für welchen Wert von a stellt das Geschwindigkeitsfeld eine Potentialströmung dar ?

c)
Ermittele die zugehörige Potentialfunktion Φ (x;y) und Stromfunktion ψ (x;y).

d)
Bestimme nun die Lage des Staupunktes.

e)
Zeichne bitte die Stromlinien ψ = 0; 1; 2, 3, 4, 5 für $-3{,}0 \le x \le +3.0$ m unter der Voraussetzung, dass ψ(0;0) = 0 ist !

f)
Bestimme abschließend den Durchfluss pro Breitenmeter zwischen den Punkten P_A und P_B und zwischen den Punkten P_B und P_C.

$P_A(0/0{,}500)$ $P_B(0/1{,}118)$ $P_C(0/1{,}500)$

a)
Zirkulation:

1. Alternative:

$$\Gamma = \oint \vec{v}\, d\vec{s}$$

$$= \int_{0,5}^{1,5} v_x(y=2,5)\,dx + \int_{2,5}^{3,0} v_y(x=1,5)\,dy + \int_{1,5}^{0,5} v_x(y=3,0)\,dx + \int_{3,0}^{2,5} v_y(x=0,5)\,dy$$

$$= -\int_{0,5}^{1,5} 2a\cdot 2,5\,dx \quad + \int_{2,5}^{3,0} (1+2\cdot 1,5)\,dy \; - \int_{1,5}^{0,5} 2a\cdot 3,0\,dx \quad + \int_{3,0}^{2,5} (1+2\cdot 0,5)\,dy$$

$$= -5a\cdot 1 + 2 + 6a\cdot 1 - 1$$

$$= \underline{\underline{a+1}}$$

2. Alternative:

$$\Gamma = \int\int \text{rot}\ \vec{v}\ \ dA$$

$$(\text{rot}\ \vec{v})_z = \frac{\partial v_y}{\partial x} - \frac{\partial v_x}{\partial y} = 2 + 2a$$

$$\Gamma = \int\int (2+2a)\ \ dA$$

$$= (2+2a)\cdot 0,5 = \underline{\underline{a+1}}$$

b)
Nachweis der Potentialströmung:

Quell- und Senkenfreiheit ist erfüllt:

$$\text{div}\ \vec{v} \overset{!}{=} 0$$

$$\frac{\partial v_x}{\partial x} + \frac{\partial v_y}{\partial y} \overset{!}{=} 0 \quad \rightarrow \quad 0 + 0 = 0$$

Wirbelfreiheit ist für a = -1 erfüllt:

$$\text{rot}\ \vec{v} \overset{!}{=} 0 \quad \rightarrow \quad 2 + 2a \overset{!}{=} 0 \qquad \rightarrow \quad \underline{\underline{a=-1}}$$

$$\text{oder:}$$

$$\Gamma \overset{!}{=} 0 \qquad \rightarrow \quad 6\ (a+1) \overset{!}{=} 0 \quad \rightarrow \quad \underline{\underline{a=-1}}$$

c)
Ermittlung der Potentialfunktion:

$$\text{mit:}$$

$$(1)\quad \mathrm{v_x} = \frac{\partial \Phi}{\partial x} \quad \rightarrow \Phi = \int \mathrm{v_x}\, dx + C(y)$$

$$(2)\quad \mathrm{v_y} = \frac{\partial \Phi}{\partial y} \quad \rightarrow \Phi = \int \mathrm{v_y}\, dy + C(x)$$

$$\text{folgt:}$$

$$(1)\quad \Phi = \quad 2xy + C(y) \qquad\qquad C(x) = C$$

$$(2)\quad \Phi = y + 2xy + C(x) \qquad\qquad C(y) = y + C$$

$$\Phi = y + 2xy + C \quad (\text{über Koeffizientenvergleich})$$

Ermittlung der Stromfunktion:

$$\text{mit:}$$

$$(1)\quad \mathrm{v_x} = \frac{\partial \Psi}{\partial y} \quad \rightarrow \psi = \int \mathrm{v_x}\, dy + C(x)$$

$$(2)\quad \mathrm{v_y} = -\frac{\partial \Psi}{\partial x} \quad \rightarrow \psi = -\int \mathrm{v_y}\, dx + C(y)$$

$$\text{folgt:}$$

$$(1)\quad \psi = \quad y^2 + C(x) \qquad\qquad C(x) = -x^2 - x + C$$

$$(2)\quad \psi = -(x^2 + x) + C(y) \qquad\qquad C(y) = y^2 + C$$

$$\psi = -x^2 - x + y^2 + C \quad (\text{über Koeffizientenvergleich})$$

d)
Bestimmung des Staupunktes:

$$\mathrm{v_x} = \mathrm{v_y} \overset{!}{=} 0$$

$$\mathrm{v_x} = 2y \overset{!}{=} 0 \quad \rightarrow \quad y = 0$$

$$\mathrm{v_y} = 1 + 2x \overset{!}{=} 0 \quad \rightarrow \quad x = -\frac{1}{2}$$

$$\rightarrow \quad \text{Staupunkt} \quad \underline{\underline{P_S\left(-\frac{1}{2}\,;\,0\right)}}$$

e)
Auftragung der Stromlinien $\psi = 0; 1; 2, 3, 4, 5$ **für** $-3{,}0 \leq x \leq +3.0$ m **einmal für** $y \geq 0$ **und einmal für** $y \leq 0$:

$$\psi(x,y) = -x^2 - x + y^2 + C$$

$$\text{mit } P_S\left(-\frac{1}{2};0\right) \rightarrow \psi\left(-\frac{1}{2};0\right) \stackrel{!}{=} 0$$

$$0 = -0{,}25 + 0{,}5 + C \rightarrow \quad C = -0{,}25$$

$$\underline{\underline{\rightarrow y = \pm\sqrt{\psi + x^2 + x + 0{,}25}}}$$

für alle $y \geq 0$:

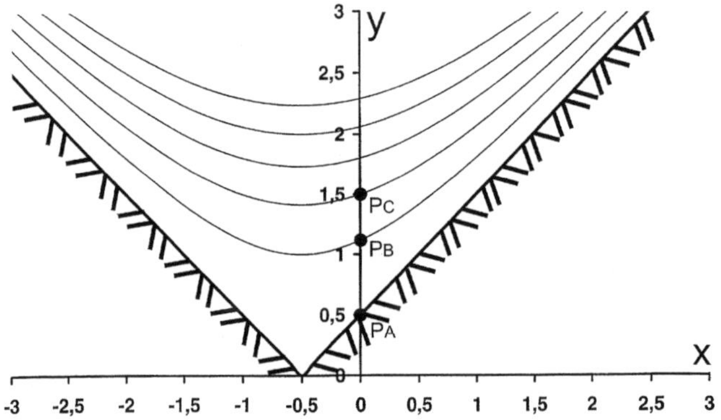

für alle $y \leq 0$:

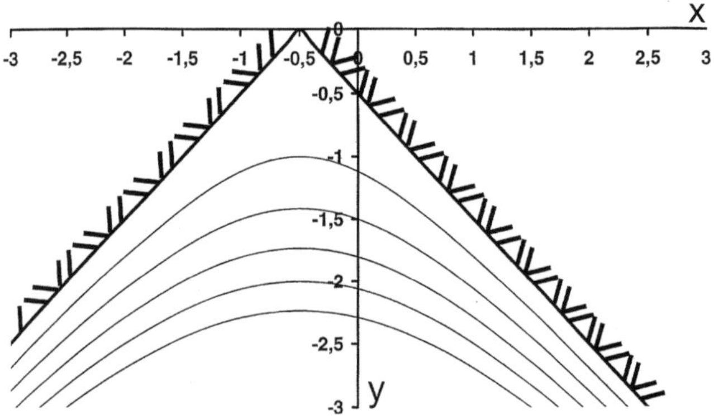

f)

Durchfluss zwischen P_A und P_B:

$$q_{i,j} = \psi_j - \psi_i$$

$$\psi_A = \psi\left(0/0{,}500\right) = 0{,}500^2 - 0{,}25 = 0 \quad \text{m}^3/\text{sm}$$

$$\psi_B = \psi\left(0/1{,}118\right) = 1{,}118^2 - 0{,}25 = 1 \quad \text{m}^3/\text{sm}$$

$$\rightarrow \quad \underline{\underline{q_{AB} = 1 - 0 = 1 \qquad \text{m}^3/\text{sm}}}$$

Durchfluss zwischen P_B und P_C:

$$q_{i,j} = \psi_j - \psi_i$$

$$\psi_B = \psi\left(0/1{,}118\right) = 1{,}118^2 - 0{,}25 = 1 \quad \text{m}^3/\text{sm}$$

$$\psi_C = \psi\left(0/1{,}500\right) = 1{,}500^2 - 0{,}25 = 2 \quad \text{m}^3/\text{sm}$$

$$\rightarrow \quad \underline{\underline{q_{BC} = 2 - 1 = 1 \qquad \text{m}^3/\text{sm}}}$$

Thema 9
Ähnlichkeitstheorie

Stichworte

- **Maßstab**
- **geometrische Ähnlichkeit**
- **dynamische Ähnlichkeit**
- **Froude-, Reynolds-, Euler- Ähnlichkeit**

Ähnlichkeitstheorie

Wozuseite

Modellversuche an der Bundesanstalt für Wasserbau Foto: BAW, J. Sengstock

Ein wesentlicher Bestandteil hydromechanischer Studien ist die Durchführung von Versuchen im Labor. Dabei muss zwischen zwei großen Gruppen unterschieden werden. Die eine Gruppe dient zum Beispiel zur Bestimmung von Stoffwerten ("Reagenzglasversuche"), die andere Gruppe stellen hydraulische Modelle dar. In diesen wird ein zu untersuchendes Objekt naturähnlich um einen bestimmten Maßstab verkleinert in einem Labor nachgebaut. Großskalige Modelle helfen bei der Erstellung empirischer Gesetzmäßigkeiten für hochkomplexe Phänomene, welche sich nicht analytisch beschreiben lassen. Hier sei zum Beispiel der Große Wellenkanal am Forschungszentrum Küste in Hannover erwähnt, der mit einer Länge von 307 m und einem Querschnitt von 5x7 m als weltweit größte Versuchseinrichtung seiner Art gilt. Darüber hinaus werden kleinskalige Flächenmodelle eingesetzt, mit welchen die großräumige Auswirkung geplanter Wasserbauwerke im Voraus abschätzbar ist. Eine Übertragung aller Kraftarten aus der Natur im gleichen Maßstab in das Modell ist nicht möglich, die Gründe dafür werden wir noch diskutieren. Um ein hydraulisches Modell seinem natürlichen Gegenstück so ähnlich wie möglich zu gestalten, ist auf die Ähnlichkeitstheorie zurückzugreifen, die wir in diesem Kapitel einführen. Variantenstudien für verschiedene Konstruktionsmöglichkeiten eines geplanten Wasserbauwerkes werden vielfach schon mit leistungsfähigen numerischen Modellen durchgeführt. Ein Bedarf an großskaligen Versuchseinrichtungen gekoppelt mit modernster flächenhafter Messtechnik besteht aber nach wie vor in hohem Maße. Sie sind unerlässlich zur Kalibrierung und Verifikation rechnergestützter Strategien und Modelle.

Ähnlichkeitstheorie

Grundlagen

Zunächst beginnen wir mit der Übertragung der Topographie von den Originalabmessungen in ein verkleinertes Modell. Auf diese Weise stellen wir eine sogenannte geometrische Ähnlichkeit her. Der Maßstab ist dabei wie folgt definiert:

- **Maßstab**

$$\lambda = \frac{\text{Modell}}{\text{Natur}}$$

- **geometrische Ähnlichkeit**

$$\text{Länge:}\quad \lambda_L = \frac{L_M}{L_N} \qquad \text{Fläche:}\quad \lambda_A = \frac{A_M}{A_N} = \lambda_L^2 \qquad \text{Volumen:}\quad \lambda_V = \frac{V_M}{V_N} = \lambda_L^3$$

Doch damit können wir nicht sofort mit dem Experimentieren loslegen. Am natürlichen Objekt stellen wir zum Beispiel Durchflüsse, Geschwindigkeiten oder Kräfte fest. Es wäre ein fataler Fehler, diese einfach alle im gleichen Maßstab wie die Längenverhältnisse zu übertragen. Parallel zur geometrischen Ähnlichkeit muss auch eine dynamische Ähnlichkeit hergestellt werden, ein weitaus schwierigeres Unterfangen.

- **dynamische Ähnlichkeit**

Bei vorgegebener geometrischer Ähnlichkeit werden möglichst gleiche Strömungsverhältnisse für Natur und Modell angestrebt. Gleiche Strömungsverhältnisse wären dann der Fall, wenn man alle Kraftarten der Navier-Stokes-Gleichung im gleichen Maßstab von der Natur ins Modell übertragen würde.

$$\frac{\text{Trägheitskräfte}_M}{\text{Trägheitskräfte}_N} = \frac{\text{Druckkräfte}_M}{\text{Druckkräfte}_N} = \frac{\text{Schwerekräfte}_M}{\text{Schwerekräfte}_N} = \frac{\text{Zähigkeitskräfte}_M}{\text{Zähigkeitskräfte}_N}$$

Warum das nicht möglich ist, wird gleich noch erklärt. Um aber möglichst ähnliche Verhältnisse in Natur und Modell zu erzielen, wird auf Ähnlichkeitsgesetze zurückgegriffen, die auf dimensionslosen Kennzahlen beruhen. Die wohl bekanntesten dimensionslosen Kennzahlen, sind die Reynoldszahl, die Froudezahl und die Eulerzahl:

$$\mathrm{Fr} = \frac{v}{\sqrt{g \cdot h}}$$

$$\mathrm{Re} = \frac{v \cdot d}{\nu}$$

$$\mathrm{Eu} = \frac{\Delta p}{\rho \cdot v^2}$$

- **Reynolds-Ähnlichkeit**

Überwiegen von Trägheits- und Zähigkeitskräften
Geringer Einfluss der Schwerkraft
→ System ohne freie Oberfläche

$$\mathrm{Re} = \frac{\mathrm{v} \cdot d}{\nu} = \frac{\text{Trägheitskräfte}}{\text{Zähigkeitskräfte}}$$

$$\mathrm{Re} = \frac{\mathrm{v_M} \cdot L_\mathrm{M}}{\nu_\mathrm{M}} \stackrel{!}{=} \frac{\mathrm{v_N} \cdot L_\mathrm{N}}{\nu_\mathrm{N}}$$

$$\rightarrow \quad \frac{\lambda_\mathrm{v} \cdot \lambda_\mathrm{L}}{\lambda_\nu} = 1$$

- **Froude-Ähnlichkeit**

Überwiegen von Trägheits- und Schwerkräften
Geringer Einfluss der Zähigkeit
→ System mit freier Oberfläche

$$\mathrm{Fr} = \frac{\mathrm{v}}{\sqrt{g \cdot h}} = \sqrt{\frac{\text{Trägheitskräfte}}{\text{Schwerekräfte}}}$$

$$\mathrm{Fr} = \frac{\mathrm{v_M}}{\sqrt{g \cdot L_\mathrm{M}}} \stackrel{!}{=} \frac{\mathrm{v_N}}{\sqrt{g \cdot L_\mathrm{N}}}$$

$$\rightarrow \quad \frac{\lambda_\mathrm{v}}{\sqrt{\lambda_\mathrm{L}}} = 1$$

- **Euler-Ähnlichkeit**

Überwiegen von Trägheits- und Druckkräften
Geringer Einfluss der Schwer- und Zähigkeitskraft
→ Systeme in schneller Strömung, kantige Profile z.B. Bauwerke im Wind

$$\mathrm{Eu} = \frac{\Delta p}{\rho \cdot \mathrm{v}^2} = \frac{\text{Druckkräfte}}{\text{Trägheitskräfte}}$$

$$\mathrm{Eu} = \frac{\Delta p_\mathrm{M}}{\rho_\mathrm{M} \cdot \mathrm{v}_\mathrm{M}^2} \stackrel{!}{=} \frac{\Delta p_\mathrm{N}}{\rho_\mathrm{N} \cdot \mathrm{v}_\mathrm{N}^2}$$

$$\rightarrow \quad \frac{\lambda_{\Delta \mathrm{p}}}{\lambda_\rho \cdot \lambda_\mathrm{v}^2} = 1$$

- **Abgrenzung der Ähnlichkeiten**

Die Fr - und die Re – Ähnlichkeit sind Teilmengen der Eu - Ähnlichkeit. Sind also Fr - oder Re – Ähnlichkeit erfüllt, ist zwangsläufig auch die Eu - Ähnlichkeit erfüllt.

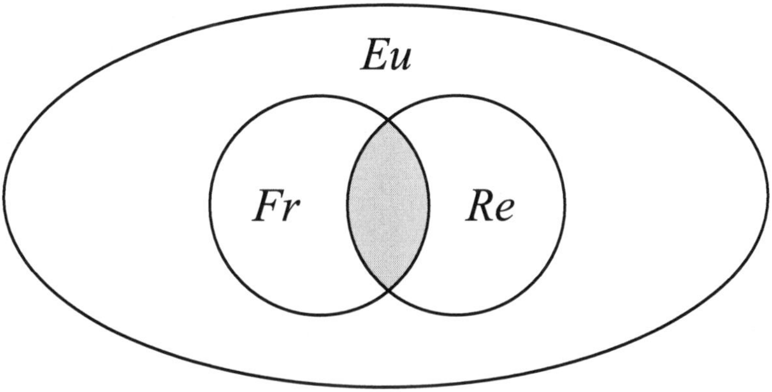

Warum werden im wasserbaulichen Versuchswesen nicht die Re - und Fr - Ähnlichkeit zusammen erfüllt und muss eine Entscheidung für Fr - oder Re - Ähnlichkeit erfolgen?

$$\text{Fr}: \quad \frac{v_M}{v_N} = \sqrt{\frac{L_M}{L_N}}$$

$$+$$

$$\text{Re}: \quad \frac{v_M}{v_N} = \frac{L_N}{L_M} \cdot \frac{\nu_M}{\nu_N}$$

Beide Modellgesetze sind nur dann gleichzeitig erfüllt, wenn gilt:

$$\lambda_v = \lambda_L^{\frac{2}{3}}$$

Wird das in der Natur auftretende Fluid Wasser auch im Modell eingesetzt (Regelfall), gilt $\lambda_v = 1{,}00$. Der obige Zusammenhang ist in diesem Fall nur dann erfüllt, wenn $\lambda_L = 1{,}00$. Das bedeutet also, dass Modell und Natur gleich groß wären. Damit wäre der Bau eines Modells hinfällig. Der hier beschriebene Fall wird im **oben** dargestellten **Diagramm** durch den **schraffierten** Bereich wiedergegeben.

- **Abgrenzung zwischen Froude-Ähnlichkeit und Reynolds-Ähnlichkeit**

Wird zum Beispiel ein Bach modelliert, überwiegen Trägheits- und Schwerekräfte. Es ist demnach sinnvoll, auf die Froude-Ähnlichkeit zurückzugreifen. Von Studierenden wird dann oft fälschlicherweise dagegen argumentiert, dass die Strömung in einem Bach stark reibungsbehaftet ist. Aus diesem Grund muss die Reynolds – Ähnlichkeit erfüllt werden, welche ja die Zähigkeit berücksichtigt. Dabei handelt es sich um einen Irrtum, weil davon auszugehen ist, dass die Strömung in einem natürlichen Gerinne turbulent ist. Im turbulenten Fall resultieren Reibungsverluste jedoch primär aus turbulenten Scheinspannungen und weniger aus der Zähigkeit. Im bereits erläuterten Moody-Diagramm bewegen wir uns bei den hier erläuterten Fällen in dem Bereich, in welchem die Kurvenschar parallel zur x-Achse verläuft, der Verlustbeiwert λ also nicht mehr von der Re – Zahl abhängig ist.

- **Abgrenzung zwischen Euler-Ähnlichkeit und Reynolds- und Froude-Ähnlichkeit**

Die Re-Ähnlichkeit ist nicht realisierbar, wenn sich zu hohe Geschwindigkeiten errechnen. Zur Orientierung seien folgende Werte genannt:

$$\mathrm{Re} = \frac{\mathrm{v} \cdot d}{\nu} > 10^5 \quad \rightarrow \mathrm{v}: \text{groß} \quad \nu: \text{klein}$$

In solchen Fällen muss sich der Modellierer auf die Eu – Ähnlichkeit beschränken. Die Einhaltung der Euler-Ähnlichkeit bedeutet übrigens lediglich die Erfüllung des Newton'schen Gesetzes in Natur und Modell.

Froude-Ähnlichkeit

Aufgabe 56:

Holländer werden auch als die "Weltmeister im Küstenschutz" bezeichnet. Um für die Bevölkerung ganz auf Nummer Sicher zu gehen, gibt es auch eine Vorschrift zum Bau von Sandburgen. Eine Sandburg muss mindestens einer Beaufschlagung mit Wasser in Höhe von 1500 l/s standhalten. Zur Überwachung werden die Burgen, die bei den Urlaubern in Mode sind, jedes Jahr im Wasserbaulabor der TU Delft im Modellmaßstab 1:5 untersucht. Wie groß muss die Wassermenge Q_M im Modell gewählt werden, wenn der Einfluss der Schwerkraft und der Trägheitskräfte maßgeblich ist?

System mit freier Oberfläche

Überwiegen von Trägheits- und Schwerekräften

→ Einsatz der Froude-Ähnlichkeit

$$Fr_M = Fr_N \qquad \text{wobei} \qquad Fr = \frac{v}{\sqrt{g \cdot h}}$$

$$\frac{\lambda_v}{\sqrt{\lambda_L}} = 1 \qquad \rightarrow \qquad \lambda_v = \sqrt{\lambda_L}$$

$$Q = v \cdot A \qquad \rightarrow \qquad \lambda_Q = \lambda_v \cdot \lambda_A$$

$$\lambda_Q = \sqrt{\lambda_L} \cdot \lambda_L \cdot \lambda_L = \cdot \lambda_L^{5/2}$$

$$Q_M = \lambda_L^{5/2} \cdot Q_N = \left(\frac{1}{5}\right)^{5/2} \cdot 1{,}5$$

$$Q_M = \underline{\underline{2{,}683 \cdot 10^{-2} \quad m^3/s}}$$

Reynolds-Ähnlichkeit

Aufgabe 57:

Ein zylindrisches Bauwerk ist dem Windangriff besonders stark ausgesetzt. Zur näheren Bestimmung der aus der Luftströmung resultierenden Bauwerksbelastung wird ein Unterwasserversuch durchgeführt.

a)
Welches Ähnlichkeitsgesetz ist bei der Planung des Versuchs anzuwenden?
(mit Begründung!) Warum wird keine Luft als Modellfluid eingesetzt?

b)
Das Bauwerk wird mit einer Strömungsgeschwindigkeit von 50 m/s umströmt. Welche Strömungsgeschwindigkeit muss im Modell herrschen? Ist die zu wählende Strömungsgeschwindigkeit abhängig von der Wassertemperatur? (Begründung!)

c)
An der Stelle A wird ein Überdruck von 72 kPa gemessen. Wie groß ist der Druck infolge Luftströmung, der in der Natur an der Stelle A herrscht? Handelt es sich um Winddruck oder Windsog?

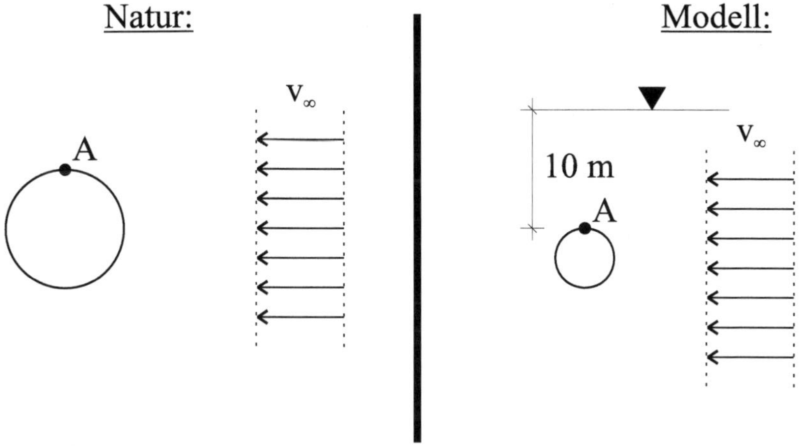

Vorgaben:

$$p_{\text{atmos}} = 10^5 \quad \text{Pa}$$

Natur:		Modell:	
$D_N = 3$	m	$D_M = 1$	m
$v_N = 50$	m/s	$v_M = ?$	m/s
$\nu_N = 20 \cdot 10^{-6}$	m²/s	$\nu_M = 1 \cdot 10^{-6}$	m²/s
$\rho_N = 10^3$	kg/m³	$\rho_M = 10^3$	kg/m³

a)
Überwiegen von Trägheits- und Zähigkeitskräften

geringer Einfluss der Schwerkraft

→ Einsatz der Reynolds-Ähnlichkeit

Würde man Luft auch im Modell einsetzen, wäre der Maßstab der Zähigkeiten gleich 1. Die Modellgeschwindigkeit müsste die ohnehin schon sehr hohe natürliche Geschwindigkeit in einem Maßstab umgekehrt proportional zum Längenmaßstab abbilden. Das würde die technischen Möglichkeiten sprengen.

$$\text{Luft auch im Modell} \quad \rightarrow \quad \lambda_\nu = 1$$

$$\lambda_v = \frac{1}{\lambda_L} \quad \rightarrow \quad \text{extrem hohe Modellgeschwindigkeit}$$

b)
Strömungsgeschwindigkeit im Modell:

$$\frac{\lambda_v \cdot \lambda_L}{\lambda_v} = 1$$

$$\lambda_v = \frac{\lambda_v}{\lambda_L} = \frac{\frac{1}{20}}{\frac{1}{3}} = 0{,}15$$

$$\lambda_v = 0{,}15 = \frac{v_M}{v_N}$$

$$v_M = \underline{\underline{7{,}5\ \text{m/s}}}$$

c)
Luftdruck an der Stelle A in der Natur:

Achtung! Modell: <u>Über</u>druck

$$p_{ges} = p_{atmos} + 72000\ \text{Pa}$$

p_{atmos} in Natur und Modell $\rightarrow$ fällt weg

$$72000\ \text{Pa} - \underbrace{\rho \cdot g \cdot h}_{\substack{1000 \cdot 10 \cdot 10 \\ = 100000\ \text{Pa} \\ = \text{hydrostat. Druck}}} = \underbrace{-28000\ \text{Pa}}_{\text{hydrodynamisch}}$$

$$\lambda_p = \frac{\lambda_F}{\lambda_A} = \frac{\lambda_F}{\lambda_L^2} = \frac{\lambda_\rho \cdot \lambda_v^2}{\lambda_L^2}$$

$$\frac{-28000}{p_N} = \frac{\frac{1000}{1} \cdot \left(\frac{1}{20}\right)^2}{\left(\frac{1}{3}\right)^2}$$

$$p_N = \underline{\underline{-1244{,}\overline{4}\ \text{Pa} \quad (\text{negativ, da Windsog})}}$$

?

Warum erhält man das gleiche Ergebnis, wenn man die Aufgabe mit einer Gleichung rechnet, die aus der Euler-Ähnlichkeit hervorgeht?

$$\lambda_p = \lambda_\rho \cdot \lambda_v^2$$

$$\frac{-28000}{p_N} = \frac{1000}{1} \cdot 0{,}15^2$$

$$p_N = \underline{\underline{-1244{,}\overline{4} \quad Pa}}$$

!

Die Euler-Ähnlichkeit beinhaltet im Prinzip nur die Abbildung des Newton'schen Gesetzes. In dieses Gesetz wird jetzt ein Geschwindigkeitsmaßstab eingesetzt, der mit Hilfe der Reynolds-Ähnlichkeit oben unter b) bereits berechnet wurde! Nur zusammen mit der Begründung aus a) und dem Rechenschritt zur Ermittlung des Geschwindigkeitsmaßstabs wäre diese Rechnung vollständig.

?

Wenn man einfach die Gleichung für den hydrostatischen Druck heranzieht und rechnet, kommt man auch auf das richtige Ergebnis ?!

$$p = \rho \cdot g \cdot h$$

$$\lambda_p = \lambda_\rho \cdot \lambda_g \cdot \lambda_h$$

$$\lambda_p = \lambda_\rho \cdot \frac{\lambda_L}{\lambda_t^2} \cdot \lambda_L$$

$$\lambda_p = \lambda_\rho \cdot \frac{\lambda_L^2}{\lambda_t^2} = \lambda_\rho \cdot \lambda_v^2$$

$$\frac{-28000}{p_N} = \frac{1000}{1} \cdot 0{,}15^2$$

$$p_N = \underline{\underline{-1244{,}\overline{4} \ Pa}}$$

!

Als Aufgabenteil c) wäre auch diese Rechnung vollständig. Das Ergebnis muss richtig sein, weil der aus der Reynolds-Ähnlichkeit abgeleitete Geschwindigkeitsmaßstab aus a) in die Rechnung einfließt.

Euler-Ähnlichkeit

Aufgabe 58:

Mit welcher Geschwindigkeit kann ein Luftschiff mit einer Antriebskraft von $F_N = 10$ kN fahren, wenn im Windkanal am Modell (Maßstab $\lambda_L = 1{:}100$) eine Widerstandskraft von $F_M = 12$ N bei einer Geschwindigkeit von v = 75 m/s gemessen wurde ?

geringer Zähigkeitseinfluss

hohe Geschwindigkeiten

→ Einsatz der Euler-Ähnlichkeit

Geschwindigkeit in der Natur:

?

Newton liefert gleiche Rechnung

$$\mathrm{Eu}_M = \mathrm{Eu}_N \qquad \text{wobei } \mathrm{Eu} = \frac{\Delta p}{\rho \cdot v^2}$$

$$\frac{\lambda_{\Delta p}}{\lambda_\rho \cdot \lambda_v^2} = 1$$

$$\lambda_p = \frac{\lambda_F}{\lambda_A} = \frac{\lambda_F}{\lambda_L^2}$$

$$\frac{\lambda_F}{\lambda_\rho \cdot \lambda_v^2 \cdot \lambda_L^2} = 1$$

$$\lambda_F = \lambda_\rho \cdot \lambda_v^2 \cdot \lambda_L^2$$

$$\frac{12}{10 \cdot 10^3} = 1 \cdot \left(\frac{75}{v_N}\right)^2 \cdot \left(\frac{1}{100}\right)^2$$

$$v_N = \underline{\underline{21{,}65 \text{ m/s}}}$$

$$F = m \cdot a$$

$$\lambda_F = \lambda_m \cdot \lambda_a \quad \text{, wobei } \lambda_a = \frac{\lambda_L}{\lambda_t^2}$$

$$\lambda_m = \lambda_\rho \cdot \lambda_L^3$$

$$\lambda_v = \frac{\lambda_L}{\lambda_t}$$

$$\lambda_F = \lambda_\rho \cdot \lambda_v^2 \cdot \lambda_L^2$$

$$\frac{12}{10 \cdot 10^3} = 1 \cdot \left(\frac{75}{v_N}\right)^2 \cdot \left(\frac{1}{100}\right)^2$$

$$v_N = \underline{\underline{21{,}65 \text{ m/s}}}$$

!

Die Euler-Ähnlichkeit ist nichts anderes als ein Newton'sches Gesetz in Maßstabs-Schreibweise.

?

Liefert die Reynolds-Ähnlichkeit jetzt ebenfalls gleiche Ergebnisse?

$$Re_M \overset{?}{=} Re_N$$

$$\frac{\lambda_v \cdot \lambda_L}{\lambda_\nu} \overset{?}{=} 1$$

$$\frac{\frac{75}{21{,}65} \cdot \frac{1}{100}}{1} = 0{,}0346 \neq 1$$

$$\rightarrow Re_M \neq Re_N$$

!

Nein! Die Reynolds-Ähnlichkeit beinhaltet die Euler-Ähnlichkeit, die Euler-Ähnlichkeit beinhaltet aber nicht die Re-Ähnlichkeit ! (siehe Diagramm)

!

Zu beachten ist, dass der Geschwindigkeits-Maßstab willkürlich gewählt werden kann, solange die Reynoldszahlen groß genug sind ($Re > 10^5$).

Literatur

- **Mathematik:**

Merziger,G., Wirth,T.:	Repetitorium der höheren Mathematik, Binomi-Verlag, Hannover, 3.Auflage, 1995.

- **Physik:**

Vogel, H.:	Gerthsen Physik. Springer-Verlag, Heidelberg, 20. Auflage, 1999.

- **Strömungsmechanik:**

Zielke, W.:	Strömungsmechanik für Bauingenieure. Band 1 und 2, Institut für Strömungsmechanik, Uni. Hannover, 2000.
Bollrich, G., Preißler, G.:	Technische Hydromechanik, Grundlagen. Band 1, Verlag für Bauwesen, Berlin, 3. Auflage, 1992.

- **Numerische Methoden in der Hydromechanik:**

Kolditz, O.:	Computational Methods in Environmental Fluid Mechanics. Springer-Verlag, Heidelberg, 2002.

- **Wasserwesen allgemein:**

Bretschneider, H., Lecher, K. et al.	Taschenbuch der Wasserwirtschaft. Parey-Verlag, Berlin, 7. Auflage, 1993.

- **Hydrologie:**

Dyck, S., Peschke, E.:	Grundlagen der Hydrologie. Verlag für Bauwesen, Berlin, 3. Auflage, 1995.

- **Landwirtschaftlicher Wasserbau:**

Lange, G., Lecher, K.:	Gewässerregelung, Gewässerpflege. Parey-Verlag, Berlin, 3. Auflage, 1993.

- **Wasserversorgung:**

Grombach, P., Haberer, K., et al.:	Handbuch der Wasserversorgungstechnik, R. Oldenbourg-Verlag, 3. Auflage, 2000.

- **Siedlungswasserwirtschaft:**

Imhoff, K., Imhoff, K.R.:	Taschenbuch der Stadtentwässerung. R. Oldenbourg- Verlag, 29. Auflage, 1999.

- **Küsteningenieurwesen:**

Ausschuss für Küstenschutzwerke:	Empfehlungen für Küstenschutzwerke, EAK1993. Die Küste, Heft 55, Verlag Boyens & Co., Heide, 1993.

- **Seebau:**

Claus, G., Lehmann, E. et al.:	Meerestechnische Konstruktionen. Springer-Verlag, Heidelberg, 1988.

1368238R00145

Printed in Germany
by Amazon Distribution
GmbH, Leipzig